数据科学与工程技术丛书

MACHINE LEARNING IN PRODUCTION

DEVELOPING AND OPTIMIZING DATA SCIENCE WORKFLOWS AND APPLICATIONS

# 机器学习实践

## 数据科学应用与工作流的开发及优化

[美] 安德鲁·凯莱赫（Andrew Kelleher）
亚当·凯莱赫（Adam Kelleher） 著

陈子墨 刘瀚文 译

机械工业出版社
China Machine Press

图书在版编目（CIP）数据

机器学习实践：数据科学应用与工作流的开发及优化 /（美）安德鲁·凯莱赫（Andrew Kelleher），（美）亚当·凯莱赫（Adam Kelleher）著；陈子墨，刘瀚文译．—北京：机械工业出版社，2020.4

（数据科学与工程技术丛书）

书名原文：Machine Learning in Production: Developing and Optimizing Data Science Workflows and Applications

ISBN 978-7-111-65136-9

I. 机…　II. ①安…　②亚…　③陈…　④刘…　III. 机器学习–研究　IV. TP181

中国版本图书馆 CIP 数据核字（2020）第 048227 号

本书版权登记号：图字　01-2019-6632



# 机器学习实践

## 数据科学应用与工作流的开发及优化

出版发行：机械工业出版社（北京市西城区百万庄大街 22 号　邮政编码：100037）

责任编辑：李忠明　　责任校对：殷　虹

印　　刷：大厂回族自治县益利印刷有限公司　　版　　次：2020 年 4 月第 1 版第 1 次印刷

开　　本：185mm×260mm　1/16　　印　　张：15.25

书　　号：ISBN 978-7-111-65136-9　　定　　价：99.00 元

客服电话：（010）88361066　88379833　68326294　　投稿热线：（010）88379604

华章网站：www.hzbook.com　　读者信箱：hzit@hzbook.com

# 译 者 序

不管你的职业是什么，如果你在工作中会遇到真实世界的数据科学问题，那么本书将会对你提供巨大的帮助。它不仅描绘了广阔的机器学习算法世界，还教导你如何用合适的工程方法在其中翱翔。除了数学公式和图表，本书切合实际的代码和检验方法将有助于确保你专注于解决问题本身，而非研究高深莫测的算法理论。

两位作者——安德鲁·凯莱赫（Andrew Kelleher）和亚当·凯莱赫（Adam Kelleher）在工作中分别扮演着数据科学家和工程师的角色，默契的兄弟俩将机器学习和计算机工程巧妙地结合在一起，基于在 BuzzFeed 的工作经验，写出了这本机器学习工程指南。第一部分介绍的框架原则是数据科学世界坚实的基础；第二部分介绍解决现实问题的常用算法，帮助读者迅速解决实际问题，以及避免被数据误导，产生结论错误；第三部分则着眼于工程实践，基于工程角度突破瓶颈，让算法能够在现实条件中得以实现。

因本书着眼于利用数据科学解决实际问题，所以无论你是初学者还是经验丰富的工程师，都能受益良多。

# 序

这本实用书籍同时介绍了机器学习和数据科学，填补了数据科学家和工程师之间的空白，并帮助将这些技术应用于生产。它致力于确保你做的努力能够真正解决你的问题，并覆盖了真实世界生产环境设置中的性能优化问题。本书包含 Python 代码示例和可视化示例来解释算法中的概念。验证、假设检验和可视化的部分在本书开始就引入了，以确保你在数据科学上的努力能够真正解决问题。本书的第三部分在数据科学和机器学习书籍中是独一无二的，因为它侧重于现实世界对性能优化的关注。思考硬件、基础设施和分布式系统都是将机器学习和数据科学技术引入生产实践的步骤。

安德鲁·凯莱赫（Andrew Kelleher）和亚当·凯莱赫（Adam Kelleher）分别总结了他们在 BuzzFeed 工作时在工程领域和数据科学方面的经验，他们在大型生产环境中解决问题的实际经验为本书所涉及的主题以及在何内容上提供广度或深度提供了依据。本书介绍了用于比较、分类、聚类和降维的算法，并分别提供了可以解决特定问题的示例。在奠定了基本机器学习任务的框架之后，将提供对更高阶主题（如贝叶斯网络或深度学习）的探索。

本书提供了对数据科学和机器学习的充分介绍，关注于解决实际问题。对于那些希望将机器学习应用于其生产环境的具有传统数学或科学背景的任何工程师或“意外程序员”来说，本书是一个很好的资源。

——保罗·迪克斯

# 前　言

本书大部分内容是Andrew和Adam一起在BuzzFeed工作时写的。Adam是数据科学家，Andrew是工程师，他们在同一个团队中工作了很长时间。最让人感到惊奇和有趣的是，他俩不只是工作伙伴，还是三胞胎中的一对兄弟。

写这本书的想法是2014年8月我们参加了纽约的PyGotham[㊀]之后产生的。当时有好几场相对广义的关于“数据科学”的讨论，我们发现许多数据科学家的职业生涯始于对事物的好奇心和学习新事物的兴奋感。他们会发现一些新工具，在这之中发展出自己偏爱使用的某种技术或算法，然后将这些工具应用到他们正在处理的问题上。每个人都喜欢用自己最熟悉的方式去解决问题，这种做法很高效。比如使用神经网络（我们将会在第14章中讨论），因为它是一个更为高效的解决工具。我们想通过为数据科学家，尤其是初入职场的新人提供一个完整的工具箱，从而推动数据科学的发展。有人可能会质疑，第一部分的内容和误差分析实际上比第三部分讨论的技术更重要。但实际上第三部分才是我们写这本书的动力。如果数据集中充斥着大量噪声或系统误差，那么算法几乎是不可能成功的。我们希望这本书可以提供一些正确的参考来帮助读者解决在实际项目中遇到的问题，从而帮助他们在职业生涯中取得成功。

机器学习领域、计算机科学领域甚至数据科学领域不乏好书，但我们希望本书可以作为一本比较严谨、全面的数据科学入门书籍。这是一本根据我们自身实践经验写成的轻量级工具书，我们尽可能规避了研究型的问题。假如作为一名初级数据科学家，你正在解决研究型问题，那这可能已经超出了我们关心的范围。

数据科学有一个与机器学习分开的关键部分，那就是工程学。这一点我们会在第三部分着重讨论。我们会讨论你有可能遇到的问题并提供解决它们所需要的基础知识。可以这么说，第三部分基本上可作为计算机科学速成课程（初级课程）参考。因为即使你知道在开发什么，但在落实到生产的路上依然有很多注意事项，这意味着必须要理解这

㊀ Python社区在纽约举办的一个以Python为主题的大会。——译者注

些知识本身，而不仅仅是把它们当作某种工具。

## 本书受众

在过去几年优秀工程师一直有很大缺口。2008年在一个会议上我们第一次听到了“意外程序员”这个词。它用来描述那些不是科班出身的工程师——他们只是误打误撞到了那个位置并开始做相关工作。十多年后的今天对于开发人员依然有大量需求，并且这种需求开始逐渐扩展到数据科学家这个职位上。谁将充当“意外数据科学家”的角色？通常情况下是开发人员或者是物理或数学专业本科生，虽然他们没有接受过太多数据科学家所需的正规培训，但拥有成功所需的好奇心和雄心，对工具箱有需求。

本书旨在打造一套速成课程，通过从头到尾过一遍数据项目的基本开展步骤来鼓励数据科学家使用手里的数据而非工具，并以此作为起点。由数据本身驱动的数据科学是成功的关键。数据科学最大的公开秘密就是，虽然建模很重要，但数据科学最基础的日常工作依然是数据的查询、聚合和可视化。许多行业仍然处在收集和使用数据的比较原始的阶段，因此快速交付一些复杂度较低的东西是非常有意义的。

建模很重要，但也很难。我们相信敏捷开发的原则是可以应用到数据科学中的，我们将在第2章中讨论这一点。比如我们可以从最小的解决方案开始，有一个基于聚合数据的点子，当数据管道稳定且成熟的时候套用一些模型慢慢延伸它，然后在你手头没有那么多别的重要的事情时慢慢改进模型。我们会提供基于此方法的真实案例。

## 本书内容

在开头我们提供了一些数据科学领域的基本背景。第一部分的第1章是了解数据行业的引子。

第2章将数据科学置于敏捷开发流程下考虑，这是一种有助于保持小范围有效开发的理念。让自己不去尝试最新的机器学习框架或基于云平台的工具很难，但从长远来看是值得的。

第3章提供了关于误差分析的基本介绍。许多数据科学都在做一些简单的统计报告，如果不理解统计误差，则很有可能会得出无效的结论。误差分析是一项基本技能，并且是一项必备技能。

第4章提供了一些编码现实世界数据的方法。这会让我们提出一些现实世界中被数据驱动的问题。回答这类问题的框架是假设检验，我们会在第5章中说明。

到现在为止我们还没有看到很多图表，所以还缺乏将分析结果与外部（非技术）世界沟通的渠道。我们会在第 6 章中解决这个问题。我们会把讨论限定在比较小的范围，主要针对那些我们知道如何计算误差的数量图，或者那些使数据可视化产生细微差别的图。虽然这些工具不像 d3 的交互式可视化图那样酷炫（d3 非常值得学习），但它们也是与非技术人员沟通的基础。

在介绍了基本的数据处理方法之后，我们将继续研究更高级的概念，也就是第二部分。我们首先在第 7 章中简要介绍数据结构，然后在第 8 章中介绍机器学习的基本概念。到这时候你已经有了一些可以上手的方法来衡量对象的相似性。

从现在开始我们已经可以进行简单的机器学习了。第 9 章中，我们开始引入回归的概念并从一个最重要的模型线性回归开始。在如今这个神经网络和非线性机器学习时代，从介绍这种简单模型开始确实有些奇怪，但线性回归绝对是一个相当优秀的模型。正如稍后将详述的那样，它是可解释的、稳定的，能提供一个非常好的基准。另外，通过一些小技巧，它也可以用于非线性情况，并且最近的研究结果表明，多项式回归（线性回归的简单变形）在一些应用中的表现甚至可以胜过深度前馈网络！

接下来我们还描述了回归模型中的另一个主力模型：随机森林。随机森林依赖“bagging”技术，这是一种基于统计技巧的非线性算法，可以为各种不同的问题提供出色的基准。如果想要一个简单的模型来开始项目并且线性回归不太合适，那么随机森林是一个不错的候选。

在介绍了回归并提供了一些机器学习工作流程的基本案例之后，将继续学习第 10 章。有很多方法都适用于向量和图形数据，我们在这部分提供关于图的基本背景知识和贝叶斯推断的简要介绍。在下一章我们会深入研究贝叶斯推断和因果关系。

第 11 章的内容既非常规又比较难。从因果关系的角度来看，贝叶斯网络是最直观（尽管不一定最简单）的因果图。因此我们引入贝叶斯网络的基础介绍并把它作为理解因果推断的基础。第 12 章中，我们以基础贝叶斯网络理解 PCA 和潜在因子模型的其他变体。主题建模是隐变量模型的一个重要例子，我们提供了一个基于新数据集的详细例子。

作为下一个以数据为中心的章节，我们将重点放在第 13 章中的因果推断问题上。它的重要性是无法低估的。数据科学通常的目标是告知企业如何行事，假设数据能告诉你某个行为的结果，只有当分析出因果关系而不仅仅是相关关系时，这个结果才会成立。从这个意义上说，理解因果关系是数据科学家工作的基础。不幸的是，为了尽量保持工作范围最小化，它也常常第一个被削减。在规划项目时，平衡利益相关者的期望是很重要的，而因果推断工作可能需要花一些时间。我们希望让数据科学家做出明智的决策，而不是轻易接受相关结果。

在最后一个以数据为中心的章节（第 14 章）中，我们提供了更先进的机器学习技术的一些细微差别。我们使用神经网络作为讨论过拟合和模型能力的工具。重点应放在尽可能使用简单的解决方案，抵制以神经网络作为第一模型开始的冲动。简单的回归方法几乎总能为第一个解决方案提供足够好的基线。

到目前为止，我们介绍的都是背景知识，这是开始数据科学项目的起点，但不是我们的主要关注点，至少现在不是。本书的第三部分也是最后一部分将深入研究硬件、软件及其组成的系统。

第 15 章首先全面介绍计算机硬件。该章介绍一个我们日常会用的基本资源的工具箱，并提供一个框架来讨论我们在实际操作中受到的约束。这些约束是可能的物理限制，以及这些限制在硬件中的实现。

第 16 章提供了软件的基础知识和数据传输的基本描述，其中一节讨论“提取 – 传输 / 转换 – 加载”，通常称为 ETL。

接下来，我们在第 17 章中概述了软件架构的设计注意事项。架构是整个系统如何组合在一起的设计。它包括用于数据存储、数据传输和计算的组件，以及它们之间如何相互通信。有些架构比其他架构更有效率，并且客观上也比其他架构做得更好。但是，鉴于时间和资源的限制，效率较低的解决方案可能更实用。我们希望提供足够的上下文，以便你可以做出明智的决定。即使你是数据科学家而不是工程师，我们也希望提供足够的知识，让你至少可以了解数据平台的状况。

然后，我们继续研究工程学中的一些更高阶的主题。第 18 章涵盖了数据库性能的一些基本界限。最后，在最后一章（第 19 章）讨论网络拓扑时，我们讨论了所有元素如何组合在一起。

## 继续

我们希望你不仅可以运用数据科学中的机器学习这部分，还可以了解自己数据平台的局限性。这样你才可以了解你需要构建什么，并找到按需构建基础设施的有效途径。我们希望借助完整的工具箱，你可以最终意识到这些工具只是解决方案的一部分。它们是解决实际问题的一种手段，而实际问题总是会受到资源的限制。

如果要从本书中吸取教训，那就是你应该始终将资源用于解决投资回报率最高的问题。解决你的问题是一个真正的约束。有时候，最好的机器学习模型无法解决所有问题。那这时候要问的问题是，这个就是要解决的最佳问题，还是有一个更简单的、风险更低的任务。

最后，尽管我们希望本书能涉及生产类机器学习的所有方面，但目前它更像是一本生产类数据科学书籍。在后续版本中，我们打算涵盖本版遗漏的内容，尤其是在机器学习基础设施方面。新的资料将包括：并行模型训练和预测的方法；Tensorflow、Apache

Airflow、Spark 以及其他框架和工具的基础知识；几个真正的机器学习平台的详细信息，包括 Uber 的 Michelangelo、Google 的 TFX 和我们自己在类似系统上的工作；以及避免和处理机器学习系统中的耦合。我们鼓励读者同时搜索涉及这些主题的书籍、论文和博客文章，并在本书的网站（adamkelleher.com/ml_book）上查看更新。

希望你会像我们一样喜欢学习这些工具，并且希望这本书可以节省你的时间和精力。

# 作者简介

安德鲁·凯莱赫（Andrew Kelleher）是Venmo的一名高级软件工程师和分布式系统架构师。他以前是BuzzFeed的一名高级软件工程师，并且致力于数据管道和算法实现的最新优化。他毕业于克莱姆森大学，在那里获得物理学学士学位。他在纽约市举行了一次研讨会，研究了在生产应用环境中分布式系统背后的基础知识，并连续两年被评为FastCompany最具创造力的人之一。

亚当·凯莱赫（Adam Kelleher）在BuzzFeed担任首席数据科学家，且在纽约哥伦比亚大学做兼职教授期间写下了这本书。截至2018年5月，他是巴克莱银行的首席研究数据科学家，并在哥伦比亚大学教授因果推断和机器学习产品。他毕业于克莱姆森大学，获得物理学学士学位，并在北卡罗来纳大学教堂山分校获得宇宙学博士学位。

# 目　录

## 第三部分 瓶颈和优化

第一部分

# 框架原则

第 1 章提供了数据科学领域的背景信息。全书从这里展开，该章介绍了数据科学在业内所扮演的角色。

第 2 章描述了项目工作流程以及它与敏捷开发原则的关系。

第 3 章介绍了误差测量的概念，并描述了如何对其进行量化。然后演示了误差是如何通过计算近似传播的。

第 4 章描述了如何将真实世界中的复杂数据编码成机器学习算法能够理解的内容。该章以文本处理为例，探讨了由于编码而丢失的信息。

第 5 章涵盖了数据科学家的核心技能。你会在日常工作，以及最小二乘回归等算法的应用中遇到统计检验和 $p$ 值。该章对统计假设检验做了一个简要介绍。

第 6 章是机器学习单元之前的最后一个主题。数据可视化和探索性数据分析是机器学习中的关键步骤。在机器学习中，你可以用它评估数据质量，并且对你需要建模的内容有一些直觉认识。

第 1 章

# 数据科学家的定位

## 1.1 引言

我们希望本书的内容可以尽早让读者聚焦产品而非各种技术方法。数据科学家经常喜欢走捷径，使用各种经验法则，不是很严谨。这样做的原因是他们需要对各种问题做出快速解答，在这种情况下存在一定程度的不确定性也是合理的。世界变化很快，当企业需要某种解决方案时，是没有时间来让你在统计误差上发表长篇大论的。

我们首先会讨论公司规模如何对数据科学家提出不同的需求。然后我们将描述敏捷开发：构建产品的框架，使产品能够对办公室外的现实世界做出快速响应。我们会讨论数据科学家的职业晋升和发展，这对数据科学家本人和他们的公司都很有帮助。这些公司到底对数据科学家有着什么样的期待？结果可以帮助数据科学家们了解哪些技能或特质是有用的。最后，我们将描述数据科学家在他们的工作中到底做了什么。

## 1.2 数据科学家扮演的角色

数据科学家扮演的角色往往因环境而异，深入了解是什么因素在影响你的定位以便你随着定位的变化进行调整是很有价值的。本章的很多内容都是通过在 BuzzFeed 公司工作获得的，该公司在短短几年内从大约 150 人发展到近 1500 人。随着规模的变化，角色、支持结构、管理、部门间沟通、基础设施和角色的期望会随之发生变化。Adam 作为数据科学家在公司 300 人时加入，Andrew 则在公司 150 人的时候以工程师的身份加入。我们一起陪伴着公司的发展，以下是我们学到的内容。

### 1.2.1　公司规模

当公司规模较小时，我们往往是通才。虽然每个人都处理专精的业务能让我们分析得更加深入，可以获得深度视角以及有关产品的专业知识，但我们没有足够的人手来支撑这样做。作为当时还是小公司的一名数据科学家，Adam 对多个产品和部门进行了分析。随着公司的发展，团队定位倾向于更加专业化，数据科学家开始倾向于在一种产品或少量相关产品上开展更多工作。这样有一个明显的好处：他们非常熟悉某个成熟的产品，这种全面的认识和细致理解是同时研究好几种不同的产品无法做到的。

一种流行的团队结构是由一个小型的、主要是能自治的团队来构建和维护产品，我们将在下一节详细介绍。当公司规模较小时，团队成员经常扮演更加通用的角色，比如同时担任机器学习工程师、数据分析师、量化研究员，甚至产品经理和项目经理。随着公司的发展，当公司聘请了更多人担任这些角色时，团队成员的角色会变得更加专业化。

### 1.2.2　团队背景

本书的大部分内容将针对在扁平的小团队中工作的数据科学家，大致会遵循敏捷宣言。敏捷宣言针对的是软件工程，因此重点是生成代码。但它其实也非常适用各种数据科学项目。宣言如下：

- **个体和互动**高于流程和工具。
- **工作的软件**高于详尽的文档。
- **客户合作**高于合同谈判。
- **响应变化**高于遵循计划。

**黑体**部分表示高优先级。右边部分固然很重要，但左边的优先级更高。这意味着团队结构是扁平的，需要更多有经验的人来与初级员工一起工作（而非直接领导）。他们可以通过结对编程和互审代码等交互来分享技能。这样做的一个很大的好处就是每个初级开发人员都可以通过与高级开发人员配对来快速学习，缺点是当由初级开发人员来复查高级开发人员的代码时可能会有一点小摩擦。

团队的总体目标是快速开发软件，因此在文档上适度拖延也是可以的。他们通常较少关注流程，而更多关注完成工作。只要团队了解工作进程，并且能使新成员快速上手，他们就可以专注于产品交付。

另一方面，专注于开发速度会使团队走捷径，从而导致系统更脆弱。这样还会创建一个不断增长的待修改列表，以待日后去完善。这些任务构成了所谓的技术债。

就像金融债务一样，它是这个过程的自然组成部分。许多人认为，尤其是在较小的公司中，这是开发过程的必要部分。争论的焦点是，团队应该通过编写文档，进行更清晰的抽象，以及增加测试覆盖率来充分地“偿还技术债”，以保持可持续的开发速度，并避免引入错误。

团队通常直接与干系人合作，而数据科学家在这些互动中扮演了前沿角色。团队与干系人之间保持着持续不断的沟通以确保项目进行得与优先级一致。这和合同里谈的截然不同，合同谈判规定了相关要求，并且团队与干系人脱离联系会导致产品交付得更晚。在商业领域里，事情发展太快了。优先级经常变动，团队和产品都必须适应这些变化。来自干系人的频繁反馈能使团队快速了解变化，并在对错误的产品和功能投入过多精力前进行调整。

预测未来太难了。如果提出中长期计划，优先级往往会转移，团队结构可能会发生变化，原来的计划可能会告吹。规划很重要，努力坚持计划也很重要。你倾尽全力来制订一个很棒的产品计划，但通常需要快速灵活地做出改变。随着优先级的转变，抛弃得意规划真的很难，但这是工作的必要部分。

数据科学家是这些团队不可或缺的成员。他们帮助团队进行产品开发，帮助产品经理评估产品性能，在整个产品开发过程中帮助做出关于产品功能的关键决策。为此，数据科学家需要与产品经理和工程师合作，制订要回答的问题。它们可以简单如“页面上哪个模块会是点击量最高的?”，复杂如“如果没有推荐系统，网站的表现会如何?”。数据回答这些问题，而数据科学家就是分析并解释数据来支撑决策的人。他们必须在动态的团队环境中快速有效地工作以响应变化。

### 1.2.3　职业晋升和发展

有时数据科学家与数据分析师会形成对比。其中，重叠的技能包括查询数据库、绘制图表、统计数据和解释数据。根据这种观点，除了这些技能之外，数据科学家是可以构建用于生产的机器学习系统的人。如果这是一个恰当的观点，那么可能就没有初级数据科学家这样的角色了，毕竟在职业生涯初期设计生产机器学习系统并不常见。大多数公司都有明确的职业晋升“阶梯”，每个级别都有一些特定的技能要求。

团队的目标是构建和交付产品，但许多至关重要的技能和数据无关。晋升通道除了技术技能，还包括沟通技巧、理解项目需求范围的能力，以及平衡长短期目标的能力。

通常来说，公司会定义一个“个人贡献”的方向和一个“管理”的方向。初级科学家将从同一起点开始，随着技能的发展转向特定的方向。他们往往能够在更高级团队成员的指导下开始执行项目任务。再进一步，他们能够更自主地执行任务。

最后，他们会成为帮助其他人执行项目任务的人，通常在项目规划中扮演更重要的角色，这种转变经常发生在当他们达到“高级”角色的水平时。

### 1.2.4 重要性

和其他团队成员一样，数据科学家也发挥着重要作用。分析可以横亘在项目开发的“关键路径”上，这意味着可能需要在项目进行和交付之前完成分析。如果数据科学家不熟悉分析过程并且传达得太慢或不完整，就会阻碍项目进展。你当然不希望为延迟发布产品或功能而负责！

没有数据，决策者可能会更专注于经验和直觉。虽然这样做可能没有错，但这并不是做决策的最佳方式。在决策过程中使用数据可以使业务更科学。因此，数据科学家在使业务决策更加合理方面发挥着关键作用。

### 1.2.5 工作细分

有趣的是，数据科学家在所做的工作（人际关系和管理任务之外）中，大约有 80% 到 90% 是对实验和观测数据的基本分析和报告。科学家必须处理的大部分数据都是观察性的，因为实验数据需要时间和资源来收集，而观测数据在实现数据收集后基本上是“免费的”。这使得观测数据的分析方法变得很重要。你将在本书的后面部分读到相关性和因果关系，通过将观测数据与实验数据进行对比，你将了解观测数据的分析方法，并理解观测结果为何经常出现偏差。

许多数据科学家主要研究实验数据，我们也将详细介绍实验设计和分析。好的实验设计很难做，联网规模的实验虽然经常能提供大量的样本，但并不能确保真正达到所需的实验效果，就算数据量很大也一样！随机分配甚至不能保证你能获得正确的实验结果（因为存在选择偏差）。我们将在本书后面介绍这些以及更多内容。

另外 10% 左右的工作是数据科学有关新闻中常提到的东西，如很酷的机器学习、人工智能和物联网应用程序，它们非常令人兴奋，吸引了许多人走向数据科学领域。从现实意义上讲，这些应用程序是未来的趋势，但它们也是少部分数据科学家（即混合型的数据科学家或机器学习工程师）的工作。这些角色相对较少，通常由资深的数据科学家担任。本书面向入门级到中级数据科学家。我们希望为你提供从你任何想要的方向开始发展事业的技能，以便你找到最适合自己的数据科学家的定位。

## 1.3 结论

把事情做好可能很难。快速行动的需要取代了正确行动的需要。假设你需要在两个成本相同的策略$A$和策略$B$之间做出决定，必须实现一个，且时间是其中的一个因素。如果你能证明策略$A$的效果$Y(A)$比策略$B$的效果$Y(B)$更好，那么它好到底好多少并不重要。只要$Y(A)-Y(B)>0$，策略$A$就是正确选择。只要你的测量手段能正确地测出不同策略间100%以内的差异，你知道的就已经足够你做出策略决策了。

现在你应该更清楚成为数据科学家意味着什么了。清楚了背景，那么就可以开始产品开发之旅了。

# 第2章
# 项目流程

## 2.1 引言

本章将重点介绍一次性数据项目的工作流程与作为生产系统组成部分的数据项目的工作流程。我们将提供一些常见工作流程图，并建议将这两种流程结合起来作为一般方法。在本章的最后你应该了解它们适用于那些用数据驱动分析来推动创新的公司。我们首先介绍一下团队结构，然后将工作流程分解为几个步骤：规划、设计 / 预处理、分析和操作。这些步骤经常混在一起而不是完全固定的。最后，你可以将产品概念（如推荐系统或深度分析）转变为可行的产品原型或结果。

到那个阶段，你已经准备好开始与工程师合作并让系统投入生产了。这可能意味着将算法引入到生产环境中，使报表或其他内容自动化。

随着越来越接近功能开发，你的工作流程可以演变为更像工程师的工作流程。你可以将模型原型化为微服务的一个组件，而不是在你自己的 Jupyter Notebook 中进行原型设计。本章的目的是让数据科学家了解如何开始构建模型原型。

当你设计一个数据产品的原型时，一定要记住更广泛的组织背景。重点应该放在测试产品的价值命题上，而非完美的架构、干净的代码和清晰的软件抽象。做这些事情需要时间，而世界变化很快。考虑到这一点，我们将在本章的其余部分讨论敏捷方法以及数据产品应该如何像其他软件开发一样遵循该方法。

## 2.2 数据团队背景

当你遇到可能需要通过机器学习来解决的问题时，通常有很多选项。你可以制订一个可以在一天内完成的快速启发式解决方案，这个方案只需要很少的数学内容，可以迅速转到下一个项目。你也可以采取更智能的方法，并实现更好的性能。这样做的成本是你的时间，以及将失去的时间用在不同产品上的机会。最后一种，你可以实现最先进的技术。这通常意味着你必须在开始编程之前就研究好最佳方法，从头开始实施算法，甚至有潜在的优化算法来解决之前没人能解决的缺陷。

当你使用的资源有限时，就像在小型团队中常见的那样，第三种选项通常不是最佳选择。如果你想要高质量和有竞争力的产品，第一种选择可能也不是最好的。你可以根据需要解决的问题、背景和可用的资源来确定可用方案和最优实现之间的取舍。如果你正在构建医疗诊断系统，那么风险比构建内容推荐系统高得多。

要理解为什么会使用机器学习，你需要了解它在何处被使用以及如何被使用。在本节中，我们将尝试让你了解团队的结构、某些工作流程的全貌以及机器学习的实际应用限制。

### 2.2.1 专门岗位与资源池

根据经验，我们见过两种类型的数据团队。第一种是“资源池”类型，即数据团队中的某个人完成团队中某个需求。第二种是数据科学家作为一部分“嵌入”其他团队协助完成工作。

在第一种“资源池”类型中，团队把接到的每个需求按照优先级分配。团队的一些成员去完成它，在需要帮助时求助其他人。这种类型的一个共同特点是这些任务不一定相关，也没有正式确定团队中的某个成员专门执行某个领域的所有任务，或者某个成员应该处理来自特定人的所有请求。成员和干系人的固定一对一关系是有意义的，这样他们就可以更熟悉产品，并与干系人建立更多的联系。当团队很小的时候，同一个数据科学家会为许多产品做这些事，并且几乎没有专业化。

在“嵌入式”类型中，数据科学家每天都与某个团队合作，熟悉团队的需求和他们的特定目标。在这种情况下，数据科学家对于问题和方法的理解是很清楚的，因为每天都在接触它们。这可能是“嵌入式”和“资源池”之间最大的区别。有趣的是，前者在小公司中比后者更为常见，大公司则倾向于为后者提供更多的需求和资源。

本章有双重重点。首先我们将特别讨论数据科学项目的生命周期，然后我们将介绍数据科学项目生命周期与技术项目生命周期的集成。

### 2.2.2 研究分析

涉及机器学习组件的项目与工程项目的开发步骤没什么不同。规划、设计、开发、集成、部署和部署后（运维）仍然是产品生命周期的流程（参见图 2-1）。

图 2-1 产品生命周期的各阶段

典型的工程产品与涉及数据科学组件的产品之间存在两个主要差异。首先，对于数据科学组件，通常存在未知的因素，特别是在较小的团队或经验较少的团队中。这就产生了对支持分析和再次分析的递归工作流程的需求。

第二个主要区别在于，即使不是大部分，也有许多数据科学任务的目标不是最终部署到生产环境上。这样做可以创建更精简的产品生命周期（参见图 2-2）。

*The Field Guide to Data Science* [1] 用 4 个步骤解释了数据科学任务。如图 2-2 所示。

以下是各步骤：

1）构建领域知识并收集数据。

2）预处理数据，包括清洗原始数据中的错误数据（如删除异常值），如果有需要的话，重新调整数据格式。

3）执行一些分析过程并得到结论。这一步是应用和测试模型的步骤。

4）对结果做一些操作，汇报结果或者优化已有的基础设施。

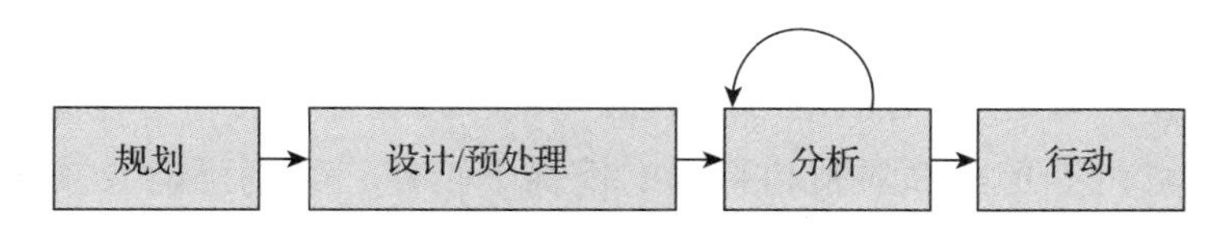


图 2-2 数据科学任务独立的生命周期

### 2.2.3 原型设计

我们概述的这些对独立考虑数据科学任务流程非常有用。这些步骤虽然是线性的，但在某些方面似乎反映了软件原型设计的一般步骤，如 "*Software Prototyping: Adoption, Practice and Management*" [2] 中所述，如图 2-3 所示。

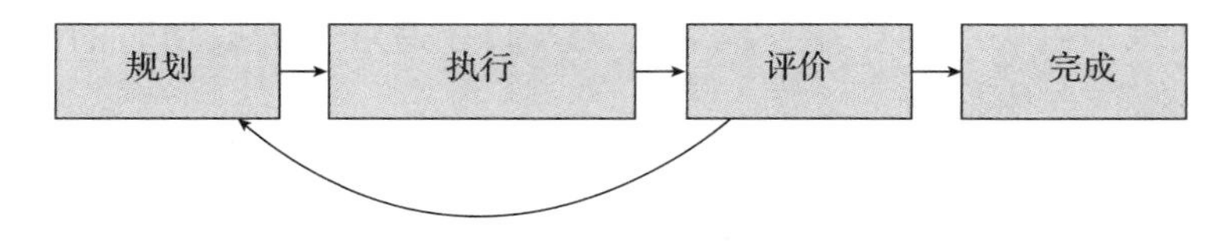


图 2-3 软件产品原型的生命周期

1）**规划**：估计项目需求；

2）**执行**：开发产品原型；

3）**评价**：衡量是否解决了问题；

4）**完成**：如果没有完全解决需求，重新评估，纳入新信息。

### 2.2.4 集成的工作流

有时候这些任务很简单，但如果投入的时间与资源很多，有更严格的流程就变得至关重要。我们建议典型的数据科学项目也应该像典型的工程项目的原型设计环节一样，尤其当最终目标是包含在生产系统中的组件时。在数据科学影响工程决策或产品生产的情况下，整合后的产品生命周期如图 2-4 所示。

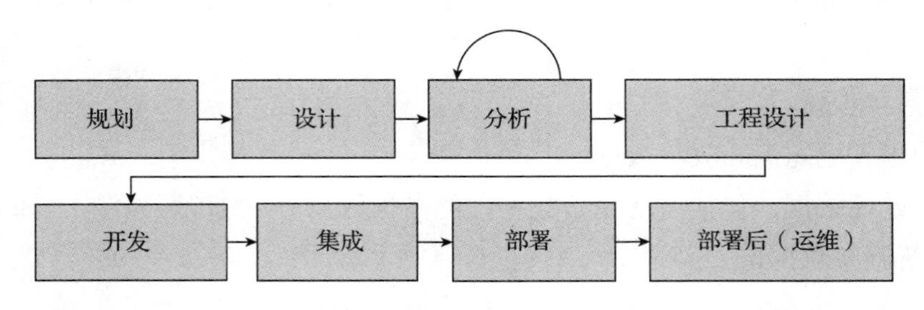


图 2-4 依赖探索性分析的工程项目的整合产品生命周期

这种方法让数据科学家在初始规划和设计阶段与工程师合作，然后工程小组吸收经验，以技术 / 基础设施方面的考虑因素为自己的规划和设计过程提供参考。它还允许数据科学家在不受技术限制和影响的情况下工作，否则可能会减缓项目进度并导致过早的优化。

## 2.3 敏捷开发与产品定位

现在你了解了原型设计的工作原理和产品生命周期，我们可以构建一个更丰富的产品开发环境。我们的最终目标是开发一个有价值的产品。它可以是执行某种任务的产品，例如为游客提供翻译或者在你早上通勤的路上推荐阅读文章；它也可以是一种监测患者术后心率的产品，或者记录人们在追求个人成功时的健康状况。这些产品的共同点是价值导向。

当你开发一个新产品，你心中是有它的价值命题的。问题是这个命题可能未经测试。你肯定有充分的理由相信它是正确的：用户愿意为一个应用程序支付 1 美元，这个应用程序将在手术后监控他们的心率（或者容忍免费应用程序中的一些广告）。如果你不相信它的价值，你就不会第一时间去开发它。但不幸的是，事情并不总是如你所愿。AB 测试的目的是测试现实中的产品变化，确保它们符合我们的期望。价值命题也是如此。你必须先开发，再来看这个产品是否值得。

为了解决这个矛盾，我们总是从最小可行产品（Minimum Viable Product，MVP）开始。最小是因为它是你可以开发的最简单的东西，但同时仍然提供你想要的价值。以心率监测器为例，它可能连接到一些硬件设备，在心率超出设定范围时报警，如果没有收到任何回应则呼叫救护车。这是一个可以提供额外安全价值的应用版本。添加任何更多的功能（例如提供精美的仪表板、跟踪目标等）就可以测试更多的价值。开发功能需要时间，现在是时候测试一些不同的价值命题了！你应该做尽可能少的工作，然后决定是否在产品上投入更多资源，或者去做别的东西。

每个产品的不同版本都是如此。你可以将大型产品的不同功能也视为产品。Facebook 的 Messenger 应用程序最初是 Facebook 平台的一部分，后来被拆成了独立移动应用。这就是一个功能演变成独立产品的案例。你开发的任何产品都应该是可以被最小化的。这可能会导致一些问题，但我们有办法来缓解。软件开发的周期都是围绕这一理念构建的，可以参见微服务架构的概念，以及产品开发的迭代。下面我们就来说说敏捷开发原则。

### 敏捷开发 12 原则

敏捷方法论由以下 12 条原则阐述[3]。

**1）我们的最高目标是，通过尽早和持续地交付有价值的软件来满足客户。**客户是你交付价值的对象，他可以是消费者，也可以是你正在为之工作的机构。尽早交付软件，可以真真切切地将其置于用户面前来测试价值命题。软件“有价值”的要求，意味着你不会因为追求过快的工作速度而放弃对于价值命题的追求。

**2）欢迎对需求提出变更——即使是在项目开发后期。要善于利用需求变更，帮助客户获得竞争优势。**这个原则听起来违反直觉。当软件需求发生变化时，你必须放弃一些工作内容，重新回到计划阶段重新制订要完成的工作，然后执行新的工作内容。这无疑是效率低下的！考虑一下替代方案：客户需求已发生变化，软件已不再像最初计划那样满足价值命题。如果你不使你的软件适应新要求（未知的！），那么软件的价值命题将无法满足客户的需求。显然，抛弃一部分工作比抛弃整个没有经过价值测试的产品更好！甚至更好的是，如果竞争者们没有和他们的干系人（或客户）保持这样的“紧密联系”，那么你的干系人就能具有竞争优势！

**3）要不断交付可用的软件，周期从几周到几个月不等，且越短越好。**关于这条，有几个原因。其中一个是要与最后一项原则保持一致。你应该频繁地交付，以便获得干系人频繁的反馈。这将迫使你在开发阶段的每个步骤都调整项目计划，以确保你与干系人的需求保持一致。你提供价值的时机同时也是了解更多客户需求并获得新功能创意的好时机。我认为我们都曾经参加过那种会，当我们在某人面前展示新产品或新功能时会听到“你懂的，如果它也做到了……那将是惊人的……”之类的话。

另一个原因是世界变化很快。如果你没有快速交付价值，那么你提供该价值的机会就会失去。你可能正在为一个应用构建推荐系统，并且花费了太长时间在原型设计上，以至于应用程序已被弃用！更现实的是，你可能需要很长时间才能将组织的优先级再转移到其他项目，除此之外，你已经失去了产品经理、工程师和其他人对你正在开发的系统的支持。

**4）目过程中，业务人员与开发人员必须在一起工作。**这个原则是前两个原则的延伸。定期与干系人会面并不是将软件开发过程与业务环境联系起来的唯一机会，开发人员至少还应该与产品经理会面，以保持业务环境与产品业务目标一致。理想情况下，这些经理每天都会与他们的团队进行交流，或者至少每周有那么几次。这确保了构建软件的团队不仅可以保持工作环境不变，而且还可以确定业务人员知道软件工程和数据资源（你和团队的时间）花在了哪里。

**5）要善于激励项目人员，给他们所需的环境和支持，并相信他们能够完成任务。**限制团队快速开发的一个可靠方法，是单独给他们一个经理来协调工作。这个人不仅要追踪每个人手头上的工作，而且还需要有时间与所有人进行面对面的接触！这种发展是成不了规模的。通常情况下，团队规模最好可以小到能够分享比萨且每个团队只有一个领导，领导可以以分散的方式彼此沟通（尽管他们通常都通过管理会议进行沟通），并且可以通过增加新的类似团队来扩展技术部门。

团队中的每个人都有自己的角色，这让团队以一个基本自治的单位运作。产品负责人要正确看待业务目标，并帮助大家与干系人协调。工程经理帮助确保工程师保持高效率工作并完成大部分项目规划。工程师们编写代码并参与项目规划过程。数据科学家为产品负责人回答问题，可以在管理产品的数据源、为产品建立机器学习和统计工具、帮助向干系人说明数据和统计方面发挥不同的作用（取决于资历）。简而言之，为了完成工作，团队拥有了能够快速有效地合作所需要的一切。当外部经理过多地介入团队运作的细节时，反而可能会放慢他们的速度，就像他们能帮助加快一样容易。

**6）无论是团队内还是团队间，最有效的沟通方法是面对面地交谈。**大量的通信通过聊天客户端、共享文档和电子邮件进行。这些形式使人们很难判断某人对项目需求的理解，以及他们完成任务的动机、专注度和信心。团队士气会在产品开发过程中上下波动。人们往往会因为不确定自己能否完成工作而犯错。当团队面对面地交流时更容易注意到这些问题并在它们最终成为问题之前处理掉。

还有一个更实际的问题，当你通过数字媒体进行交流时，可能会面对很多其他窗口，甚至是其他的对话。在你不确定别人是否在关注你的问题时，你很难与他进行深入的对话。

7）**可用的软件是衡量进度的主要指标**。你的目标是证明价值命题。如果你遵循我们已经概述的步骤，那么你所构建的软件就满足了干系人的需求。你不需要实现最佳的软件抽象、清理代码、完整地记录代码并添加完整的测试覆盖率，就可以做到这一点。简而言之，只要你的软件能够工作，你就可以选择任意多的捷径（尊重下一条原则）！

当事情不如所愿，复盘是很重要的。每每如此都要开一个会来弄清楚为什么错误会发生，但不要怪罪于任何一个人。当做错事或事情不如愿时，整个团队都有责任。任何必要的改变都可以做，以确保将来不会再次出错。这可能意味着为测试覆盖率设置一个更高的标准，围绕特定类型的代码添加更多的文档（比如描述输入数据），或者清理更多的代码。

8）**敏捷过程提倡可持续的开发。项目方、开发人员和用户应该能够保持恒久稳定的进展速度**。当你快速地工作时，你的代码很容易以混乱收尾。编写大型的单块代码很容易，而将其分解成每个部分都有测试覆盖的漂亮小函数就不这么容易了。相比编写具有明确定义职责的微服务而言，编写大型服务很容易。所有这些事情都能让你快速找到一个价值命题，并且如果在正确的环境下，它们都会变得很好。所有这些都是技术债，这是当你最终不得不在产品上构建新功能时需要解决的问题。

当你不得不改变你写过的一整段代码时，你很难读懂它的所有逻辑。更糟糕的是如果你换了团队，其他人就不得不通读它！这是一种不加以管制就会使开发进度缓慢下来的问题。你应该经常关注一下，当你正在每周的迭代冲刺中走捷径的时候，考虑是否可以修复一些小的技术债，这样就不会堆积太多。记住，你希望无限期地保持开发速度，并且希望继续以相同的速度交付产品功能。如果你突然消失了一段时间，干系人当然会注意到！说完这些我们不得不说下一点。

9）**对技术的精益求精以及对设计的不断完善将提升敏捷性**。当你具有清晰的抽象概念时，代码的可读性就会大大提高。如果函数精简、干净并且有很好的文档记录，任何人都可以很容易地阅读和修改代码。对于软件开发和数据科学都是如此。数据科学家更可能会因为编程的标准差异而感到困惑：一个字符变量名、没有文档的大数据预处理代码块，以及其他一些糟糕的操作。如果你养成了良好的编程习惯，那么不仅不会减慢你的编程速度，反而会为整个团队加速。

**10）要做到简洁，即尽最大可能减少不必要的工作。这是一门艺术。**编写一个好的最小可行产品可以说是一门艺术。如何准确地知道要编写哪些特性来测试你的价值命题呢？如何知道为了保持可持续的开发进度，你可以跳过哪些软件开发最佳实践？从现在到长远来看，你可以利用哪些架构捷径？

这些都是你在实践中学习的技能，你的经理和团队会是很好的建议资源。如果你不确定哪种产品特性真正测试最小价值命题，与你的产品经理和干系人交谈。如果你不确定你的代码有多糟糕，与更高级的数据科学家，甚至与你的团队中的工程师交流。

**11）最佳的架构、需求和设计出自于自组织的团队。**有些事情是很难理解的，除非你直接和团队一起工作。开发团队知道什么样的架构调整效果最好。一部分原因是他们对架构很熟悉，另一部分原因是他们知道架构执行时的优缺点。团队之间可以在没有其他经理的情况下进行沟通协作。凭借协同工作可以构建比他们各自工作时更大的系统，当几个团队协作时，他们可以构建相当大而复杂的系统，而无须中央架构师指导。

**12）团队要定期反省如何能够做到更有效，并相应地调整团队的行为。**虽然重点是与干系人密切合作，快速不断地交付价值。团队也必须偶尔自省，以确保尽可能做好工作。这通常是在每周一次的“复盘”会议上进行的，团队聚在一起，讨论过去一周什么进展顺利，什么不顺利，以及下周计划做一些什么样的改变。

这就是敏捷开发12原则。它们既适用于软件开发也适用于数据科学。如果有人提出了一个全是功能的大产品然后说“让我们开发这个！”时，你应该考虑如何敏捷开发。想想主要的价值命题是什么（很可能包含多个）。接下来，想想可以测试这个价值的最小版本。然后开始开发，看看它是否可行！

在数据科学领域，你常常可以走一些额外的捷径。当你正在试用一个更好的模型时，你可以先用一个表现较差的模型来填补工程师们开发的空白。你可以从Jupyter Notebook中复制粘贴一份原码，改写成一个大型的返回模型的函数。当需要静态数据集时，可以用CSV文件来代替数据库查询。要有创意，但也要时刻思考如何才能把事情做好。这可能是围绕模型建立好的抽象类，也可能是用数据库查询替换CSV文件以获得实时数据，或者只是编写更美观的代码。

概括地说，敏捷宣言有四点内容。重要的是这些都是趋势。现实生活不是非黑即白，但这些点确实反映了我们的优先次序：

- 个体和互动高于流程和工具。

- ❑ 工作的软件高于详尽的文档。
- ❑ 客户合作高于合同谈判。
- ❑ 响应变化高于遵循计划。

## 2.4 结论

理想情况下，你现在已经很好地了解了开发过程以及如何让它适应你的项目。我们希望你在开发数据产品时能够以敏捷理念为指导，并看到与干系人保持紧密联系的价值。

现在你已经了解了数据科学的背景，让我们开始学习相关技能吧！

第3章

# 量化误差

消灭误差与建立新的真理或事实一样重要，有时甚至比之更好。

——Charles Darwin

## 3.1 引言

大多数测量都有一些与之相关的误差。我们常常认为我们报告的数值是准确的(例如“本文有 9126 个图”)。任何实现了用多个测量系统来测量同一个被测值的人都知道，测量值之间很少有完美一致的。很可能这几个系统都不能反映基本事实，总会有失败情况，而且很难知道失败的概率是多少。

除了数据收集中的误差之外，一些被测值是不确定的。相较于对网站上的所有用户进行实验，你可以使用样本测量法。你在样本中测量的留存率和活跃度等指标，是对你在整个群体中所看到含有噪声的测量。你可以量化该噪声，并确保将抽样误差控制在某个合理范围内。

在本章中，我们将讨论误差分析的概念。你将学习如何考虑测量中的误差，并且学习如何计算从测量中得到简单被测值的误差。你会开始拥有一些发现误差影响很大或者可以安全忽略它这方面的直觉。

## 3.2 量化测量值的误差

假设你要测量一段绳子的长度。你拿出一把尺子，沿着尺子拉伸它，然后在电子表格中输入你测量的长度。一个好科学家知道不能只有一个测量值。于是你又测量了一次，得到的结果略有不同。可能绳子被拉直了一点，也可能是第一次尺子没对齐。你一遍又一遍地重复这个过程。绘制的多次测量值如图 3-1 所示。

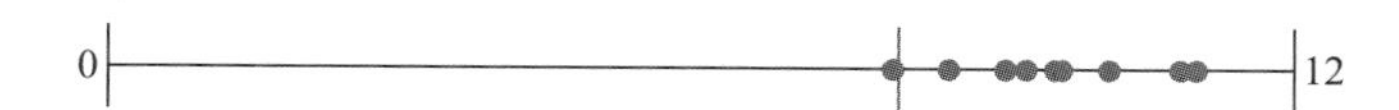


图 3-1 数字线上的红点标出了绳子的几个测量值。绳子的真实长度用垂直的蓝线表示。均值测量值落在这组红点的中心。它高于真实值，所以你在测量过程中有一个正偏差

绳子有一个真实长度，但绳子不是直的。为了弄直测量它，你必须稍微拉一下，所以测量值往往比它的真实长度要长一点。如果你把测量结果平均起来，均值就会比绳子的真实长度稍微大一点。测量的“期望”长度与“真实”长度之间的差别被称为*系统误差*。同时也被称为*偏差*。

如果没有偏差，测量结果仍然会存在一些随机值。平均来说你测量真实值的时候，每次的测量值都会略低或略高。这种类型的误差称为*随机误差*，就是我们通常所说的*测量噪声*。我们通常用围绕测量均值的标准差来衡量它。

如果没有系统误差，那么你可以采用足够大的样本，取均值然后找出真实值。如果能够进行多次独立测量无疑更好。不幸的是，这并不常见。通常情况下你只能测量一次，并且预计至少存在一点系统误差（例如，数据会有缺失，因此测量总数系统性偏低）。

以跟踪网页曝光为例，当用户单击你要跟踪曝光次数的网页链接时，在某些情况下，他们不会完全跟随该链接（会在到达最终页面之前退出）。有的用户可能会加载页面但不允许该页面的曝光跟踪请求。此外，我们可能会在用户因任何原因刷新页面的情况下重复计算曝光次数（这种情况经常发生）。这些都会导致测量朝不同方向发展的随机误差和系统误差，所以很难判断测量结果是系统性偏低还是偏高。

当然有一些方法可以量化跟踪中的误差。例如，服务器日志可以通过像素追踪可能错过的响应代码还原这个完整请求。`tcpdump` 或 `wireshark` 可用于监视在请求完成之前被删除或断开的尝试连接。主要的考虑是，这两种方法在实时报告应用程序中都很困难。但这并不意味着你不能通过另外不方便且更昂贵的方法对跟踪曝光和已收集的曝光数据进行抽样比较。

一旦你实现了追踪系统，并根据一些基本事实进行了检查（例如通过别的系统，比如谷歌分析），你通常会认为这些原始数据中的误差很小，可以放心地忽略它。

还有另一种情况是你必须处理系统误差和随机误差（不能忽略）。这种在 AB 测试中最常见。在这种测试中，你将查看用户的子总体（即参与实验的人）中的表现指标，并希望将结果推广到所有用户。你希望你在实验中的测量值是“真实”值（也就是整个总体的值）的“无偏”测量（没有系统误差）。

为了理解抽样中产生的误差，下面介绍抽样误差。最终的结果我们很熟悉：对每一次测量来说，相对于“真实”值，随机误差和系统误差都是存在的。

## 3.3　抽样误差

抽样误差是一个非常丰富的主题，有专门关于它的书。这里不会涉及它所有的复杂面，但本书会提供足够的介绍来为你提供一些实用的知识。我们希望你自己继续阅读更多内容！

假设你运营了一个新闻网站，并且你想知道在你的网站上阅读一篇文章平均要花多少时间。你可以阅读网站上的每一篇文章，记录阅读时间，然后就能得到答案，但这将会是极其繁重的工作。如果可以让你阅读的文章数量尽可能少，并且对平均的阅读时间有合理的信心，那就再好不过了。

你可以在网站上随机抽样一些文章样本，测量这些文章的阅读时间，然后计算均值。这是一种衡量整个网站文章平均阅读时间的方式。它可能与实际你阅读所有文章测出来的平均阅读时间并不完全一致，这个真实的值被称为总体平均数，因为它针对整个网站文章的均值，而不仅仅是其中的一个抽样样本。

那么通过抽样样本得到的平均阅读时间和整个网站文章实际的平均阅读时间有多接近呢？这是最不可思议的地方，结果会由中心极限定理推得。这个定理描述说，只要有足够大量的抽样，对于 $N$ 个从总体中获得、独立的测量值的均值 $\mu_N$，是总体均值 $\mu$ 的无偏估计。还有更好的事呢，定理指出对于抽样平均数的随机误差 $\sigma_\mu$，刚好是抽样标准差　除以抽样数的平方根 $\sqrt{N}$：

$$\sigma_\mu = \frac{\sigma_N}{\sqrt{N}} \tag{3.1}$$

在实际情况中，$N=30$ 是使用这种近似值一个很好的经验法则。让我们拿出一个均匀分布的例子来试试。

首先，我们制作一份阅读时间的总体数据。我们让它服从 5 到 15 分钟的均匀分布并让总体含有 1000 篇文章。

```
1 import numpy as np
2 
3 population = np.random.uniform(5,15, size=1000)
```

然后从中随机抽取 30 篇文章。

```
1 sample = np.random.choice(population, size=30, replace=False)
```

注意到在实际情况中，你无法直接接触到要进行抽样的整个总体。如果总体是文章的阅读时间，那么开始阶段是没有任何阅读时间可以测量的。取而代之的是，你会从数据库中抽取 30 篇文章进行阅读，以此来从总体中创建抽样样本。我们在这里创建了可以从中抽样的总体，这样便于查看我们的抽样均值和总体均值的接近程度。

还要注意，数据库查询并不会从数据库中随机抽样。为了实现随机抽样，你可以使用 SQL 函数中的 rand() 来生成 0 到 1 之间的随机浮点数。然后你可以通过对随机数进行排序，或者通过 rand()<0.05 来限制查询结果占总体结果的 5%。一个查询语句的例子应该像如下所示（注意：这样的语句不能用在大型表上）：

```
SELECT article_id, rand() as r FROM articles WHERE r < 0.05;
```

接着，你可以计算总体和抽样均值，如下所示：

```
1 | population.mean()
2 | sample.mean()
```

给到我们的返回值总体是 10.086，抽样样本是 9.701。注意你的值将会不一样，因为我们用到了一些随机数。我们的抽样均值仅仅低于总体均值 3 个百分点！

重复这个抽样过程（保持总体不变）并绘制出均值的结果曲线，样本均值的直方图呈正态曲线形状。如果你看一下这个正态曲线的标准差，它就是我们之前测量到的量 $\sigma_\mu$。对正态曲线多一些了解还是极度方便的。

另一个有用的事实是 95% 的测量值都落在了离均值 $\pm 1.96\sigma_\mu$ 的正态曲线范围内。$\left(\mu_N - 1.96\sigma_\mu, \mu_N + 1.96\sigma_\mu\right)$ 这个区间被称为测量的 95% 置信区间：多次抽样中的 95% 的测量结果都会落在这个范围内。另一个实用的解读是，如果你进行一次抽样并估算这个范围，你有 95% 的确定性认为真实值处于这个区间内！

在我们的例子中，这意味着你可以预期我们大约 95% 的抽样均值会落在总体均值周围的这个区间内。你可以按如下方式计算这个区间：

```
1 | lower_range = sample.mean() - 1.96 * sample.std(ddof=1) /
2 |                               np.sqrt(len(sample))
3 | upper_range = sample.mean() + 1.96 * sample.std(ddof=1) /
4 |                               np.sqrt(len(sample))
```

使用 *ddof*=1 是因为想要尝试通过一个抽样来估计总体标准差。为了估算样本标准差，你可以将其保留为默认值 0。我们这里得到的结果是下限 8.70 和上限 10.70。这意味着根据这个样本，95% 的情况下，总体真正的值将在 8.70 和 10.70 之间。我们使用这样的区间来估计总体值。

注意到分母是 $\frac{1}{\sqrt{N}}$，其中 $N$ 是抽样样本的大小。标准差和均值不会随着抽样大小的变化而变化（除非受到一些测量噪声的影响），所以抽样大小是控制置信区间大小的关键。它们能够改变多少呢？如果你增加抽样大小，令 $N_{new}=100N_{old}$，即扩大一百倍抽样，系数 $\frac{1}{\sqrt{N_{new}}}=\frac{1}{\sqrt{100N_{old}}}=\frac{1}{10}\frac{1}{\sqrt{N_{old}}}$。接着你就可以发现，误差范围仅仅收缩为了原来的十分之一。也就是误差范围随着抽样大小而缓慢缩小！

我们还应该注意，如果样本的大小与总体的规模相当，你需要使用有限总修正。我们不在这里讨论这个问题，因为几乎不会用到它。

注意，你可以用这个规则来发挥你的创造力。*点击率*（Click-Through Rate，CTR）是一个你通常会感兴趣的指标。如果用户查看到文章的链接，这称为曝光。如果他们点击链接，这被称为一次*点击*。每个曝光都是一次点击的机会。从这个意义上讲，每一个曝光都是一种试探，而每一次点击都是一个成功结果。那么，CTR 就是一个*成功率*，可以认为是一个判断每一次试探是否能转换为成功点击的概率。

如果你将点击编码为 1，没有点击编码为 0，则每个曝光都会给出一个 1 或者一个 0，最后你会得到一个包含 1 和 0 的大型列表。如果你想平均一下这些结果，对这些结果进行求和，用点击的总数量除以试探的总次数。这些二值结果的均值就是点击率！你可以应用中心极限定理。你可以得到这些 1/0 测量值的标准差，并除以测量次数的平方根，以得到标准误差。你可以使用标准误差提前为你的 CTR 测量算出一个置信区间！

现在你已经知道了如何计算标准误差和置信区间，你希望能够进行值计算上的误差测量。你通常并不只关心测量标准，而是关注测量标准之间的*差异*。这就是你如何衡量一个东西比另一个东西好还是坏的方法。

## 3.4　误差传递

假设你已经做了所有的工作来为两个测量值采集好的随机样本，并且计算了这两个测量值的标准误差。假定测量的是两篇不同文章的点击率，如果你想知道哪篇文章的点击率更高，该怎么做呢？

一种简单的方法是查看点击率的差异。假设第一篇文章的 CTR 是 $p_1$，标准误差是 $\sigma_1$，第二篇文章的 CTR 是 $p_2$，标准误差是 $\sigma_2$。则差值 $d=p_1-p_2$。如果差值是正数，意味着 $p_1>p_2$，第一篇文章的点击率更高，如果是负数，那么第二篇文章更高。

麻烦的是，标准误差可能比 $d$ 大！这种情况怎么解释呢？你需要找出 $d$ 的标准误差。如果你 95% 确定差值是正数，那么你可以说 95% 确定第一篇的点击率更好。

让我们来看看如何估计任意多变量函数的标准误差。如果你懂微积分，这将是一个有趣的阅读部分！如果不懂的话，则可以跳过这部分直接看结果。

我们从泰勒级数开始，表达式如下：

$$f(x) \approx \sum_{n \geq 0}^{N<\infty} \frac{(x-a)^n}{n!} \tag{3.2}$$

如果$f$是双变量函数，将变量$x$和$y$代入计算出一阶式

$$f(x,y) \approx f(x_0,y_0) + \frac{\partial f}{\partial x}(x-x_0) + \frac{\partial f}{\partial y}(y-y_0) + \mathcal{O}(2) \tag{3.3}$$

在这里$\mathcal{O}(2)$项表示大小为$(x-x_0)^n$或$(y-y_0)^n$，其中$n$大于等于2。由于这些差异相对较小，因此提升到更高的幂会使得它们变得非常小并且可以忽略不计。

当$x_0$和$y_0$是$x$和$y$的期望时，你可以用方差的定义来表示这个方程，$\sigma^2 = \langle (f(x,y) - F(x_0,y_0))^2 \rangle$，等式两边减去$(x_0,y_0)$再平方，得到期望值。你正在省略$(x-x_0)(y-y_0)$这一项，相当于说假设$x$和$y$中的误差是不相关的。

$$\sigma_f^2 \approx \left( \frac{\partial f}{\partial x}(x-x_0) + \frac{\partial f}{\partial y}(y-y_0) \right)^2 = \left( \frac{\partial f}{\partial x} \right)^2 \sigma_x^2 + \left( \frac{\partial f}{\partial y} \right)^2 \sigma_y^2 \tag{3.4}$$

只需要取平方根就可以得到我们正在寻找的标准误差！

只要$x$和$y$中的测量误差相对较小且不相关，该公式就是可行的。这里的小是指相对误差，例如$\sigma_x / x_0$小于1。

你可以使用此公式派生出许多非常有用的公式！如果让$f(x,y) = x - y$，那么就能求出你以前想要得到的差值的标准误差！如果让$f(x,y) = x / y$，那么就会得到一个比率的标准误差，比如点击和曝光中的测量误差造成的点击率标准误差！

这里有一些方便的公式供你参考。其中，$c_1$和$c_2$是常量，没有与它们相关的测量误差。$x$和$y$是具有测量误差的变量。如果你想假设$x$或$y$没有误差，只需要插入$\sigma_x = 0$，公式就会简化。

| $f(x,y)$ | $\sigma_f$ |
|---|---|
| $c_1 x - c_2 y$ | $\sqrt{c_1^2 \sigma_x^2 + c_2^2 \sigma_y^2}$ |
| $c_1 x + c_2 y$ | $\sqrt{c_1^2 \sigma_x^2 + c_2^2 \sigma_y^2}$ |
| $x / y$ | $f\sqrt{\left( \left( \frac{\sigma_x}{x} \right)^2 + \left( \frac{\sigma_y}{y} \right)^2 \right)}$ |
| $xy$ | $f\sqrt{\left( \left( \frac{\sigma_x}{x} \right)^2 + \left( \frac{\sigma_y}{y} \right)^2 \right)}$ |

在上一节中，我们讨论了跟踪网页曝光次数的情况。让我们看一下曝光数据中

的误差（假定为 0.4%）和点击数据中的误差（假定为 3.2%）如何影响此处定义的点击率计算：

$$CTR=\frac{\text{点击次数}}{\text{曝光次数}} \tag{3.5}$$

为了方便，让我们将点击简写为 c，曝光简写为 i，假定曝光次数为 10540 次，点击次数为 844 次。

现在，你可以将这些值代入到表中的公式中求商！你可以使用 $f=c/i$，然后两边同时除以 $f$。

$$\frac{\sigma_f}{f}\approx\sqrt{\left(\left(\frac{\sigma_c}{c}\right)^2+\left(\frac{\sigma_i}{i}\right)^2\right)} \tag{3.6}$$

$$=\sqrt{0.032^2+0.004^2} \tag{3.7}$$

$$=0.0322 \tag{3.8}$$

最终我们的点击率误差大约为 3.2%。那些要进入商数或乘积的数中带来的小误差，给结果带来了相当大的误差。这些百分比误差或相对误差的影响在积分求解的过程中增加了，这说明新的百分比误差是输入百分比误差平方和的平方根。你会发现差值的不同结果：误差放大了！

假设 CTR $p_1=0.03$，有 10% 的误差，或者 $\sigma_1=0.003$。假设 $p_2=0.035$，也有 10% 的误差，$\sigma_2=0.0035$。你可以用之前的公式计算误差 $f=p_1-p_2=0.005$ 。你发现 $\sigma_f=0.0046$。这给出了 $\sigma_f/f=0.0046/0.005=0.92$ 的百分比错误，即 92% 的误差！你进行了两次相当精确的测量，但结果你计算的差值有巨大的错误！这是因为误差（而非相对误差！）在求积分的过程中增加了而被测值减少了，使得差值更小了。误差相对于差值会增大，从而得到一个很大的相对误差。你需要更高的精确度来确定 $p_2$ 的点击率高于 $p_1$！

## 3.5　结论

至此完成了对误差和误差传递的讨论。在第 5 章中，你将深入了解置信区间、$p$ 值和假设检验。

理想情况下，在阅读本节之后，你对误差以及误差随样本大小的变化有了一些概念。你应该能够计算实验结果的置信区间，并对这些结果进行一些基本的计算。你应该有一些概念，不管你试图增加还是减去噪声，都可能引入更多噪声。这说明衡量量与量之间的差异是多么困难！

第 4 章

# 数据编码与预处理

## 4.1 引言

数据预处理是机器学习中的一个重要步骤。这是第一步，也是一个有很多主观决策空间的地方，你可以通过在本章中学习到的方法减少数据的信息量。

通常来讲，数据预处理是将原始数据映射到可以传递到机器学习算法中的格式的过程。你现在可以假设你正在编码的数据没有不确定性，我们会在后面的章节中重新讨论不确定的问题。你将学习如何以算法能够理解的方式对数据进行编码。你还可以采取措施确保你的模型在数据上有尽可能好的表现。这可能意味着删除一些特征以减少模型需要学习的参数数量，将特性相乘以捕捉它们之间的关系，甚至以更复杂的方式组合出特征来捕获模型本身不能找到的关系。

现在，我们以逻辑回归为例。一个逻辑回归模型接受一个变量 $x$，并产生一个结果发生的概率值，$P(Y=1)=1/\mathrm{e}^{-\beta_1 x+\beta_0}$。这里将结果编码为变量 $Y$，$Y$ 不是发生就是不发生。如果发生了这种情况，你可以说 $Y=1$，如果没有可以说 $Y=0$。$Y$ 叫作二元变量。系数 $\beta_0$ 和 $\beta_1$ 是必须设定的参数，以使模型尽可能地适合数据。

这种编码这些结果类型的方式有一个很好的特性。假设 $Y_i$ 是 $Y$ 的第 $i$ 个测量值，并让数据集有 $N$ 个总测量值。如果你对所有结果求平均，会得到以下结果：

$$\bar{Y}=\sum_{i=1}^{N} Y_i / N$$

$Y=1$ 发生的频次除以总的数据点数刚好是对 $Y=1$ 概率的估计！这是个方便的小技巧！

你可以使用逻辑回归算法来查找在估计 $Y=1$ 的真实概率方面做得最好的 $\beta$ 值。稍后你将了解更多关于它如何工作的知识，但是从模型是如何编写的——一个包含 $x$

的代数公式中，可以清楚地看到 $x$ 必须是一个数字。

为什么需要改变数据格式？假设 $Y$ 表示网站上的用户是否点击了一个超链接，你想使用所链接文章的标题来预测这些点击。如果你打算使用逻辑回归模型（或者更适合接受同样输入的别的模型！），那么你不得不把标题变为一个如 $x$ 般的数字好让你能够把它塞进模型中。

在下一节中你将看到这样的处理方法，还将学习一些基本的文本处理技术。

## 4.2　简单文本预处理

要完成将标题放入逻辑回归算法中的任务，我们使用的第一个技术将是分词。这个技术允许你把一个标题分解成一些词组。然后你可以对每个词组进行编码，就像编码最终结果一样，这是一个代表其是否在标题中的二值变量。你会看到这种方法有一些优点和缺点。

### 4.2.1　分词

分词是非常简单的概念。基本思想就是你认为标题中每一个独立的词组对于预测结果都是很重要的，所以你将会根据其出现的多少对每一个词组进行编号。

我们看看这样一个标题“ The President vetoed the bill.（总统否决了提案。）”。你觉得所有含有 President（总统）的标题点击率会更高。原因是总统很重要，人们想知道他在干什么。你可以对词语 President 的出现进行如 $x=1$ 的编码，那么任何带有 President 一词的标题都有 $x=1$，而任何不带的标题都有 $x=0$。然后，你就可以自由地把数据放到算法中去得到预测值。你本可以就此打住，但你已经发现了一些问题。

首先，大部分标题都和总统无关。如果你只使用一个单独的标识，效果会很糟糕。第二点，不是所有关于总统的标题都含有 President 一词。即使你是对的，人们有兴趣阅读关于总统的文章，也许你也应该把 White House（白宫）、POTUS（President of the United States，即美国总统）和其他一些相关的词组包括进来。最后，我们也还没有指明如何处理如 White House 这样的多词词组。White（白色）和 House（房屋）单独的含义相对于 White House 非常不同。你将会在下一节讨论 n 元模型（n-grams）的时候，学习到怎么处理这样的情况。

你可以做的下一步是允许有许多不同的 $x$，每一个对应一个标识。对于 $v$ 个不同的标识，你可以称它们为 $x_1, x_2, \cdots, x_v$。这 $v$ 个标识，将会是你的词汇表。它们代表了你的算法认识的所有词汇。如何提前对句子进行分词得到 $v$ 个标识呢？你可以直接把句子分割成一系列的词组，如下所示：

```
1 ['The', 'President', 'vetoed', 'the', 'bill']
```

你可以仅仅通过用空格分割来达到目的，如下所示：

```
1 sentence = "The President vetoed the bill"
2 tokenized_sentence = sentence.split(' ') # split on spaces
```

现在你有了所有的标识。接下来，你应该通过枚举所有唯一的词组来定义你的词汇表，如下所示：

```
1 vocabulary = {token: i for i, token
2                        in enumerate(set(tokenized_sentence))}
```

这些实例中的 $i$ 是每一个 $x_i$ 变量的下标。下面就是你得到的结果：

```
1 print vocabulary
2 {'The': 0, 'President': 1, 'vetoed': 2, 'the': 3, 'bill': 4}
```

举个例子，如果 $x_1 = 1$，那么标题就含有 President 一词。注意到词 the 出现了两次，并且因为大小写的差异被分别计数了两次。通常来说，你可能会选择小写字母的词语。你应该把它们都尝试一下，并看看什么样的方式对你的问题来说更有效。

现在，你需要一个方式表示一个标题中整个列表词组，而不是一个单独的词组。可以用向量来完成这件事。你可以把标题中所有词组摆成一行，并且每一列都对应一个词汇表汇总的词组。如果词组出现在了标题中，那么那一列就会得到一个 1，否则会得到一个 0。由于每一个词组都出现了，这个句子在这个词汇表下的表示会是 $sentence\_vector = [1,1,1,1,1]$。用不同的句子与之前相同的词汇表来比较，“ The President went to the store.（总统去了商店）”，你会将其表示成 $[1,1,0,0,1,0]$。存在于词汇表中的词仅有 The、the 和 President。

一个被如此表示的向量通常被称为词袋，因为这样的编码丢失了词组的顺序信息。你把它们胡乱地放在一起，就像把句子扔在一边，仅仅把词组扔到一个袋子中。如果把词组的顺序表示出来，你可以稍微做得更好点，你将会在下一节看到。仅就当下来说，让我们思考一下这些词汇是怎么影响我们的模型的。

在预处理文本时，要小心地进行平衡。一方面，词汇表中词组量越多，你的模型需要的参数就越多。如果用逻辑回归从一篇文章预测一个分类，你词汇表中的每个词组都会有一个参数。如果有一些不常见或者对结果关系不大的词组，你将不能精准学习到它们的参数。如果在预测中使用了这些参数，它们会给输出增加更多的噪声，你的模型包含了它们可能要比忽略它们更糟糕。实际应用上，你会希望通过计算它们与输出之间的依赖关系来消除词汇表中的一些词汇，比如卡方检验或

Fisher 精确检验。你可以进行交叉检验，在你的词汇表集中保留最优的词组数。

现在，我们将通过使用 n 元模型解释如何能让你的线性模型接受非线性输入。

### 4.2.2　n 元模型

尊重句子中词组顺序的一个很好的方法是使用 n 元模型（n-grams）。最简单的版本是一元，它是一个单字的标识。最简单的重要例子是二元组，它是一个句子中连续出现的两个单词的序列。

要明白其中的力量，可以看“The President lives in the White House（总统住在白宫）”这句话。如果只使用单字词，你就会失去 White House 的词序，而把它们看作 White 和 House。它们分开的时候并没有什么意义。解决的办法是在词汇表中加入一个新的词组，即一对词组。

听上去仍然有一点模糊。你可能拥有一个二元组，而组成它的两个词都存在在词汇表中！你会把它们分为三个编码吗？通常，你首先会将文本分割为词组列表，然后将所有的二元组分解为单字符，然后通常通过一个下划线将它们合并在一起。例如，White House 将变成［‘White’，‘House’］，然后是［White_House］。那么如果 White 或者 House 任意一个存在，它们将会被单独提取。

你通常不需要自己实现这些，可以调用一些诸如 scikit learn 的 vectorizer 之类的包，比如 `sklearn.feature_extraction.text.CountVectorizer`。

### 4.2.3　稀疏

一旦你确定了一个包含 n 元模型的词汇表，你就会发现一个新问题。并非每个标题都会包含词汇表中的每个单词，因此标题向量几乎都是零！这些被称为稀疏向量，因为它们中（重要）的数据非常少。问题是它们会占用大量的计算机内存。如果你的词汇表中有 300 000 个词组，并且你有 1000 个标题，那么你的数据矩阵中就有 300 000 000 项！对于这么少的数据都需要很大的空间！

与其将一个向量编码为一个大部分是零的长列表，用展示其哪些值是非零的方式编码更有效率。采用这种方式，数学处理有点棘手，但幸运的是大部分问题已经解决了！在 scipy.sparse 库中有一个很棒的对于稀疏向量与稀疏矩阵[⊖]的数学运算实现。

构造稀疏矩阵的最简单形式是稀疏坐标格式。只需编写一个包含（行，列，值）的列表，而不是像［0, 1, 0, 0, 0］这样的向量。在这种情况下，我们将向量编码为［(0, 1, 1)］。通常你可能正在使用大量向量，因此第一个值会告诉你正在使用哪个向

⊖　此处应为稀疏向量与稀疏矩阵，原书有误。——译者注

量，在这里是 0。下一个值告诉你哪一列具有非零值。最后一个值代表值是什么。

这种方法的缺点是你需要三个值来编码矩阵中的单个非零值。只有当矩阵中少于三分之一的值非零时才能节省空间。对于相当大的文档集，以及相当大的词汇表，通常会出现这种情况。

存在如此大量的列还有另一个问题：如果存在太多数据列，算法性能会受到影响。有时候仅保留最重要的词组是很有用的。你可以选择保留一组“特征”，然后丢弃其余特征。

### 4.2.4 特征选择

特征选择是一个通用术语，对于文本分析以外的情况有很好的应用。通常你拥有文本特征、数值特征和类别特征的组合。你会想把所有对于你解决问题无关的东西都扔掉。你需要一个方法去衡量一种特征的有效性，然后决定是否扔掉它。

考虑含有大规模变量的线性回归。它包含一些完全无关的二值特征，它们的相关系数应该为 0。如果你将这些变量放入有限数据集中，由于测量误差，你通常会得到一个非零值。假设这些系数的高斯分布抽样具有标准差 $\sigma$，并假设 $k$ 个无关变量的系数在预测过程中是活跃的，那么你就为 $y$ 的预测值添加了标准差为 $\sqrt{k}\sigma$（用误差传递公式计算）的噪声！显然，我们最好丢掉其中的一些特征。

在实践中有很多方法可以做到这一点。我们将讨论两个：相关性测试和套索回归预测。

第一种方法希望找到与尝试预测的结果高度相关的单词。你可以使用卡方检验来完成此操作，因为你在使用类别（这种情况下为两个类别）数据。一个很好的实现是 scikit learn（也称为 sklearn）库中的 `sklearn.feature_selection.SelectKBest`。你可以将其与分数指标 `sklearn.feature_selection.chi2` 一起使用。这将找到结果中信息量最大的特征，并选择其中的前 $k$ 个。你可以指定要使用的 $k$ 值。我们来试试一个简单的例子。你将从一系列句子开始。在一个有点傻的预测任务里，你要预测一个爱狗的人是否喜欢这些句子。句子和输出结果如下：

```
X = ["The dog is brown",
     "The cat is grey",
     "The dog runs fast",
     "The house is blue"]
y = [1, 0, 1, 0]
```

其中 $y=1$ 表示这人喜欢这些句子而 $y=0$ 则表示不喜欢。你可以按如下方式对此进行分词：

```
1 from sklearn.feature_extraction.text import CountVectorizer
2
3 vectorizer = CountVectorizer()
4 X_vectorized = vectorizer.fit_transform(X)
5 X_vectorized.todense()
```

结果输出如下：

```
matrix([[0, 1, 0, 1, 0, 0, 0, 1, 0, 1],
        [0, 0, 1, 0, 0, 1, 0, 1, 0, 1],
        [0, 0, 0, 1, 1, 0, 0, 0, 1, 1],
        [1, 0, 0, 0, 0, 0, 1, 1, 0, 1]], dtype=int64)
```

每一列都是词汇表中的一个词，每一行代表一个句子。这些数说明了每一个词在词汇表中出现了多少次。注意你虽然可以恢复句子中使用的单词列表，但无法恢复单词的顺序，编码之后你失去了这个信息，这就是我们之前讨论过的词袋法预处理。

你现在可以选择最重要的特征了。你会选择最重要的特征，你希望是 dog 这个词。

```
1 from sklearn.feature_selection import SelectKBest
2 from sklearn.feature_selection import chi2
3
4 feature_selector= SelectKBest(k=2)
5 feature_selector.fit_transform(X_vectorized, y).todense()
```

这将产生列更少的 *X* 矩阵，如下所示：

```
matrix([[1],
        [0],
        [1],
        [0]], dtype=int64)
```

你可能想知道这些列对应的单词，这时可以调用 `feature_selector` 的 support 函数来检查，如下所示：

```
1 feature_selector.get_support()
```

结果如下：

```
array([False, False, False, True, False, False, False, False, False,
       False])
```

这里你可以看到第 4 和第 9 个值被保留了。要查找这些对应的单词，需要反向引用 vectorizer 的词汇表，如下所示：

```
1 np.array(vectorizer.get_feature_names())[feature_selector.get_support()]
```

这将给你想要的结果：

```
array(['dog'], dtype='<U5')
```

第二种你可能使用的方法是随机套索，在 sklearn.linear_model.RandomizedLasso 中有实现。它将特征选择与可能使用的套索模型联系起来，适用于二值数据和实值数据。它适用于文本和其他数据类型混合的情况。该模型会提供一组特征分数，你可以为你的预测选择 $k$ 个最好的特征。它还有一个 fit_transform 方法，可用于自动缩小你的数据矩阵。

### 4.2.5　表示学习

一个理想情况是你不用为特征选择做出任何主观选择。如果计算机能做到这一点那就太棒了。用于表示文本的这些向量称为*表示*。如果机器可以学习如何将文本映射到向量，那就是*表示学习*。

当你用分词列表表示句子时，你丢失了句子的含义。像 bush 这样的词可能意味着“灌木丛”或“前总统布什”。分词的过程损失了上下文。你想要一个能超越 n 元模型，能理解词语在语境中真正含义的系统。你也想要一个能够理解语法并在一个“含义空间”中表示一段文本的系统。这是现代自然语言处理的主要目标。有了它，你就可以理解讽刺文本的细微差别、笑话的含义以及双关语的细微差别。没有它，你通常只能采用基于规则的方法来理解语言的细微差别。

表示学习是神经网络研究中更有趣、更强大的方法之一。它已经在一系列的任务中取得了突破性的表现，比如图像分类和文本翻译。这超出了本书的范围，但还是建议你查看 Goodfellow 最近的一些出版物[4]。

简单来看一个神经网络如何捕获比这些简单编码更多信息的例子，我们来尝试一些不同的东西。我们可以训练网络来区分单词的顺序！这是一个只有两个单词的小示例，但相同的过程适用于更复杂的序列。

你将使用循环神经网络（RNN）来完成这项工作。首先让我们制作一份数据，如下所示：

```
1 x = []
2 y = []
3 for i in range(1000):
4     x.append([0, 1])  # ['a', 'b']
5     y.append(-1)
6     x.append([1, 0])  # ['b', 'a']
7     y.append(1)
```

因此，序列［'*a*', '*b*'］映射到 −1，序列［'*b*', '*a*'］映射到 1。现在，让我们利用 Keras 创建神经网络。

```
1  from keras.layers import Input, Embedding, Dense, SimpleRNN
2  from keras.models import Model
3
4  alphabet_size = 2
5  embedding_size = 4
6  sequence_length = 2
7
8  input_sequence = Input(shape=(sequence_length,))
9  embedding = Embedding(alphabet_size,
10                       embedding_size,
11                       input_length=sequence_length)(input_sequence)
12 h1 = SimpleRNN(10, return_sequences=False)(embedding)
13 y_out = Dense(1, activation='linear')(h1)
14
15 model = Model(inputs=[input_sequence], outputs=[y_out])
16 model.compile('RMSProp', loss='mean_squared_error')
```

Input 将数据输入转换为能够被网络理解的数据类型。Embedding 是第一个表示，其中每个单词都被转换成一个向量。在这种情况下，你（任意地）选择了长度为 4 的向量，如果愿意的话也可以试试不同的长度。此时单词标识的序列已被转换为向量序列。但这仍然不是适用于回归任务的好形式。在下一阶段，SimpleRNN 将向量序列转换为可以表示整个序列的单个向量。这就是神奇的地方，现在变成了可以用于回归问题的表示！下一层 Dense 实际上只是对文本序列的表示进行线性回归。你将它们全部放在一个 Model 对象中，并指定一个训练算法和度量来进行优化（最小均方误差）。

你可以在此模型上调用 fit 方法并进行拟合。

```
model.fit(x, y, epochs=10)
```

它会经过多次迭代训练。输出如下所示：

```
Epoch 1/10
2000/2000 [==============================] - 0s - loss: 0.7239
Epoch 2/10
2000/2000 [==============================] - 0s - loss: 0.1111
Epoch 3/10
2000/2000 [==============================] - 0s - loss: 2.3685e-06
Epoch 4/10
2000/2000 [==============================] - 0s - loss: 0.0000e+00
Epoch 5/10
2000/2000 [==============================] - 0s - loss: 0.0000e+00
```

```
Epoch 6/10
2000/2000 [==============================] - 0s - loss: 0.0000e+00
Epoch 7/10
2000/2000 [==============================] - 0s - loss: 0.0000e+00
Epoch 8/10
2000/2000 [==============================] - 0s - loss: 0.0000e+00
Epoch 9/10
2000/2000 [==============================] - 0s - loss: 0.0000e+00
Epoch 10/10
2000/2000 [==============================] - 0s - loss: 0.0000e+00
```

你可以看到它找到了目标。调用预测方法，你可以看到它已经从训练数据中找到了你期望找到的交替的 −1 和 1，该语句：

```
model.predict(x)
```

运行结果如下：

```
array([[-1.],
       [ 1.],
       [-1.],
       ...,
       [ 1.],
       [-1.],
       [ 1.]], dtype=float32)
```

这些有趣的表示和向量化的序列都在网络内部深层，通常很难可视化，直接检查是不太明智的。但通常可以为层找到很好的可视化，例如在卷积网络中，你可以看到像素汇聚成了网络正在寻找的图像。

你将在本书的高级章节中学到更多关于神经网络的知识，但有关神经网络的更多细节超出了本书的范围。

## 4.3　信息量损失

本章我们就如何减少你的数据已经讨论了很多，但我们真正的用意是用一种可能丢失信息的方式转换你的数据。

考虑最开始的例子，“The President vetoed the bill.”。你会用机器能看懂的形式 [‘the’:2,‘President’:1,‘vetoed’:1,‘bill’:1] 来表示它。如果你聪明点，你可以猜到这个句子在说什么，但是很明显当你把句子和词袋联系起来的时候你丢失了很多信息。

事实证明，当你面向一个预测问题的时候，信息内容是至关重要的。如果你不能对一个数据转换进行逆变换，那么你已经失去了一些信息。信息论中的一个定理说，当你在 $X$（与 $Y$ 有关）中获得越多的信息时，你对 $Y$ 的预测就会越好。在预处理过程中丢失的信息越多，你就越容易回到原点。说明这一点的一个简单例子是分词。

信息论中还有一个定理叫作*数据处理不等式*。它指出，当你处理数据时（如预处理），你最终只能得到少于或等于你开始使用的信息量。并没有创造性的方法可以通过分割数据添加信息量，除非你合并更多外部来源的数据。为了说明这一点，你可以利用分位数离散化将一个连续变量变成离散变量，并在同一个预测问题上测试转换前后的版本。

首先，让我们生成一些线性数据并拟合一个线性模型。你将检查 $R^2$，看看模型表现怎么样。

```
1  from sklearn.linear_model import LinearRegression
2  import pandas as pd
3
4  x = np.random.normal(size=1000)
5  y = x  + 0.1*np.random.normal(size=1000)
6  X = pd.DataFrame({'x': x, 'y': y})
7
8  model = LinearRegression()
9  model.fit(X[['x']], X['y'])
10 model.score(X[['x']], X['y'])
```

返回的 $R^2$ 是 0.99。现在你用 pandas.qcut 和 pandas.get_dummies 做离散化，然后看看新模型的 $R^2$，如下所示：

```
1  x_discretized = pd.get_dummies(pd.qcut(x, [0., 0.25, 0.5, 0.75, 1.])).
2                  values[:, 1:]
3  model.fit(x_discretized, X['y'])
4  model.score(x_discretized, X['y'])
```

返回了一个较小的 $R^2$ (0.85)。这是因为在数据处理的过程中你已经有了信息量的丢失！

注意如常见的哑变量编码，你不得不丢掉数据中的一列。这是因为它与其他列包含了冗余的信息：如果所有的值都是 0，那么 1 就存在于丢失的列中。丢弃额外的列并不会带来信息量的丢失。

这告诉我们，你对数据做越多操作，就越有可能损失信息量。这为追求相对少的预处理理论提供了强有力的论据。编码数据使之恰好能够用于启动一个算法，然后尝试执行你的任务。如果表现很好，尝试小幅度调整预处理，看看可不可以有所提升，但是不要过早删除你的数据。

损失信息量的另一个途径是聚合数据。聚合是让一个集合的值进行一次计算，返回结果是一个值（或者一小部分值）。常见的例子就是和、均值、方差和中位数。

假设你有一个网站用户的样本和每个用户的统计信息，比如用户所阅读的网站文章的数量。通常，可供使用的唯一数据是由第三方报告的数据。这些数据通常只是每个单独用户的数据的聚合。你会得到文章阅读数的总量（每个用户统计信息的和），而不是每个用户阅读文章的数量。你只好去算每个用户的平均文章阅读量（每个用户统计信息的均值）。

对于其中的每种情况来说，你有一个由数据集计算得到的单独数值。由于你不会接触到原始的、更细粒度的数据，所以你不能从中计算其他的统计量。举例来说，没有办法计算每个用户文章阅读量的标准差，所以你不可能从得到的均值上得到误差边界。当你仅仅用聚合数据进行建模，你能做到更深分析的能力非常有限。你不再能基于用户属性把数据进行其他方式的切割。你甚至不能计算其他聚合量。因为这个原因，最好以尽可能高的细粒度记录数据。

## 4.4 结论

本章你学习了如何取得原始数据并将之转换为可提供给机器学习模型的形式。我们希望你已经了解到这是一个复杂的过程，并且它们可以根据你的工作情况而非常具体。花时间保证所有东西都如你所愿地运行是值得的。当一个模型无法工作的时候，更常见的问题是数据源或者预处理，而不是模型本身。

预处理有很多不同的选项，整个过程也有很多参数。参数可以是单词频率的上限、一些特征的选择、嵌入模型的维度等。如果没有原则性的方法，很难确保你为模型选择了最佳的参数。如果你正在使用很多参数，则有必要研究一下参数搜索策略。scikit learn 提供了一些搜索工具，并且如 Google 的 Cloud ML 框架也提供了参数搜索工具。这个主题已经超出了这本书的范围，但我们希望，如果你花费了大量时间在调参、维护模型和重复的工作上，你自己应该探索一下。

第 5 章

# 假设检验

## 5.1 引言

现在你已经知晓如何对数据进行编码了，你可以开始好好利用起来它！一个常见的任务就是判断两个不同样本的统计量是否互不相同。例如，你有从 AB 测试中得来的数据，你想说测试组中被用户分享的文章平均数比控制组中被用户分享的页数要多。你怎么确定这样的不同不是因为抽样过程中的随机误差？你怎么保证真有这样的差异？这个问题属于假设检验的范畴。

本章我们会解答一些相关问题。我们常常把问题框定在 AB 测试的背景中，因为假设检验经常在这种情景下使用。我们将会通过假设检验建立一些机制来回答问题，并接着在这本书的后面，可以在 AB 测试的数据上运行基础机器学习模型来回答更有趣的问题时，继续探讨。

假设检验是数据科学家工具包里最重要的工具之一。当公司需要决定是否执行某个决策时（例如改变一款产品），最好的办法就是进行一次实验。为了从实验数据中做出正确的决定，你需要使用统计学中的假设检验来得到正确的结果。

## 5.2 什么是假设

假如你想测试一个假设是否正确。我们所说的假设实际上只是指一个关于世界的陈述，它可能是真的，也可能不是。在典型的 AB 测试中，假设可能是“体验变量 A 的用户比体验变量 B 的用户更频繁地重新回到一个网站”，你通常希望使用等式或不等式来更精确地表述假设。在本例中，假设你必须测量变量 $A$ 中用户的重访率 $r_A$，以及变量 $B$ 中用户的重访率 $r_B$。这个假设转化为 $r_A > r_B$。

如果你感兴趣的是一个比率严格大于另一个，你会想要一个单尾检验。如果你有一个不同的假设，之前你只测试了它们的比率是否相同（$r_A = r_B$），然后你想要了解测试组的比率是更高（$r_A > r_B$），还是更低（$r_A < r_B$）。这样的话，你想要的会是一个双尾检验。

由中心极限定理可以知道，像这些比率一样，当你有大量数据时，均值应该如一个高斯抽样分布（30 个有效数据点通常是一个很好的经验法则）。如果你把由 $N$ 个样本算得的比率差的分布画下来，你会得到如图 5-1 所示的（近似）高斯分布。你观察一下差值，当比率相同的时候它恰好集中于 0。如果 $r_A$ 更高一点，那么 $r_A - r_B$ 会倾向于正值，但你可能也会偶尔发现其变为负值。

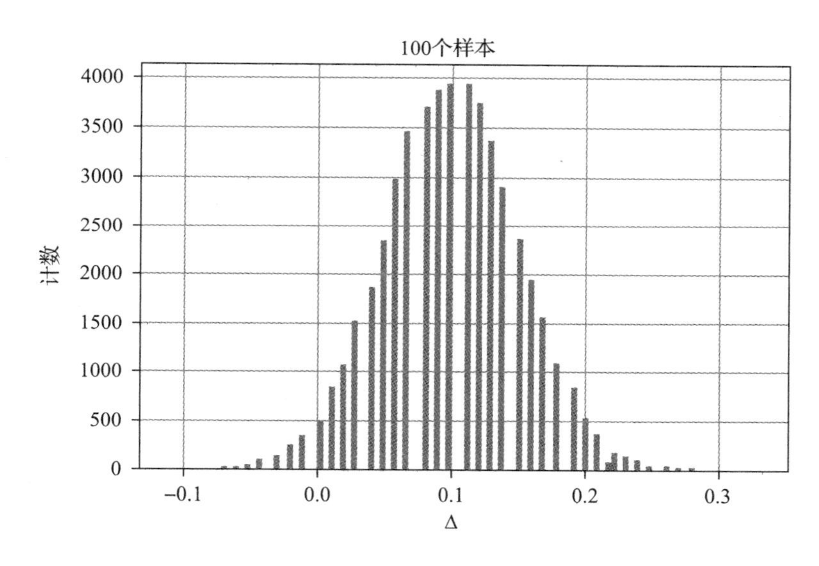


图 5-1　$r_B - r_A$，每一个比率的测量都是在 $k$ 次成功实验后，并如此进行了 100 次。真实的比率是 $r_B = 0.2$，$r_A = 0.1$，差值大概在 0.1 左右。这个测试被执行了 50 000 次来预估差的样本分布。当你把测试的数量从 100 开始往上增，直方图会如高斯分布那样被填充起来

你想要知道，给出测量的差值，有多大可能在 $r_A$ 实际上并没有更高的时候偶尔发现 $r_A > r_B$，或者说 $r_A - r_B > 0$。如果你计算得到的概率至少和我们偶然得到的一样大，你就能知道你在说“有积极影响”时，错误的概率有多大。

如果两个值是相等的，那么你会得到一个用于统计数据的分布。这就是当你想知道有多大可能得到一个像这么大的测量值的时候，考虑了没有统计效应的情况，你将要使用的分布。如果这是你的那种情况，那么 $r_A - r_B$ 的样本分布以 0 为中心，并且标准差刚好是之前说的标准误差，$\sigma = \sigma_N / \sqrt{N}$，前提是你有 $N$ 个数据点，并且标准差计算的参考样本是 $\sigma_N$。如果你通过标准误差来标准化测量值，那么你会得到一个很好的正态分布，服从于 $Z = (r_A - r_B) / (\sigma_N / \sqrt{N})$。这被称为 Z 统计量。

你可以计算得到一个Z统计量的概率，和你用这个正态分布测量到的是一样大的。阴影区域是统计量至少和我们的一样大的区域。在这个分布下得到这样一个统计量的概率刚好和那个区域相等。

一般情况下，你希望为Z统计量设置一个截止阈值，称为*临界值*。你可能会说："如果有超过5%的概率我发现效应的概率和我偶然得到的一样大，那么我不敢说我发现了效应。"如果你找到的Z统计量有5%的概率会被测出一个更大的值，那么任何一个比它低的Z统计量，基于我们现在没有效应的情况，都有更大的机会被测量到。这意味着你的测量值比这个临界值还低的时候，你不会说你已经找到了一个效应。这个犯错的概率是5%，是你的$p$值。

在数据量有限的社会科学中，5%（$p=0.05$）是$p$值的常用选择。判断错误的概率大约是5%。在最糟糕的情况下，你可以预期到5%的实验会得出错误的结论！在数据科学环境中，你通常可以自由选择更低的出错概率。粒子物理学家用一个"五西格玛（five sigma)"法则来说明他们已经发现了一个新粒子。这相当于$p=0.000\,000\,3$左右，即大约为300万分之一。已经有3个$\sigma$（$p=0.0013$）的检测结果在试图满足五西格玛标准时被推翻了！

除了Z检验之外还有其他检验，你可以使用其他的统计检验，但这是一个很好的常见的范例。如果你的样本量较小，则t检验可能更合适。实际上，你通常只会找一个合适检验方式来匹配你正在面对的问题。

## 5.3　假设检验的错误类型

假设检验有四种结果，两种是错误情况。我们不需要详细讨论在确实存在效应的情况下观察到效应，或者在不存在效应的情况下没有观察到效应的情况。

两种错误情形是：没有效应的时候由于抽样误差而观察到效应和应当存在效应的时候没有观察到它。它们分别称为Ⅰ类错误和Ⅱ类错误。当你选择在没有效应的情况下观察到效应的概率时，你就直接选择了发生Ⅰ类错误的概率，同时间接地选择了Ⅱ类错误。

如果固定$p$值，那么样本大小决定了发生Ⅱ类错误的概率。控制Ⅱ类错误的方法是确定你感兴趣的效应的大小（比如重访率增加3%）。利用我们事先知道的重访率分布的方差并选择一个p值，可以找到一个样本大小使得效应大于等于事先选择的最小效应值。这称为*功效计算*。

当一项研究如果没有足够大样本量来检测研究员关心效应的大小时被称为*统计功效不足*。一般的功效选择为80%。也就是说，如果真实效应大于设定的最小值，你测得这个效应的概率为80%。对于80%的功效以及$p=0.05$，计算样本大小的经验法则如下：

$$N = 16\sigma^2 / \Delta^2$$

这里 $\sigma$ 是你测量结果的标准差，$\Delta$ 是你要测量的最小差值。举例来说，假设重访率 $r_B = 0.05$，标准差 $\sigma = 0.05(1-0.05)$（因为这是一个二项式），你可以假定测试组的标准差近似。如果你需要测量 3% 的效应，你希望 $\Delta=0.03\times0.05=0.0015$。那么在给定统计功效 80%，$p=0.05$ 的情况下你需要的样本量大致是 $N=16\,000$。

## 5.4 *p* 值和置信区间

通常人们会报告他们测量的统计数据以及通过偶然得到至少一个极端的数值的概率（*p* 值）。这不是报告结果的好方法。你尝试测量的内容的真实值仍存在不确定性，在没有误差区间的情况下报告结果会产生误导。更糟糕的是，非技术人员倾向于通过 *p* 值来判断你有多确定你报告的答案是“正确的”，这真是无稽之谈。

尽管在商业环境中为了清晰起见而牺牲一些事实可能是有用的，但你还是希望为技术团队提供更仔细的结果。因此，你应该报告置信区间（即误差范围）而不是带有 *p* 值的期望值。

我们用一个例子进一步说明这点。如图 5-2 中的置信区间所示，我们已经进行了测量。该图中的 *p* 值非常小，远远低于常见的 $p=0.05$。我们已经非常确定效应不为零。但它有多大？

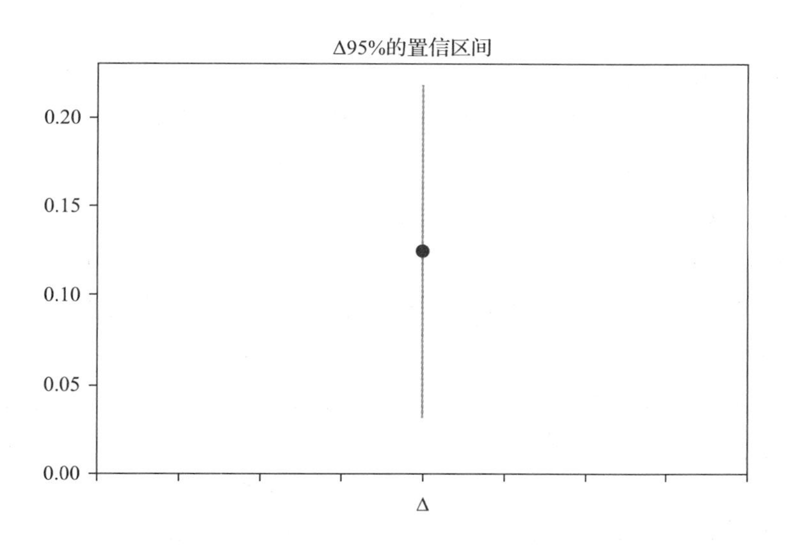


图 5-2 该图表示 $r_A$ 和 $r_B$ 的差异值 Δ95% 的置信水平。这是 200 次试验。t 检验的 *p* 值为 0.0090，远低于 $p=0.05$ 的显著性水平，但置信区间为（0.03，0.21）。上限是下限的五倍以上！即使你可以确定差异存在，但如果没有更多数据你真的不知道真正的差异是多少

仅从 $p$ 值和期望值来看，你并没有真正了解可能性。你仅仅限定了真实值处于几个百分点和两倍的期望值之间。所有这些测量值都告诉你效应是很确定的。但效应的大小，甚至数量级，都没有很好地确定，因为数据量太小。要点是，统计显著性并不意味着精确测量！

你可以通过使用误差传递公式计算差异的置信区间，如本例所示。如果 $\Delta = r_A - r_B$，标准误差为 $\sigma_\Delta$、$\sigma_a$、$\sigma_b$，那么你可以像这样计算误差：

$$\frac{\sigma_\Delta}{\Delta} = \sqrt{\left(\frac{\sigma_a}{r_A}\right)^2 + \left(\frac{\sigma_b}{r_B}\right)^2} \tag{5.1}$$

换句话说，误差是在平方中增长的。这很糟糕，因为差异会变小而误差会变大。这使得差异值的相对误差大于输入数据中的相对误差。如果每个输入都有 10% 的误差，那么输出应该有 $\sqrt{2}10\%$，即大约 14.4% 的误差。

对于 95% 置信区间，你可以使用 $z = 1.96$ 的值，找到差异值的置信区间为 $(\Delta - 1.96\sigma_\Delta,\ \Delta + 1.96\sigma_\Delta)$。

## 5.5 多重测试和 $p$ 值操控

$p$ 值和假设检验有很多细微差别。其中一个棘手的方面是多重测试。假设你进行了十次 AB 测试，并估计每个结果的 $p$ 值为 $p=0.05$。你至少在一次测试中犯 I 类错误的概率是多少？

对于每个单独的测试，概率由 $p$ 值给出，$p=0.05$。当你把这些测试作为一个整体来考虑时，就会发现其中的微妙之处。在没有效应的情况下发现效应的概率为 $p=0.05$，在测试中不犯错的概率是 $1-p=0.95$。在两个测试中不犯错误的概率是 (0.95)(0.95) =0.90，因此在两次测试中出错的概率是 1−0.90，即 10%！如果你把这个应用到 10 个测试中，则 $1 - 0.95^{10} = 0.40$。你有 40% 的概率会在测试中出错。通常，对于给定的 $p$ 值，$n$ 个测试中 $p_{mistake} = 1-(1-p)^n$。这就是多重测试的问题。如果 $p$ 非常小，则约为 $p_{mistake} = np$。

这个问题甚至更加微妙。如果你做了一个 AB 测试，然后用不同的方法分割数据，或者用它们自己的 $p$ 值测量不同的指标，那么每个分割或者每个测量都是另外的测试了。从没有统计意义的计算开始，然后分割数据，直到发现一个比原来的截止阈值（通常为 0.05）更小的 $p$ 值，这种做法被称为 $p$ 值操控。分析师没有考虑多重测试，所以真正的 $p$ 值不是 0.05。

考虑多重测试的 $p$ 值的常用方法是使用 Bonferroni 校正。公式为 $p_{mistake} = np$，如

果你正在进行 $n$ 次测试，你的新显著性水平应该是 $p_{new} = p / n$。这样，当你计算出错概率时，$p_{mistake} = np_{new} = p$，回到了原始的 $p$ 值！

在开始收集实验数据之前，最好先确定要测量的内容。你可以使用观测数据进行功效计算，并且可以通过使用 Bonferroni 校正来确保有足够大的样本量来进行你计划中的所有分析。

如果你在实验后发现没有效应并想继续切割数据，你应该把它视为对新假设的搜索而不是对真实结果的搜索。如果以太多方式对数据进行切片操作，则不会再有统计上的显著影响。应该在未来的实验中测试新的假设。

## 5.6 实例

让我们处理一个例子来放松放松吧。想象你正在一个研究中做一些探索性的工作。你有 100 个数据点，对应 100 个变量 $X_1,\cdots,X_{100}$。你想要预测另一个变量 $Y$。在这种情况下，你工作的组织可以收集更多数据，但是这样做相当昂贵。你实在是想缩小一点你正在收集的数据变量集的范围，所以你想要确保你挑选的变量 $X$ 和变量 $Y$ 之间有很好很强的相关关系。

让我们创建一些小型数据来描述你要解决的问题。在这个例子中，这些 $X$ 实际上只有一个和 $Y$ 有相关关系，称之为 $X_1$。剩下的没有相关关系，但是可能有非零的样本相关关系！这意味着，如果你想要根据更多的数据点测量变量，你会发现这种相关关系趋近于零，你会在小型样本中发生一些意外。

让我们现在先制造一些数据。

```
1 import pandas as pd
2 import numpy as np
3
4 X = pd.DataFrame(np.random.normal(size=(100,100)),
5                  columns=['X_{}'.format(i + 1) for i in range(100)])
6 X['Y'] = X['X_1'] + np.random.normal(size=100)
```

你可以仅仅使用 data frame 的 `corr` 方法来计算不带 $p$ 值的皮尔森相关系数，然后你会发现有些值远大于 0（尝试一下）。

让我们开始执行一些假设检验。你需要执行 100 次衡量每一个 $X$ 和 $Y$ 相关关系的实验。你会使用 SciPy 中实现的皮尔森相关系数计算，因为它给出了拒绝相关性的原假设，即相关系数为 0 的 $p$ 值。要正确地做到这一点，你将会使用 Bonferroni 校正来调整多个检验的 $p$ 值。你检验的假设太多了，以至于你很确定有些 $p<0.05$ 是偶然得到的。为了将它与你的实验数相匹配，你将使用新的置信阈值 $\alpha=0.05/n$，其

中 $n$ 是你执行的检验数。这里 $\alpha=0.0005$。这意味着你需要很强的相关性才能检测到它！这是一个多重检验中常见的问题：你执行的检验越多，效应应该越强（或获得更多数据），所以你需要确保你已经找到了真正的效应。

运行如下代码：

```
from scipy.stats import pearsonr
alpha = 0.05
n = len(X.columns) - 1
bonferroni_alpha = alpha / n
for xi in X.columns:
    r, p_value = pearsonr(X[xi], X['Y'])
    if p_value < bonferroni_alpha:
        print(xi, r, p_value, '***')
    elif p_value < alpha:
        print(xi, r, p_value)
```

这样产生了如下输出（你们的结果将会不同）：

```
X_1 0.735771451720503 2.799057346922578e-18 ***
X_25 -0.20322243350571845 0.04257172321036264
X_32 0.2097009042175228 0.036261143690351785
X_38 0.20496594851035607 0.040789547879409846
X_67 -0.26918780734103714 0.006764583272751602
X_70 -0.33455121155458417 0.0006688593439594529
X_76 0.20437622718079831 0.04138524622687304
X_91 -0.21485767438274925 0.03181701367805414
X_92 0.23895175142700853 0.016653536509189357
Y 1.0 0.0 ***
```

你可以看到你检查 $X_1$ 和 $Y$ 相关性的第一个值，$p$ 值大约为 $10^{-18}$。这显然不是因为偶然，它是远小于我们的阈值 $p<\alpha=0.0005$ 的。剩下在这里的 $X$ 在我们新的置信度上都不显著，但是它们没有经过我们的多重检验校正！这显示了不小心对待多重检验的危险。有一些相关性是相当强的，有大约 $r=-0.33$！

你现在可以看到小心对待有多少个你在测试的假设是很重要的。在这个例子中，我们推荐明确记录变量 $X_1$，其余表现出来的相关性可能只是因为偶然。你可以通过在 $p<0.05$ 的水平检验一切来节省一大笔钱！

## 5.7 假设检验的设计

我们已经介绍了假设检验的技术细节，但没有在产品方面说太多。通常你会关注很多标准。假设你的实验提高了点击次数和分享次数，但访问时间显著减少。你应该实施这次调整吗？你需要和团队成员一起确定主要目标（例如，“提高参与度”）和一组次要健康指标，以确保你打算做的调整不会造成实质性损害（例如，“不会损害广告收入”）。

在确定了需要考虑的主要目标和次要指标后，你可以创建一系列指标去衡量它们。你可以选择“网站停留时间”“每个会话点开的网页数”和“每用户访问次数”作为参与度指标，“净广告点击次数”和“总广告曝光次数”作为衡量广告健康状况的次要指标，以及“总页面浏览数”“每用户分享次数”和“每用户点击次数”作为衡量网站运行健康度的一些其他次要指标。

在确定了所有的指标之后，你应该知道有哪些健康状况是可以改变的。如果“广告曝光”增加了1%，你能忍受“净广告点击”减少0.5%吗？如果会话的次数稍微增加，用户在会话中的页面浏览量会略有减少吗？在开始测试之前对这些问题的答案有些想法是一个好主意（虽然不是硬性要求），至少对你关心的主要标准来说。

如果你关心指标的一些微小变化，那你需要格外小心了。随着你关注的效应减小，你需要的样本量会迅速增长。一个好的经验法则[5]是检测测试组和对照组之间结果的差异$\Delta$，$\Delta=Y(1)-Y(0)$，当结果方差为$Var(Y)=\sigma^2$时，你大致需要由以下公式给出的样本大小$N$，以便在运行实验时能在80%的时间内，在95%的置信水平上获得统计上显著的结果。结果越嘈杂，你需要的样本越多。

$$N=\frac{16\sigma^2}{\Delta^2} \tag{5.2}$$

实际上，你将在很长一段时间内为同一个产品进行实验。你可能会在第一个实验中（尤其是在较小的公司）对这个过程实施一个非常精简的版本，并随着产品变得更加成熟而不停改进。大多数人在第一次运行实验时不会担心样本大小或效应大小（$\Delta$），直到最终注意到它们出现很大误差区间后才开始担心。如果你正在处理这类事情并且问“我的样本量必须多大才能达到我关心的显著水平？”，那么之前的公式可能是最有用的。

## 5.8 结论

本章我们介绍了数据科学家使用的最常见、最重要的工具之一：假设检验。从这里开始，你还有更多可以做的，比如开发更健壮的检验，看看条件检验结果（例如对于最频繁使用的用户来说结果是什么），以及查阅其他检验统计量和背景知识。

我们甚至还没有开始触及 AB 测试架构的表面、随机分配的检查，以及许多其他超出本书范围的主题。我们推荐有关 Web 实验的文献［5］、文献［6］和文献［7］的更多信息，以及文献［8］获取关于实验设计的概览信息。

理想情况下，你至少对执行和分析 AB 测试的过程有一个很好的了解。你应该能够轻松地拉出数据和执行重要的检验，以查看哪些指标已经偏移，并将这些结果传达到你的团队中，讨论在实验之后接下来的步骤是什么。

第 6 章

# 数据可视化

## 6.1 引言

当你需要向团队展示数据，或者只是需要更好地观察数据中发生了什么时，绘制图表是一种查看数据中关系的好方法，它比仅仅通过查看摘要统计信息的方式更清晰。在这里，我们将主要关注用图表展示不同类型数据的基本概念，以揭示隐藏在数据之下的分布情况。

我们不会涵盖那些使数据的表达既清晰又吸引外行的数据可视化的定性设计的整个思想领域。我们将转而关注数据可视化更客观的方面：你如何可视化一个服从某种分布的样本来反映概率值的散布情况？如何可视化越来越高维的数据？你怎么在一个单独的图像中可视化更多的数据点？在许多情况下，这些问题都有简单的解决办法。

随着你对基础知识的熟练掌握，你可以开始探索更容易制作有视觉吸引力图表的其他软件包。对于 Python 来说 Seaborn 就是一个很好的例子。pandas 和 matplotlib 有一些漂亮的、更高级的功能，可以制作更具有视觉吸引力的图表。

## 6.2 数据分布和汇总统计

想象一下一些相对静态的过程产生数据的情况。这些数据点可以由一个或多个变量组成。例如，如果你在新闻机构工作，作者会写文章，每一篇文章都有一些可测量的属性。这些内容可能包括文章属于网站哪个版块、作者、创作时间，以及一组文章的标签。一旦文章发表，你将为文章测量一些流量统计指标：文章的点击量、来自社交媒体平台的推荐数、点击率、分享率，以及许多其他信息。

你想了解一下这些数据是什么样的，因此你需要制作一些图来了解所有这些变量以及它们相互之间的关系。绘制每个变量的一维分布是一个好的开始。

### 6.2.1　数据分布和直方图

现在我们将给出两个对应于两种常见情况的例子：离散变量的情况和连续变量的情况。离散变量的例子是文章作者、文章所属版块以及文章的点击次数。连续变量的例子是文章的点击率（范围在 0 和 1 之间）和文章的发布时间。

通常，将离散变量视为连续变量是有意义的。如果对变量有明确的排序并且数据间隔和比率是有意义的，那么你可以将离散变量视为连续变量。对于文章的总推荐数（必须是整数）、文章的点击量以及许多其他变量来说都是如此。考虑到这一点，让我们来看一些图表并谈谈它们的含义。

首先，让我们看看每个网站版块显示内容的次数。这将让我们了解用户在网站上的体验。图 6-1 显示了网站每个版块的文章曝光数。

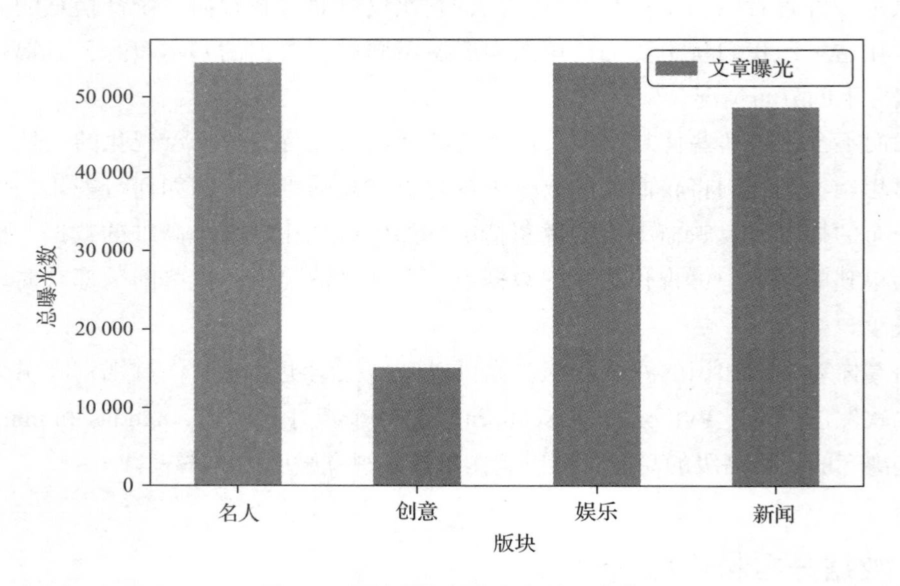


图 6-1　网站每个版块文章的曝光数

可以从图中看到，名人版块和娱乐版块的内容数量大致相同，其次是新闻内容，然后是创意（广告）内容。这样可以很好地了解每个版块所占总量，但是我们不清楚它们所占比例是多少。更好的方法是重新缩放 y 轴，让 y 轴是每个版块在总曝光量中的占比，如图 6-2 所示。

这个图被称为离散分布图，因为它展示了每个版块文章曝光的分布情况。如果你从这个数据集中随机选择一个曝光数，y 轴可以告诉你这个数属于每个版块的概率。

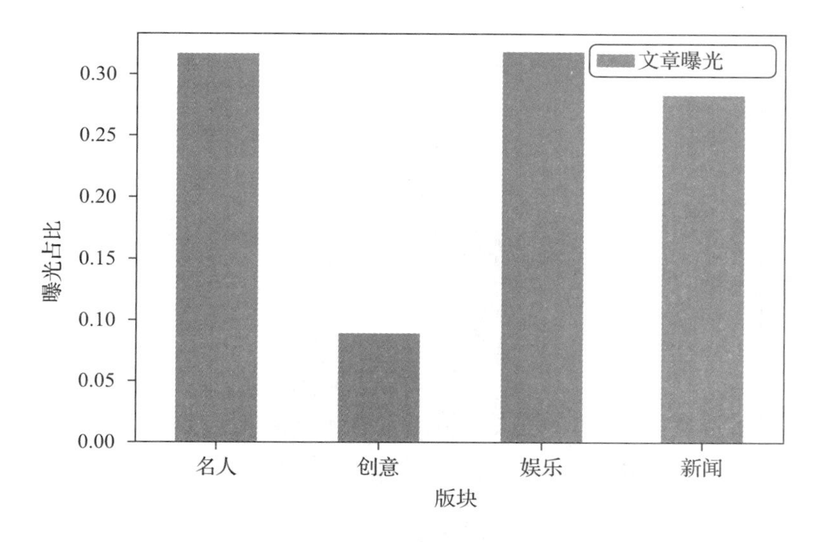


图 6-2　网站每个版块文章的曝光数在总曝光数中的占比

还有另一种展示分布的好方法。由于所有的值加起来为 1，你可以把每一部分都想象成“大饼中的一小块”。饼图可以很好地展示每个部分的重要性，如图 6-3 所示。

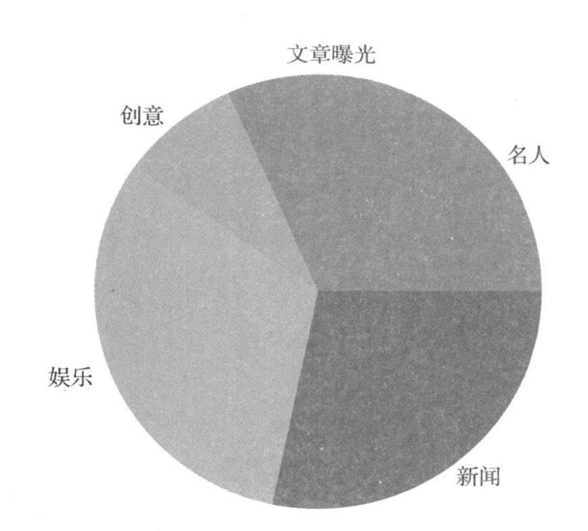


图 6-3　网站每个版块文章的曝光数在总曝光数中的占比

这些图很好用，因为 x 轴是一个离散变量。但当 x 轴是连续变量时它们就不起作用了。连续变量制作类似图表的常见方法是将连续的 x 轴转换为离散的 x 轴。以点击率为例，它们是 0 到 1 之间的实数，可以取该区间内的任何值。如果我们想查看文章通常的点击率，我们可以把取值范围划分成一些区间并计算每个区间中的文章数。这是条形图的连续版本，称为直方图，如图 6-4 所示。

用这种方式表示数据分布略显笨重。一种更好的方法是使用核密度估计（kernel density estimation）来平滑图形，如图 6-5 所示。y 轴告诉你每个点附近的小范围内有多少篇文章。这些可以被标准化（除以常数）来获得文章点击率的连续概率分布。

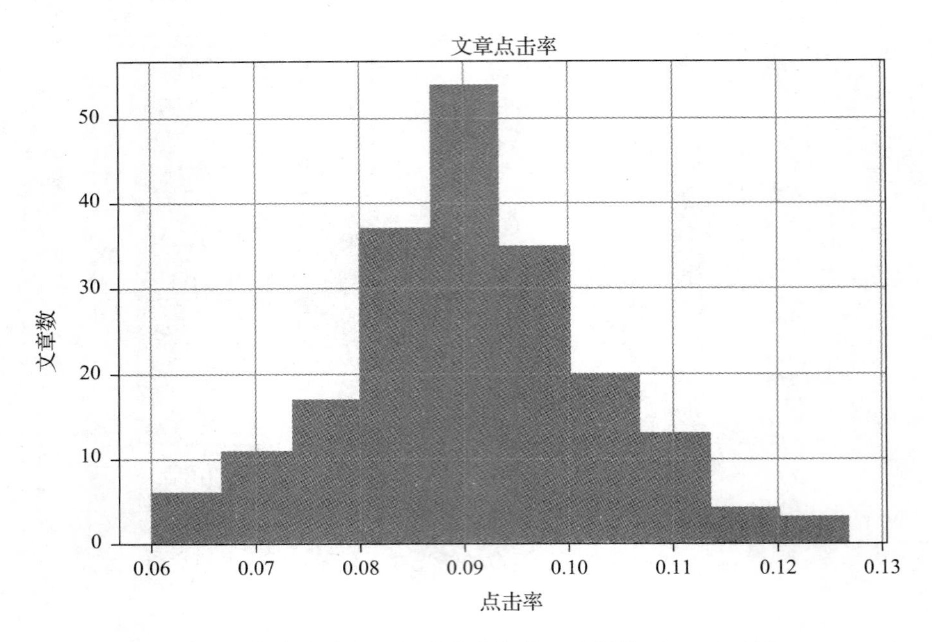


图 6-4　每个点击率区间内的文章数，该例分了 10 个区间

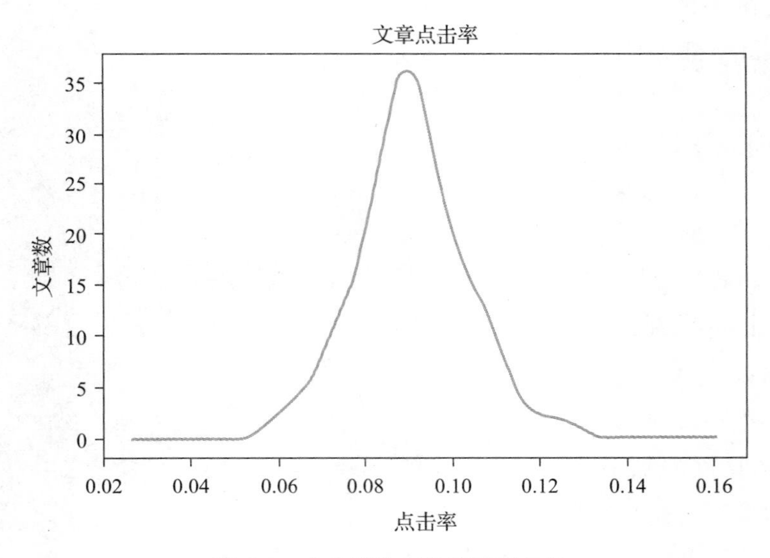


图 6-5　点击率分布的核密度估计

通常你会制作一个分布图然后找到一些非常无意义的信息，如图 6-6 所示。

这张图有一个“长尾”分布，其中点击率后 80% 的文章仅占总浏览量的 20% 左右，点击率前 20% 的文章占了 80% 的浏览量。当你有一个长尾分布时，很难从常规直方图中了解数据。这是因为极端数据点在右边很远，所有数据都被压缩到了第一个数据桶中。你其实最终用一个数据桶包含了几乎所有的数据。

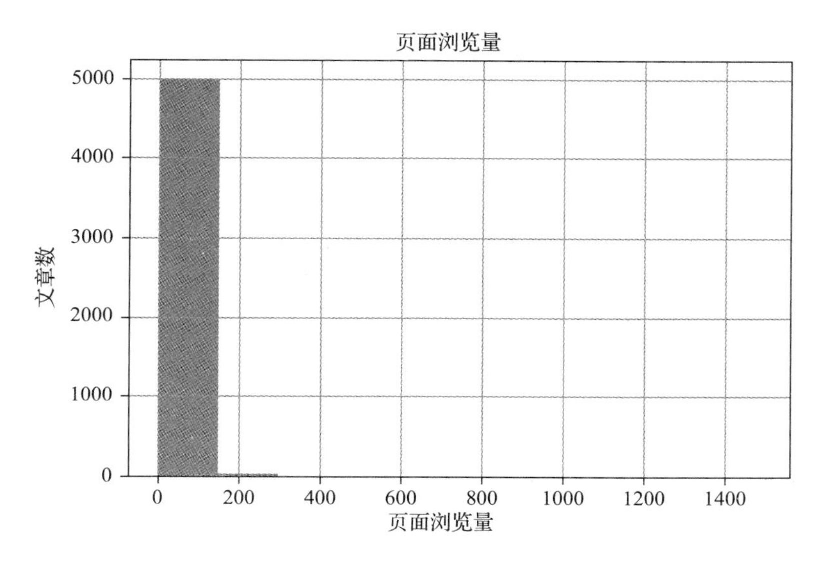


图 6-6　一个典型的从页面点击到文章浏览的分布，很多文章的流量非常少，相对较少的文章占据了绝大部分的流量

使极值接近其他所有值的简单技巧是对数据取对数。许多绘图包，比如 Python 中的 pandas，都有用于绘制对数轴的内置参数。如图 6-7 所示，y 轴取的是对数。注意 $10^0$ 是 1， $10^1$ 是 10， $10^2$ 是 100，以此类推。

注意对数化后的 y 轴使得所有数据桶在高度上更具有可比性，即使有些数据桶比其他数据桶高出数千倍。直方图最适合用于定量团队内部的沟通或者精通量化研究的干系人。

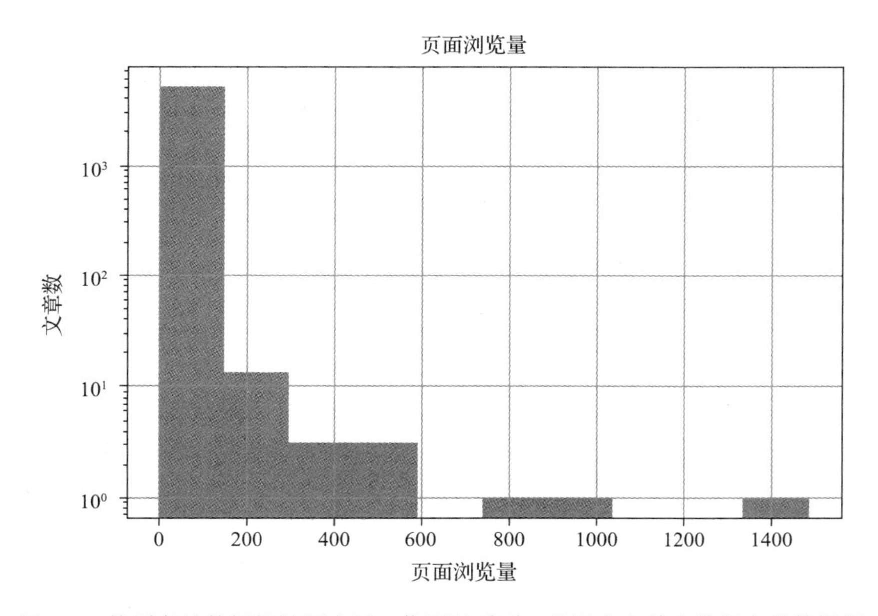


图 6-7　特别高的数据桶被压扁了，你可以看到一些只含有单个数据点的数据桶

最后，有一个图可以很好地显示长尾分布的特征，称为互补累积分布函数（CCDF）。它的两个轴都取了对数，如图 6-8 所示。它表示“对于每个数据点来说，有多少数据点的值大于或等于这个值？”。它从最左边的一个开始（这时 100% 的数据具有更大的值）一路往右下行，到最后只有一个数据点。

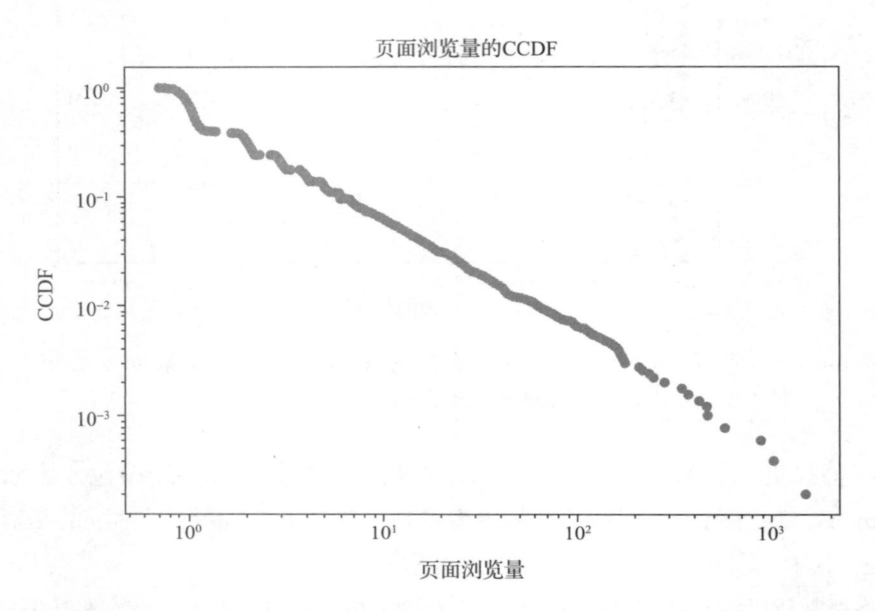


图 6-8　一个典型的从页面点击到文章浏览的分布。很多文章的流量非常少，相对较少的文章占据了绝大部分的流量。y 轴就是文章点击次数大于等于 x 轴页面浏览次数的占比

这些 CCDF 也称为生存图。如果数据不是“页面浏览次数”，而是“一个组件故障的次数”，那么图表展示的是没有损坏的组件的比例随着时间 $t$ 的变化。

所有这些图都很好地向我们展示了一维指标是如何分布的，但它们对于了解不同变量之间的关系并没有用。要看到这一点，你需要更高维度的图表。

### 6.2.2　散点图和热力图

当你用更高维数据来建模时，会得到更多助力。假设你正在查看从其他网站推荐链接到我们网站上文章的分布，你会看到图 6-9 中的数据。

如果这是我们拥有的所有数据，我们就无法进行更多的分析。看起来在较低的范围区间内可能会有比我们预期更多的推荐，但如果没有额外的数据来提供更强大的论据我们也不能妄下论断。

假设我们还有每篇文章在我们网站上收到的点击次数。如果我们想看看这两者如何相互关联，我们可以制作一个散点图，如图 6-10 所示。这是一种可视化大量原

始数据的简单方法。

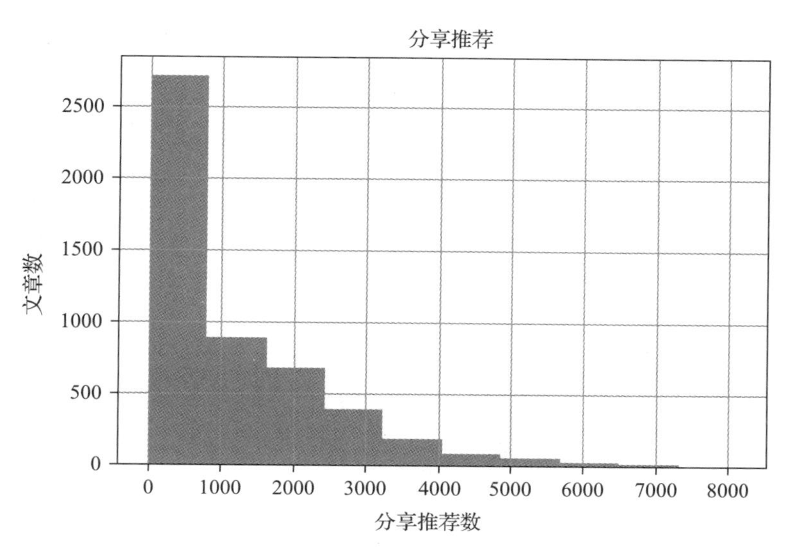


图 6-9　对网站文章的分享推荐的假设分布

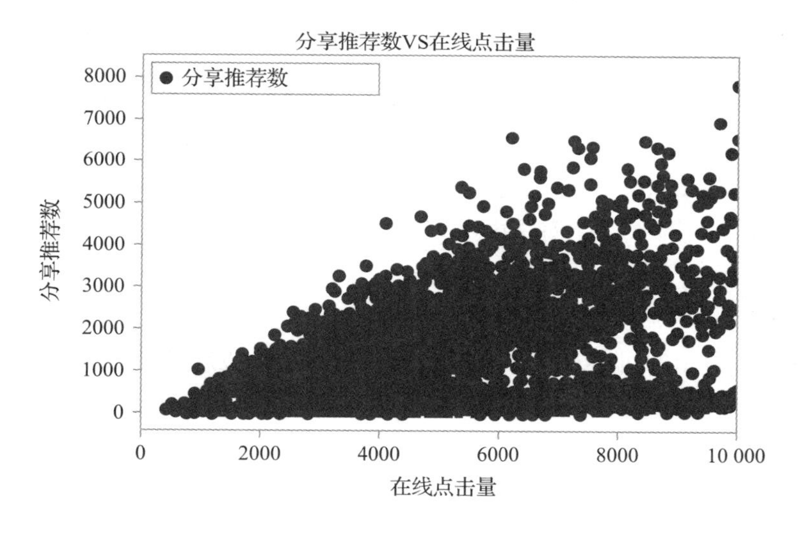


图 6-10　分享推荐与每篇文章的在线点击量之间的假设关系

从这张图中可以看出，对于大量数据来说，在线点击和分享推荐之间存在嘈杂的线性关系，但似乎也有一些有趣的事情。看起来有两组存在差距的不同数据点。让我们看看是否可以通过不同类型的图更好地绘制出来，即热力图。你可以把颜色视为第三维。在这种情况下，我们将使用它来标示 x-y 位置的数据点个数。

当有一些直方条比其他条高得多时，你会遇到和以前一样的问题。在这种情况下，直方图中会有一个非常暗的条，整个图形看起来如图 6-11 所示。

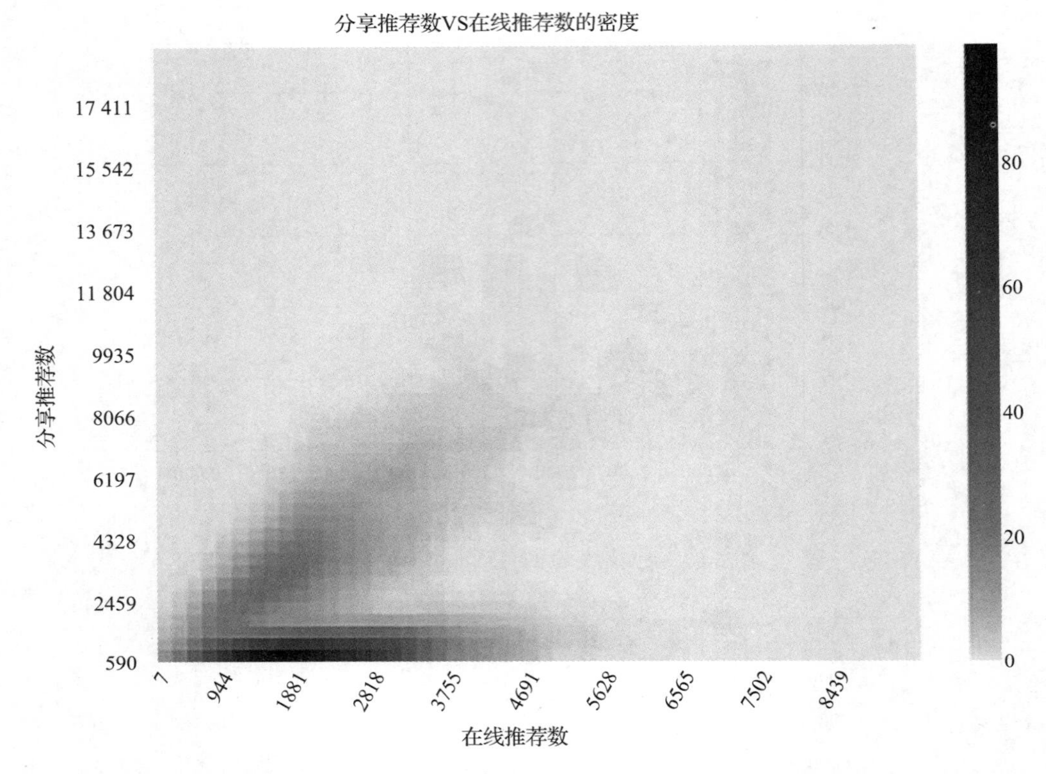


图 6-11 分享推荐与每篇文章的在线点击量之间的假设关系。这是一个褪色的热力图，因为一些 x－y 值具有比其他值更高的密度

如果你对所有数据取对数，结果会更好看。在这两个图中，我们还使用了高斯滤波器（显示热力图的时候很常见）来平滑数据。你可以在图 6-12 中看到最终结果，我们已经将所有数据对数化了。由于零的对数是负无穷，因此我们在取对数之前为每个值增加了 1。

现在很明显，有两组不同的点具有自己的线性趋势。如果我们能够引入更多数据，我们可以弄清楚这里发生了什么。

如果我们询问一下，然后人们说，“我发布一篇新闻文章往往比我发布一篇娱乐文章获得更多的浏览量。”这让我们知道发布在网站哪个版块可能会有一些影响。由于我们正在研究两组不同的点，我们也有理由相信可能存在一些离散值的数据，这些数据可以解释两个不同的组。

让我们引入更多数据，看看我们是否找到了导致差异的原因。我们将在图 6-13 和图 6-14 中分别为每个版块制作相同的图。

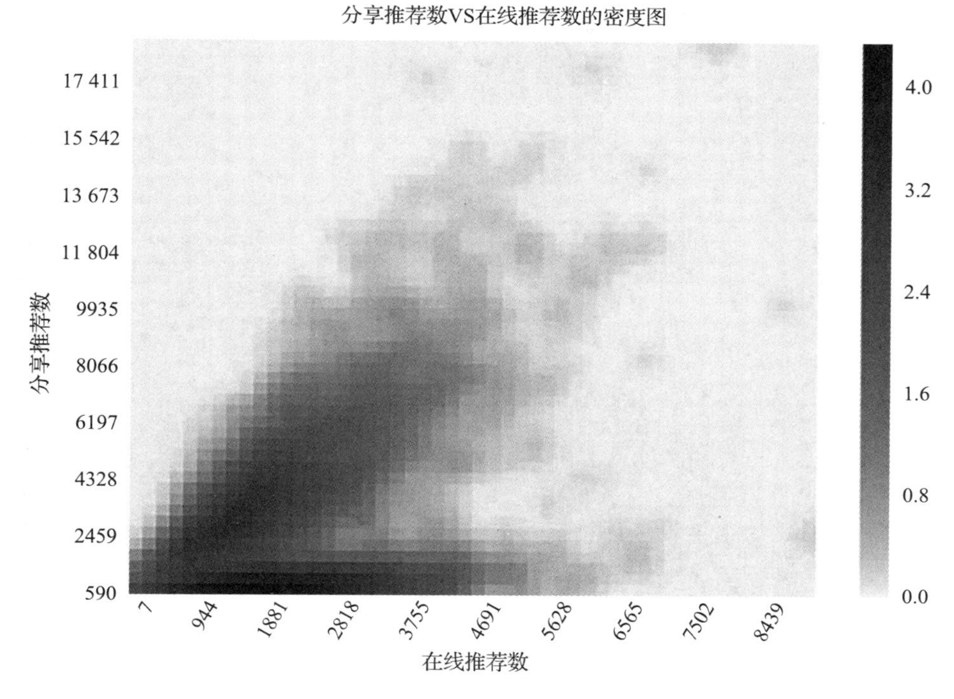


图 6-12　使用对数函数“展平”范围能更好地显示分享推荐和点击之间的关系

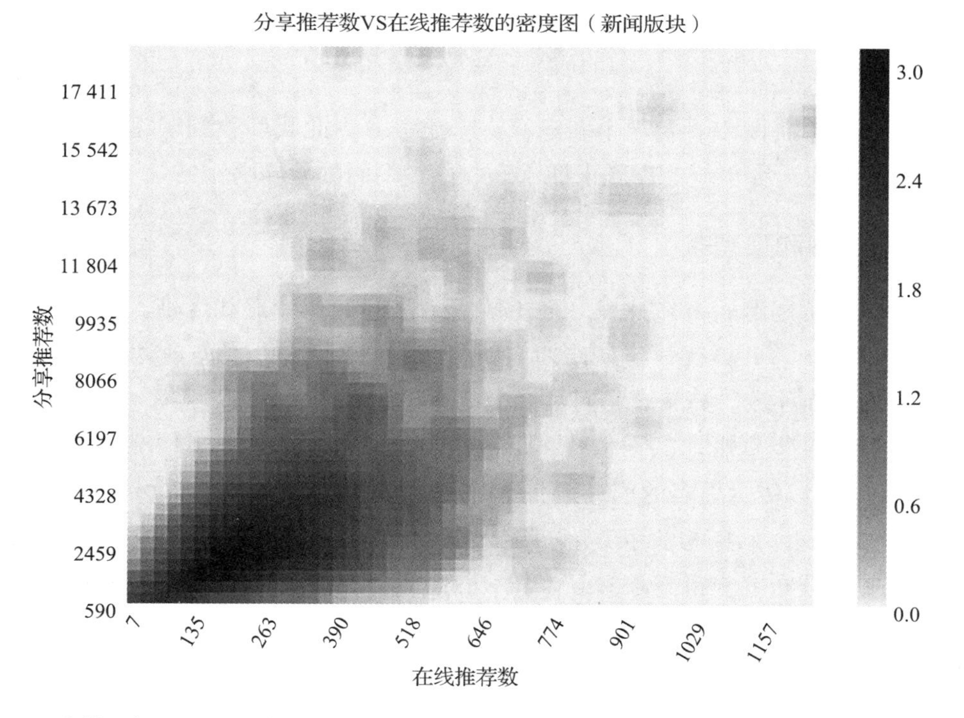


图 6-13　每篇文章的网站的分享推荐与在线点击之间的假设关系。本图仅适用于假设的“新闻”版块文章

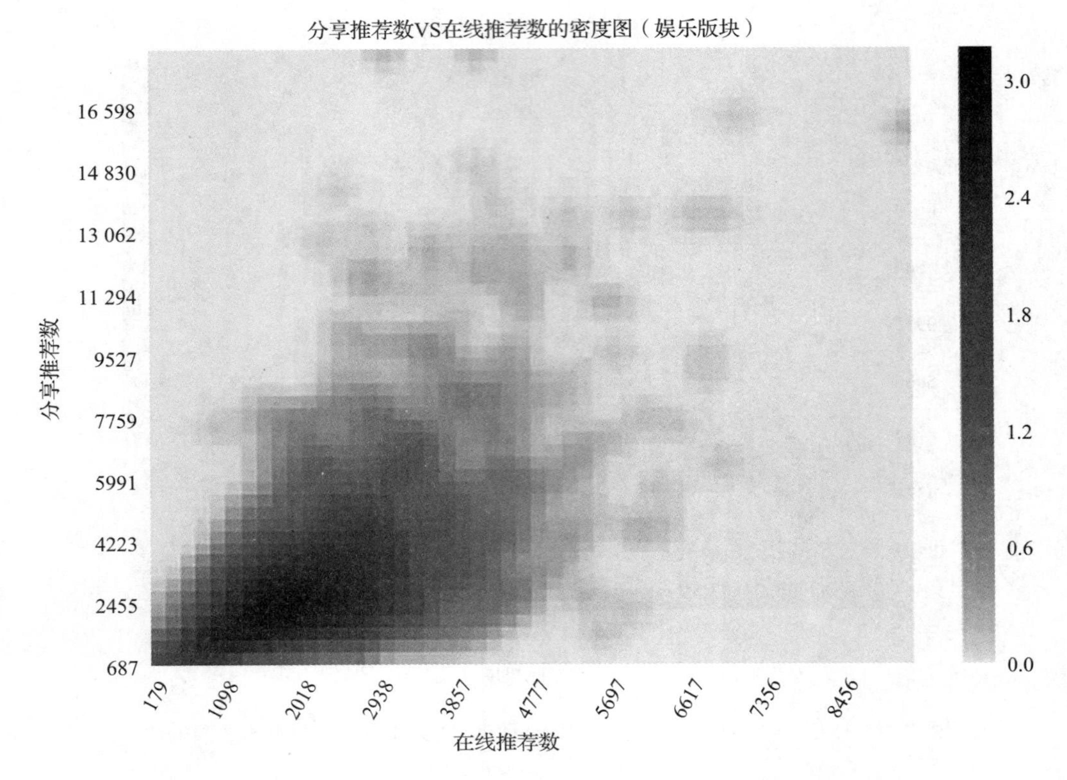


图 6-14　每篇文章的网站的分享推荐与在线点击之间的假设关系。本图仅适用于假设的“娱乐”版块文章

你可以在这些图中看到每个图只有一个趋势，因此我们找到了将两组数据分开的变量！现在有一种更好的方式来展示这些群体之间的差异吗？

### 6.2.3　箱线图和误差条

我们希望了解这些群体并更好地了解它们之间的相似点和区别。一种办法是使用上一节的方法，计算统计值，比如均值和与它们相关的 $p$ 值。你可以取每个部分中的平均分享推荐数，并测试它们是否在统计意义上显著不同。

我们可能希望直观地探索数据，形成准备测试的假设（理想情况下使用独立数据集）。我们可以传达更多的信息，而不仅仅是均值。箱线图（如图 6-15 所示）是显示分布中多个统计信息的常用方法，让你能够了解隐含的分布是什么样的。这样阅读与比较其他分布就变得清晰多了。在 pandas 中，箱线图中间的矩形盒内部中间的红线为数据中位数。矩形盒的底部和顶部为数据的第 25 和第 75 百分位数，分布的最大值和最小值作为限制线。其他软件包可能会显示不同的内容，因此请务必阅读文档以确定你正在查看的内容。

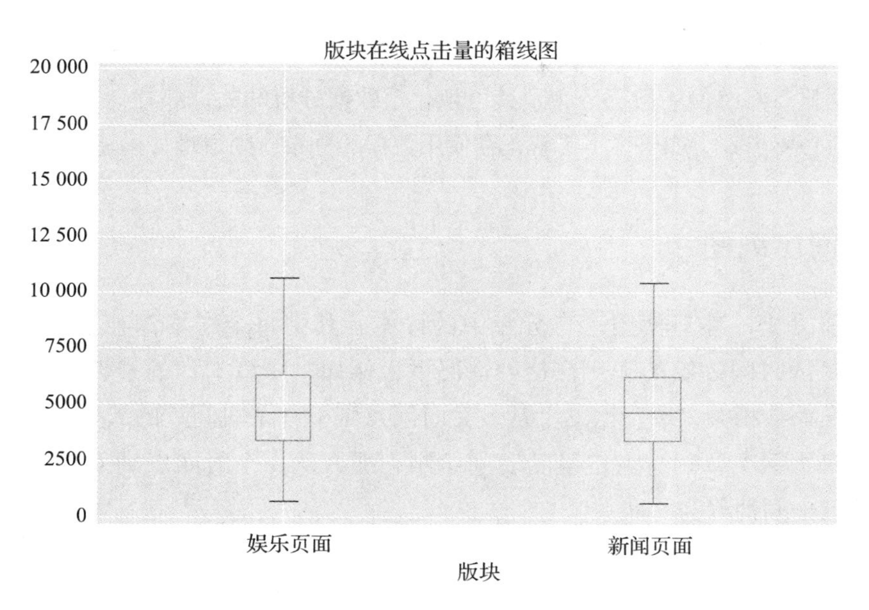


图 6-15　箱线图显示了网站上文章的点击分布的一些统计信息。我们可以看到分布基本相同，因此我们不打算测试这两个版块在获得的点击量方面是否存在任何显著差异

你会看到点击的分布彼此相似。你更感兴趣的是分享，因为它们明显不同。分享的箱线图如图 6-16 所示。

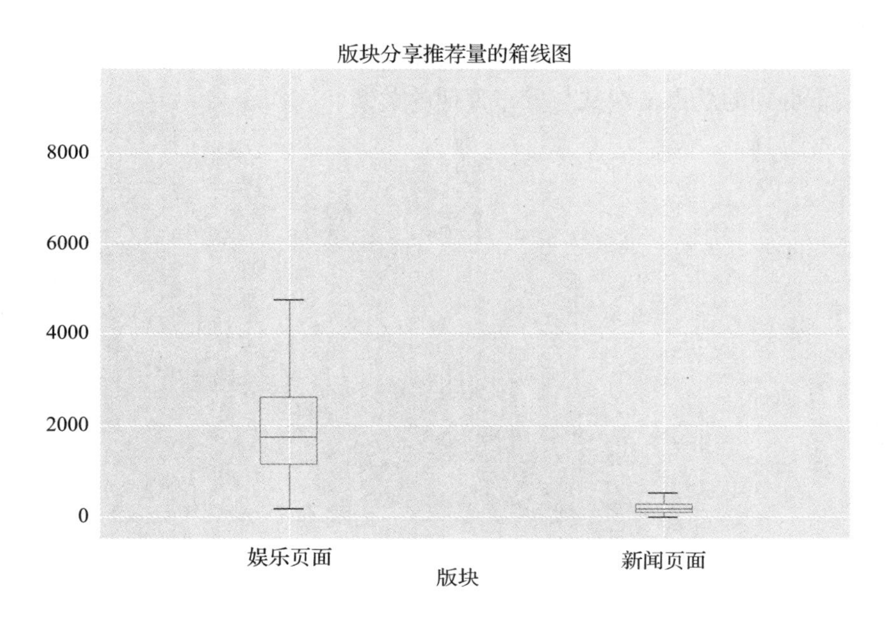


图 6-16　箱线图显示了对网站上文章的分享推荐分布的一些统计数据。可以看到分布非常不同。你可能希望在此处进行假设检验，以确定差异是显著的；或者你可能有足够的经验知道基于这些均值、四分位距和数据集大小，均值存在统计上的显著差异

你可以在此过程中看到数据可视化对于形成假设很有用。数字隐含的趋势可以在图表中变得明显。熟练使用数据分布及其可视化是数据分析的关键部分，也是设计机器学习算法时的必要步骤。如果你不了解正在使用数据的分布，则很难去构建一个好模型。

## 6.3 时间序列图

到目前为止，你只使用来自分布中的样本，其中每个样本都独立于其他样本。如果样本是随时间描绘的呢？在这种情况下，例如，一篇文章的推荐数可能与下一篇文章的推荐数相关，因为网站上从一个时间点到下一个时间点的人数相同。

如果将每篇文章的总点击量随时间绘制，那么从一个时间点到下一个时间点相关的这种点击属性称为自相关。

通常，时间序列数据可能会有噪声。计算时间序列的统计量是很有用的，统计量本身就是时间序列数据。这些统计量时间序列可以减少噪声，让你看到潜在的趋势。

### 6.3.1 移动统计

在这里，我们每天发布一篇文章，因此文章的索引和时间的索引可以很方便地对应起来。通常，你会想要找到每篇文章被发布的一个时间，并且使用实际的发布时间来做此分析。

首先，你可以将时间序列形式的原始数据绘制出来（如图 6-17 所示）。让我们看一下每篇文章得到的总点击次数与发布日期的关系。

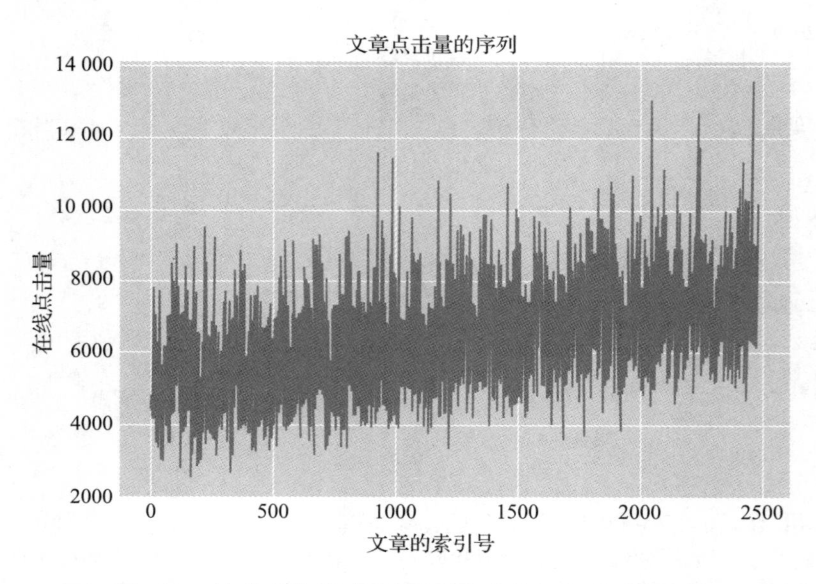


图 6-17　文章点击量对比文章被发布的日期的原始数据

你可以很快看到随着时间的推移文章往往会获得越来越多的浏览量。我们猜测这是因为网站随着时间的推移越来越受欢迎，但如果没有其他数据来支持这一假设的话，下此结论还为时尚早。

这个数据噪声很多。如果你想更清楚地了解数据如何随时间变化，你可以采用移动均值。这意味着在每个数据点，你可以获取围绕它的 $w$ 个数据的均值。不同的实现会在焦点之前、之后或前后都对数据点进行平均。你应该熟悉你使用的软件包的选择。

虽然移动均值对于观察数据趋势很有用，但它们会引入人为因素。例如，如果关注点是原始数据中的波谷（或低点）并且在该点前方的时间窗出现峰值，移动均值会在同一点由一个峰值结束！我们在图 6-18 和图 6-19 中绘制了图 6-17 中这个时间序列的一些移动均值图表。你可以看到，虽然你希望趋势周围的随机抖动平均成一个很好的直线，但实际上并没有！如果噪声够大，可能需要大量数据才能获得良好的均值。10 个点的窗口均值仍然非常嘈杂，而 100 个点的窗口均值在真实（线性）趋势周围有许多虚假的趋势。

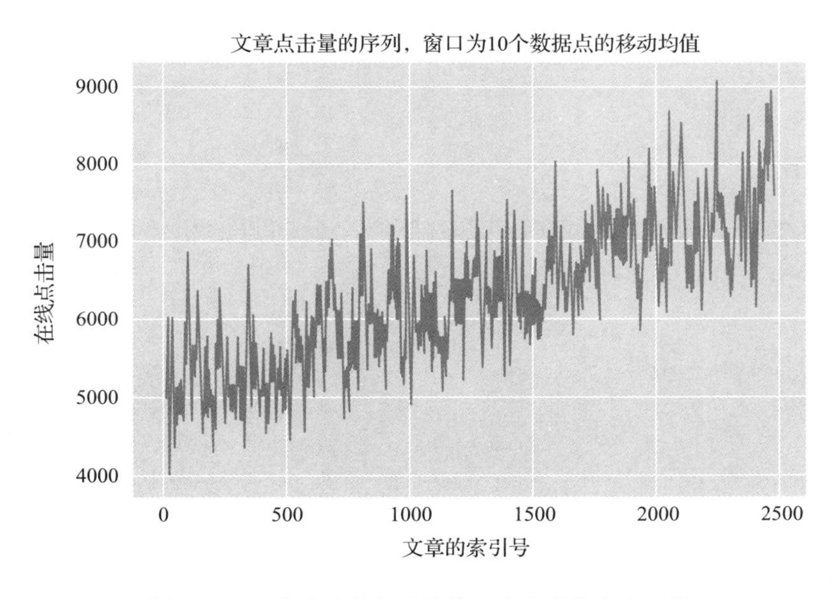


图 6-18　文章点击量移动均值对比文章发布的日期

获得好的趋势线的解决方法是在移动均值中使用更多的数据点。对于趋势线周围的 $n$ 个点和 $\sigma$ 标准差，噪声会减少 $\sigma/\sqrt{n}$。这可能就意味着你不得不好好考虑比你想的时间段更长范围的均值，或者你需要更高时间分辨率的数据（每一个时间周期内更多的抽样数）。你也可以在均值中绘制标准误差，以便更清楚地显示明显趋势会不会只是噪声。

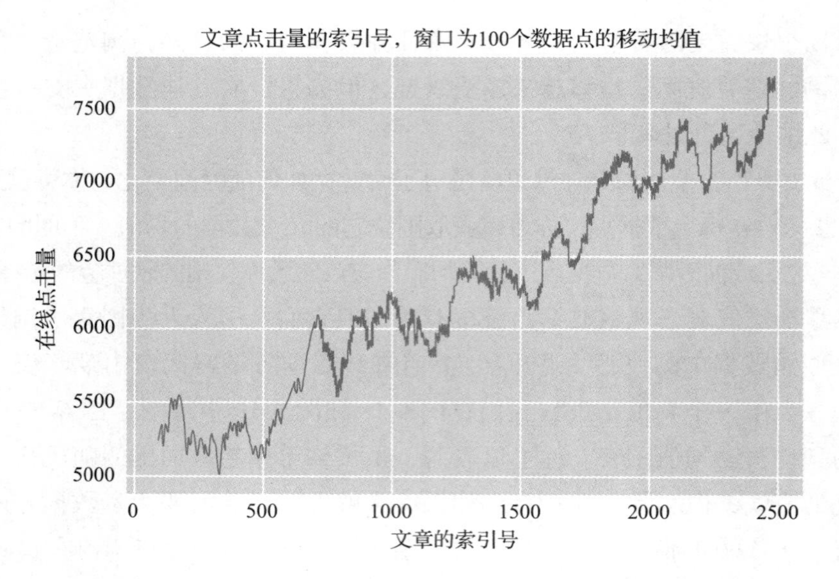


图 6-19 文章点击量移动均值对比文章发布的日期

其他的软件包，如 R 中的 forecast 包，能将时间序列解构成趋势、周期和噪声组件。

### 6.3.2 自相关

你可能想知道数据从一个时间点到下一个时间点的相关性。让我们看一下图 6-20 中的点击量时间序列数据。

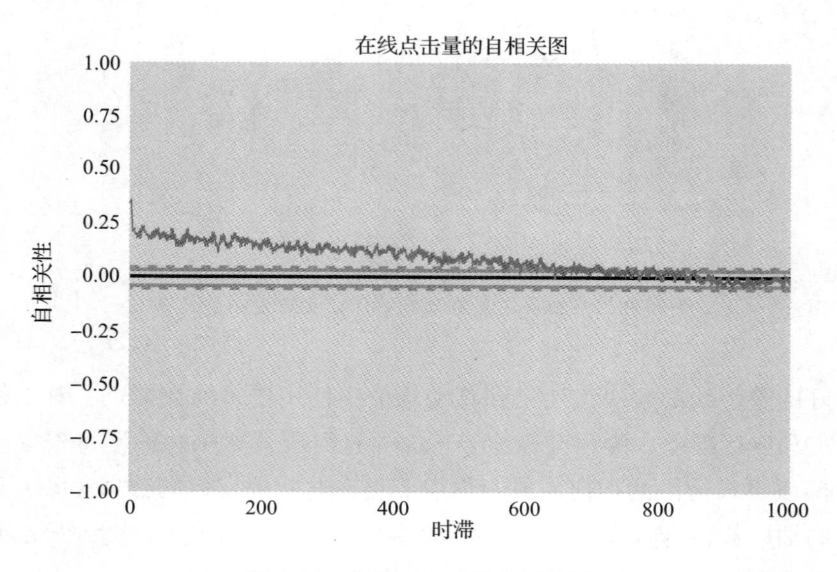


图 6-20 在线点击量的自相关图

x 轴是时滞。如果你选择一个数据点，例如索引 $i$，则时滞为 10 的数据点是 $i-10$ 处的数据点。如果你想知道滞后 1 的自相关，你就要看每一个数据点和其滞后 1 个点的相关性。你可以在所有时滞上重复这样的程序，这将告诉你数据中的时间依赖性有多强。

你可以看到自相关在很小的时滞时非常强：在数据中似乎存在一些显著的时间依赖性，在某种意义上说，如果数据点很高，那么下一个数据点也会很高（大概 0.25 的相关性）。这种相关性会持续一段时间，你可以看到即使拉开了 500 个时间点相关性仍然非常强劲。

这里，水平线是“无自相关”原假设的 95% 和 99% 置信区间。如果每个数据点都是独立分布的，那么这个图表就会显示出无自相关性：只有大约 5% 的测量值在 95% 置信区间边界之外。

检察自相关性将会告诉你一个时间序列模型是否重要，或者你能不能无视时间因素来根据数据中的其他特征预测结果。

## 6.4　图可视化

数据可视化的一个有趣而又困难的领域是如何将许多事物之间复杂的关系可视化。一个特别的例子是图可视化。

一个图是一组对象，以及这些对象之间的一组连接。这些都是非常普通的对象，可以是任何东西，从你身体中的化学物质和产生它们的反应，到社交网络中的人和他们的朋友。

要画一个图，人们通常会把对象画成点或圆圈，用线条连接这些点来代表它们之间的联系。

图中的所有连接都可以是有方向的，就像化学物质 X 和 Y 会产生物质 Z 的情况一样。这种情况下，X 和 Y 与 Z 的连接会有指向 Z 的箭头。它们也可以是无方向的，就像两个人彼此是朋友的情况一样，所以它们之间的联系是对称的。

你可以想象，当连接的数量变大时，图可能会变得非常混乱和复杂。如果一个图有 $N$ 个对象，那么它可以有多达 $N(N-1)/2$ 个连接（假设对象没有自连接）。对于一个只有 100 个对象的图，可以有多达 4950 个连接！

### 6.4.1　布局算法

用什么样的方式来布局一个图才可以显示一些它的结构，是一个棘手的问题。人们常常希望通过可视化来了解图的结构。特别是，他们常常对图中是否存在明显的“集群”感兴趣。

说到集群，我们指的是图中一种对象的集合，它们之间的联系比它们与图的其余部分之间的联系要大得多。一般来说，这是一件很棘手的事情，而集群的直接测量可能会带来一些微妙又有趣的问题。稍后在更广泛地讨论图算法时，我们会更深入地讨论这个问题。一个有用且健全的检查是可视化图，并确保你检测到的集群与可视化中显示的集群一致。（如果有的话！）

你如何进行图可视化？图 6-21 展示了如果你只是随机地将对象和它们的连接放置在一起，你会得到什么。

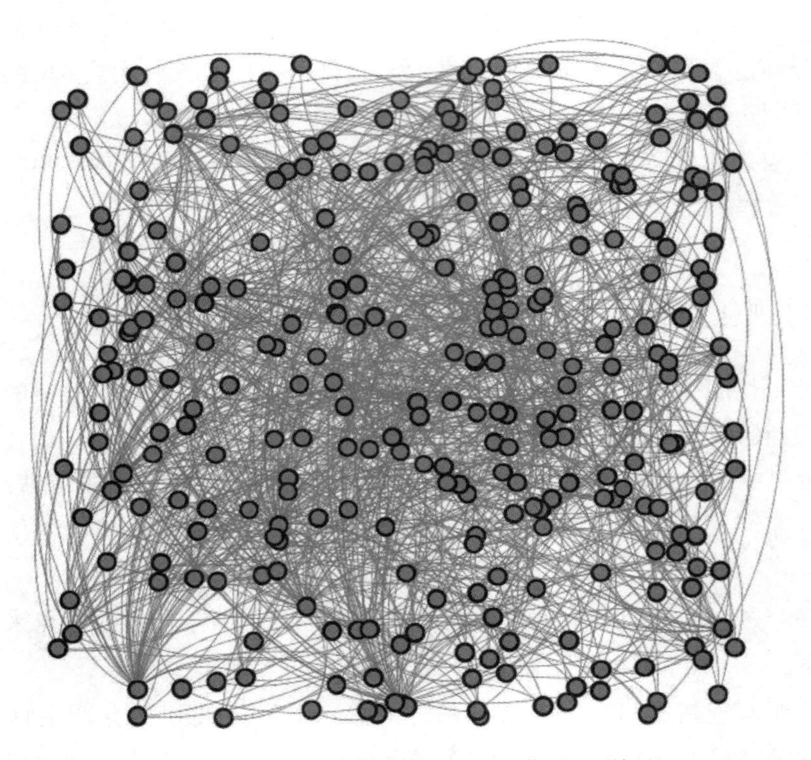

图 6-21　不考虑图的结构的图可视化是不明智的

你可以看到这图没有什么启发性。它看起来像是随机散布的对象和连接。你可以做得更好！

你可以想象，物体之间的每一个连接就像一个弹簧一样把物体牵引在一起。然后，你可以想象每个物体都会排斥其他的物体，它们是被弹簧紧紧拉扯在一起的。所以，如果一组节点很好地连接在一起，它们将形成密集的簇或节点，而其他所有东西则趋向于伸展开来并发散。如果你将其应用到图中（使用 Gephi 中的 ForceAtlas2），你可以在图 6-22 中看到可视化。

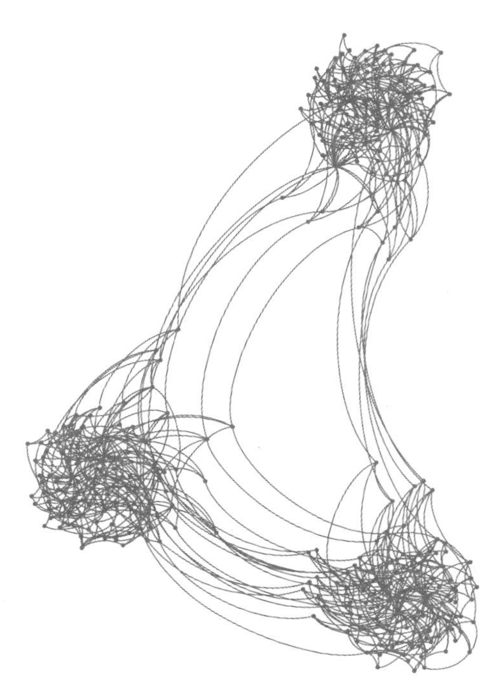

图 6-22　这种可视化依赖于边来使节点互相吸引，同时节点本身又相互排斥。这将导致相互连接的节点被组合在一起，这些组与组倾向于将彼此分开。你可以从这种布局中得到一个结构很好的可视化图像，但是计算上可能会很昂贵。这对于很大的图来说是很难处理的

你可以清楚地看到，图中有三个集群，它们通过一些外部连接松散地连接在一起。这个图是三个随机的、不连续的部分组成的，这些部分通过添加额外随机的连接而连接在一起。从可视化的角度来看这是很清晰明了的。

对于小型图来说这些是很好的算法，但是你会发现它们很难处理中大型的图。一般情况下，它们适用于至多几十万个节点左右的图。超过范围之后，你就需要使用不一样的技术，比如 h3 布局。

### 6.4.2　时间复杂度

大部分小规模布局算法都会执行如下程序：

```
1 # main loop
2 for step in num_steps:
3     for node in graph:
4         force = calculate_force(node)
5         new_position = update_position(force)
6
7 # force calculation
8 def calculate_force(node):
```

```
9      force = zero_vector
10     for other_node in graph:
11         force += update_force(node, other_node)
12     return force
```

你可以从这个算法中看到，每次调用 calculate_force 时，都必须遍历图中的每个对象（节点）。在每一步中，你都必须为图中的每个节点调用该函数一次！这将导致 $N^2$ 次 update_force 的调用。即使这个函数运行很快，这些对其 $N^2$ 次的调用也会导致即使是中等大小的图，算法也会显著减慢。即使这个调用只需要 1 微秒，一个包含 10 万个节点的图也会进行 $10^{10}$ 次调用，从而产生大约 10 000 秒的运行时长。一个有 50 万个节点的图大约要花 70 个小时！

运行时长会随着输入的增长呈平方增长。我们第一次关注算法的时间复杂度。通常，当运行时长随着输入的增长呈平方增长时，我们便不认为该算法是可规模化的。即使将其并行化，也只是将运行时长减少一个常数，你也许可以让它承载稍大一点的输入，但运算规模的问题仍然存在。对于稍大一点的输入，运行时长仍将很长。这在某些应用中可以接受，但它解决不了平方的时间复杂度问题。

## 6.5 结论

在本章中，我们介绍了数据可视化的一些基本知识。当你向你的团队展示结果、编写报告或自动化电子邮件发送给干系人时，或者与你团队的其他成员共享信息时，这些知识都是很有用的。

在进行数据可视化时，要始终考虑你的受众。另一位数据科学家可能对误差范围、详细的标签和标题以及图中包含的更多信息感兴趣。干系人可能只对一个量大于另一个量或图像趋势“向上向右”感兴趣。不要涵盖更多所需内容以外的细节。相比于简化数据的展示，一个图表很容易变得过分冗余并且将注意力吸引到其本身以外。时刻记住要考虑删除刻度标记和刻度线，把标签和数字移到标题中，尽可能来简化标签。简约即是美。

## 第二部分

# 算法与架构

在本部分中，我们将介绍算法和架构。具体来说，我们会介绍一些基础知识，让你了解数据基础设施的一些关键要素。然后我们描述了在这种环境中发生的基本过程：模型训练。

第 8 章涵盖了一组有用的度量标准和计算方法：相似性度量。这些对于简单的内容推荐系统尤其有用，但无论你主要工作的领域是什么，它们都可以在你的工具箱中，等待被使用。

第 9 章从回归的角度描述了有监督的机器学习。它的重点不在于估计误差，而在于预测和训练问题。该章从线性回归开始，然后介绍了多项式回归，最后是随机森林回归。

第 10 章包括离散的有监督模型（例如分类）和无监督机器学习的基础知识。它涵盖了几种聚类算法，其中一些算法具有很高的可扩展性。

第 11 章提供了一些理解贝叶斯网络的预备知识，并使用因果贝叶斯网络推导了一些有关于它们的直觉。

第 12 章描述了一些有用的贝叶斯模型，并提供了如何使用它们的示例。

第 13 章介绍理解因果关系的入门知识，也是一个了解这个深刻而有趣的领域的良好起点。相关并不意味着因果关系。机器学习就是去了解相关关系。

第 14 章概述了在模型容量和过拟合之间的权衡。Keras 中的神经网络模型展示了这些概念。

第7章

# 算法和架构简介

## 7.1 引言

现在你已经有了很多背景知识，终于可以开始机器学习了！你将在两个主要的环境中运行机器学习应用程序。第一个环境在本地计算机或称工作站上，这通常是为了进行小型的一次性分析。第二个是在生产环境上，在该环境中，任务在相对长期的维护下实现自动化。

一个小的、一次性分析的例子是在文章标题中找到与较高点击率相关的词组。你可以对此进行分析，向作者团队报告，以便他们可以尝试在标题中使用这些词组来提高点击率。在生产环境中运行的一个例子是在网站上运行的推荐系统。系统必须完全自动化运行，如果工作不正常，系统会发出警告。

每个环境的要求都是不同的。大多数初级机器学习书籍将使你精通第一种环境中的机器学习，而几乎完全忽略第二种，我们的关注点将主要放在第二种。

通常你将在本地计算机上对应用程序进行原型设计，因此开发用于生产的应用程序比一次性分析的工作有更多的约束。通常你会有一个有效的一次性分析，然后被要求将其自动化。这样，你就需要将计算机上运行的机器学习作业转换为在服务器上自动运行的作业。我们通常将它称作机器学习作业生产化。你拿着在你个人的开发机器上运行的作业，让它在生产机器上运行。一个例子是将广告中有关点击率的词组重要性排名的脚本转变为一种服务，驱动实时仪表板，供作者们在闲暇时参考。

当我们开发一个可能在生产中运行的原型时，我们喜欢使用Jupyter Notebooks。Jupyter Notebooks允许你边写笔记边写代码，并包括了与这些笔记对应的图表。与使用开发工具或老式文本编辑器和终端相比，它的关键优势在于数据可视化工具。Jupyter Notebooks可以内联显示图表，并对于输出的数据框有很好的展示格式，如

图 7-1 所示。这样在编写脚本时，可以很容易地检查中间结果，而不是在终端中打印一行行的输出或在断点处检查变量。

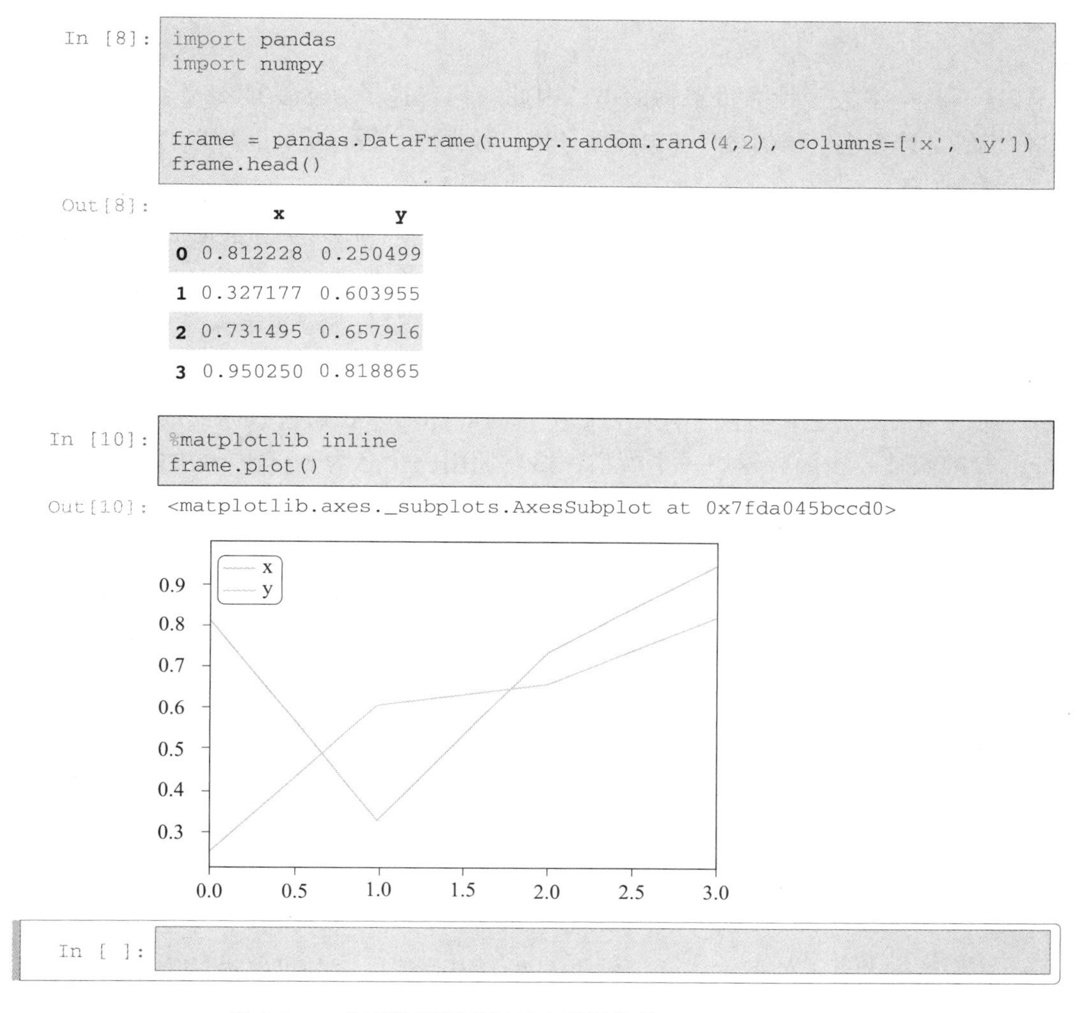


图 7-1　一个对数据框进行基本可视化的 Jupyter Notebook

一旦你开发了一个运行在 Jupyter Notebook 上的脚本，你就已经完成了原型，或一次性分析。如果需要生产化这个作业，你还有很多的工作要做。比如数据在生产环境中存储的位置？在真实环境中，模型结果将有怎样的表现？这个作业是已经执行得够快了，还是需要加速？这个模型输出结果的速度是否足够快，或者说你是否需要通过将其部署到一些有许多 worker 节点的集群机器上进行扩展？如何更新模型？你怎么知道模型是不是出错了？对于缺少数据的边缘情况，你如何处理？本书的第二部分试图回答所有问题。本章的剩余部分将介绍机器学习模型的基础知识和计算架构的基础知识。下面几章将介绍一些常见应用的细节信息。

## 7.2 架构

这不是一本关于计算机架构的书，因此我们选择了一个功能定义。对于架构，我们指的是计算机系统的设计（包括服务器、数据库、缓存等）以及它们之间如何通信以完成工作。

*关注点分离*在计算机科学领域中指的是应用程序、代码块和其他对象系统的分隔。“关注点”被“分离”的程度因系统而异。一个系统依赖关系很多这称为*弱关注点分离*。一个完全独立的系统只对自己的工作负责，这称为*强关注点分离*。

以机器学习算法的训练和预测步骤为例。弱关注点分离可能会在同一服务器上进行训练和预测，它们是同一代码块的一部分。你可以在输入数据上调用一个名为 `train` 的函数，该函数返回一个模型，然后调用一个名为 `predict` 的函数，将模型和数据用于预测。

相反，强关注点分离可能会使训练步骤和预测步骤在两个不同的服务器或进程上运行。这时训练部分和预测部分相互独立。在每台服务器上都有一个 `train` 和 `predict` 函数，它们可能运行的是相同代码，但没有捆绑在同一个脚本中。训练设施的改变，尤其是在规模化的时候，是独立于预测设施的改变的。服务与微服务，在服务器上运行的小型和独立进程，是实现这种分离的好方法。

通常，我们将使用面向服务架构（Service-Oriented Architecture，SOA）。它具有很强的*关注点分离*，我们认为在这种背景下实现机器学习系统是很自然的。

### 7.2.1 服务

服务是较大系统的独立单元，提供某些特定功能。服务可以被认为是构成系统的黑匣子。例如一项服务是为媒体网站的用户提供文章的历史查看，另一项服务可能会提供关于这篇文章的统计数据，还有一项服务可能会启动计算集群来完成大型机器学习工作，还有服务可能会对机器学习作业的结果进行后处理，以使其可以通过另一个服务访问。

这些工作被通俗地称为服务的*关注点*。在它们不相交的情况下，我们已经建立了如前所述的强关注点分离。

服务的标准因组织而异，但这些是一些常见要求：

- 服务是黑匣子，因为它们的逻辑对用户是隐藏的。
- 服务是自主的，因为它们负责其服务的功能。

- 服务是无状态的，它只返回应该的值或者错误。你应该能够在不影响系统的情况下重新启动服务。
- 服务应该是可重用的。这对于机器学习系统尤其有用。在机器学习系统中，你可能有一个线性回归拟合服务，可以满足许多需求。

“12 因素规则”提供了一系列对服务良好、固定要求的广泛概述。它们可以在 https://12factor.net/ 找到。

你的公司可能对于服务有自己的一套标准，你应该咨询你的工程团队来了解组织的标准。

关于微服务更好的参考资料，参见文献 [ 9 ]。

### 7.2.2　数据源

你会在工作中使用多种类型的数据源，因为没有一种数据源对所有的应用程序都适用。

数据库非常适合存储大量数据，但可能在返回结果时相对较慢。它们从磁盘读取数据，这里的读取时间或磁盘 IO 通常是 Web 应用程序的限制因素。对于大量读取的应用程序，解决瓶颈的一种方法是使用*缓存*。这种技术可以存储常用数据，使之可以在内存中被快速访问，而不是在磁盘中被“分页”。

*缓存*是一种将数据保存在内存中的应用程序，通常采用键值对格式，使其可通过定义好的协议提供给其他应用程序。Redis 就是一个例子。缓存可以快速返回结果，通常比从磁盘读取快 1000 倍。同样，它们通过将数据存储在内存而不是专门存储在磁盘上来实现这一点。我们并不总在数据库上使用缓存的原因是内存昂贵且缓存时效很短。因此，你通常会受到缓存大小的限制。有一些策略可以保持缓存大小，比如为缓存中的项目设置一个有限的生命周期，称为*生存时间*（Time To Live，TTL）。该生命周期过后将删除缓存条目。*缓存淘汰*的另一种方法称为*最近最少使用*（Least Recently Used，LRU）。这种方法会弹出最近最少使用的项目，以便为更新更受欢迎的缓存条目腾出空间。

有时你需要处理大量数据。这些数据通常存储在云上，比如亚马逊的 S3 或谷歌的云存储。这些云存储可以低成本地存储大量数据，但它们可能会出现局部性问题：必须先下载才能处理数据。当使用大型数据集时下载时间可能很长。

批量操作大型数据集的一种策略是在集群上使用 Hadoop *文件系统*（Hadoop File System，HDFS）存储。这使得数据成为集群的本地数据，所以你需要准备好待分析的大型数据集。但是，维护集群可能会很昂贵。

处理大型数据集的另一个策略是通过在将数据写入磁盘*之前*访问数据来回避局

部性问题。你可以通过读取生成的数据并一次对一个或几个数据点执行操作来完成此操作。例如，当发生与训练模型相关的事件时，消息将从用户发送到将数据合并到模型中的消息处理器。这些消息流通常称为*流数据*。有许多软件可以做到这一点，例如 Kafka、RabbitMQ 和 NSQd。

### 7.2.3 分批及在线计算

许多算法可以通过一次性操作所有数据点还是以每次一个或几个的小批量操作来分类。一次操作一个或几个数据点的算法可以实时运行，称为*在线算法*。

你可以让服务读取流数据，并通过将文章标题转换为词向量来转换每个数据点。该服务可以生成一个新的流数据供另一个服务使用，这个服务训练了一个回归模型用来查看标题中的哪些词最能预测点击率并且可以定期将模型保存到数据库中。最后的一个服务可以根据请求读取数据库，驱动仪表板，显示能带来最高点击率的词！这是一个用来研究用词重要性的实时或几乎实时架构。

执行此任务的另一种方法是批量计算。它不是一次处理一个数据点的数据，而是按计划大批量（例如，最后一小时的数据）处理所有数据，并一次更新数据库。在这种情况下，你可以只拥有一个进行数据更新的大型服务。通过这种方式，你可以交换可重用性和关注点分离，以简化开发流程和加快开发速度。

当然，你也可以让批处理系统与一些服务一起运行，就像实时系统那样，每个服务都保存其批处理结果，并沿数据流发送事件，告诉下一个服务有数据需要处理。有许多类型的作业需要一次了解好几个数据点，因此你必须编写批处理作业而不是在线作业。

### 7.2.4 规模扩展

许多服务必须做很多工作。如果你在大型事件流上训练模型，那么数据处理可能不仅仅是单个线程就能应付的。在这种情况下，你可以使用多个执行线程来并行工作以处理整个负载。另一个常见的地方是 API 需要处理大量请求负载。例如，如果你有提供文章推荐的预测服务，那么你的网站上每个页面视图都可能有一个请求。对于大型网站可能会达到每秒数百甚至数万个请求！

有许多方法可以扩展生产系统。通常第一种方法是*垂直扩展*，指的是增加网络中单个主机容量的过程。如果你的服务已在多个主机上运行，那么它指的是增加部分或整个网络的容量。垂直扩展的主要问题是随着单个节点的容量增加，与添加具有类似配置的第二节点相比，它昂贵得不成比例。垂直扩展通常是首选方法，因为“用硬件解决问题”很简单。通常这种方法不需要更改代码。

扩展应用程序的第二种方法通常是*水平扩展*，即将更多主机添加到网络中来分担它们之间的容量。这通常还需要引入*负载均衡器*，该负载均衡器将给定请求定向到（可能）还不忙碌的主机。同样，这通常不需要更改应用程序，因此与下一类扩展相比，它非常简单。然而与垂直扩展相比，它具有更高的复杂性，因为引入了负载平衡器并且增加了网络的大小。

扩展系统的下一个方法是替换运行应用程序的机器。这种方法可以采取多种形式。这意味着如果还没有使用缓存，那就先用缓存，或者修改数据库引擎。这可能意味着选择不同的应用服务器，或在给定主机上运行更多应用服务器。它比垂直扩展或水平扩展更复杂，因为它需要对应用和产品有一些背景知识了解才能获得最佳扩展方法。

扩展生产系统的最后一种方法是进行应用程序级别的修改，即对应用程序的代码进行实际更改。想象一下服务的运行时间与输入数据的大小成二次方增长的情况。运行时间可能高达几个小时。将集群大小增加一倍可以使时间缩短一半，但可能还需要一个小时！如果你增加集群大小的速度赶不上运行时间的增加，你就需要改进代码了。

改进代码可以采取多种形式。最常见的是首先改写代码片段让它运行更快。数据库的调用是批处理的，避免不必要的循环和嵌套，网络调用是异步的。在这些步骤之后，运行的核心算法会变得更快。有时这意味着要在速度和准确度之间进行权衡。

其中一个例子是*局部敏感哈希*（Locally Sensitive Hashing，LHS），这是许多协同过滤实现背后的机制（我们将在另一章中讨论）。协同过滤的初始方法是采用Jaccard相似性提供组之间更精确的度量，计算组之间的并集和交集。对于集合$M$和$N$，并集运行时间通常为$O(|M|+|N|)$。交集至少为$O(argmin|M|,|N|)$，最差的情况是$O(|M|\times|N|)$。如果$M$和$N$的大小相同，那么你的时间复杂度就会随着输入的大小呈平方增长。这是一个很好的用例，你应该将算法从使用Jaccard相似性改为没那么精确但更快速的局部敏感哈希。局部敏感哈希的时间复杂度受用户选择使用的哈希函数数量的限制。该数字也限制了结果的*准确性*。

## 7.3 模型

使用机器学习模型之前需要先了解这个世界。它们通过检查数据并记住数据中的某些特点来学习。这通过让模型存储一系列称为*参数*的数字来完成。

假设你对估算家庭月花销$y$感兴趣，你可以试着用一些关于家庭的相关信息来预测支出。你知道供暖和制冷成本随着房子的平方尺寸 $x_1$ 的增加而增加，并且这是家庭开支的重要部分。你也知道食物花费 $x_2$ 是一个主要的开支，并且会随着家庭成员数量的增加而增加。

你可以写一个像这样的线性模型来估算家庭开销：

$$y = \beta_1 x_1 + \beta_2 x_2 \tag{7.1}$$

你并不知道参数 $\beta_1$ 和 $\beta_2$ 的值，但是你可以使用线性回归模型来估计它们。这个步骤叫作*训练模型*。

### 7.3.1　训练

有许多算法会被用来训练机器学习模型，一个实用的分类是*分批训练算法*和*在线训练算法*。

像线性回归一样，许多模型会给出线性代数公式来计算参数。接着，你需要做的所有事就是拿你的观察数据矩阵去计算结果参数。这在数据矩阵小到可以塞进内存或者算法运行时长可接受的时候是可行的。这就是*分批*计算模型参数。

当输入数据太大或你需要一个更高效的算法时，你可能会转而对系数进行在线计算。相较于用一个代数公式来计算线性模型的系数，你会尝试在线的方法来取而代之，它让你可以使用通过训练算法的每个（或一小批）数据点来调整你的系数。一个常见的做法叫作*随机梯度下降法*，除此之外还有很多其他的方法。当我们第 14 章谈到神经网络的时候，你会了解到更多随机梯度下降法相关的内容。

让我们再考虑一下家庭开支的模型。常见的做法是将你的数据集分成 2 个（通常来说）不平衡的部分。你会保留 80% 的训练数据作为“训练集”，并保留 20% 的数据作为“测试集”。这确保你可以通过对数据集的 80% 进行训练来相对准确地衡量模型的质量，然后使用剩余的 20% 的已知数据来评估重要指标，如准确率和召回率。

在这个测试阶段之后，你将使用你过去所有的家庭数据来训练模型。你估计了模型参数 $\beta_1$ 和 $\beta_2$。现在，你有一份关于一个新家庭的数据，因此你知道 $x_1$ 和 $x_2$。你想要最准确地猜测他们的开支是多少。当你将数据输入到线性回归模型中以获得 $y$ 的估计值时，你就完成了*预测阶段*。

### 7.3.2　预测

预测阶段使用你在训练阶段中学习到的参数。通常，这些过程是独立的，你需要一种将模型参数传达给预测过程的方法。基本思想是，在训练模型后，将模型参数（或模型对象本身）保存到外部数据存储区。然后，你可以让训练服务使用事件通知预测服务，它将从数据存储区加载模型。我们将在本书后面第 14 章详细介绍机器学习架构的这些细节。

在线性回归的例子中，预测服务将拥有从某些训练数据中学到的参数，并从不同的数据集中接收 $x_1$ 和 $x_2$ 值的请求（通常是在训练模型后的一段时间开始）。该服务将使用你所学习到的参数来进行乘法计算得到 $y = \beta_1 x_1 + \beta_2 x_2$，并且它将返回一个结果，其中包含用你估计的参数 $\beta_1$ 和 $\beta_2$ 计算出来的 $y$。

通常，数据分布可能会随着时间的推移而变化。这可能意味着 $x_1$ 或 $x_2$ 与 $y$ 之间的相关性可能会随着时间的推移而改变。如果这种相关性发生变化，回归系数将不再与你在新数据上测量的系数相同。由于训练数据与你试图预测的数据之间的相关性不同，你的预测会出现一些误差。我们将在下一节中讨论验证的问题。首先，我们将讨论一些关于扩展的问题。

如果预测的请求率相对较低（如果公司内的员工使用此家庭收入数据来估计客户的家庭收入），则即使是返回收入数据的单机服务器也可以处理负载。如果你不担心可行性和冗余性，请求率将可能会低到甚至一个相对较小机器上的单线程就可以处理的程度。

如果这个模型是面向用户的，就像其被用在理财网站上，你将会有更高的请求负载。你可能需要许多进程来完成工作。如果请求率足够高，你可能需要在广域网上分布的多台机器和一套机制来平衡它们所负载的请求。

最后，你现在已经有了一个预测模型，你想要确保其在之前没有见过的数据输入时正常工作。当你执行了模型训练，你拿出来一些没有被模型参数学习过的数据。测试模型在这些数据输入时将帮你衡量预测误差。如果数据的分布与实际应用模型时的分布相同，则可以预期会有相似的预测误差。

### 7.3.3 验证

通常，模型验证是为了查看模型在用于其预期预测任务时的表现。有几种情况可能使得模型无法很好地完成它的预测任务。首先，模型可能由于其自身特定的技术原因训练失败，比如偶然出现的除零（或接近于 0）或参数由于数字性问题变得异常的大。第二点，数据分布可能在训练时间和预测时间之间发生了变化。第三点，你的模型可能对于训练数据学习得太好了，从这个意义上讲，它记住了精确的训练例子，而不是学习到了数据中的模式，这就是所谓的过拟合，我们将在第 14 章中讲更高级的机器学习主题时讨论其更多的细节。

若要解决这些错误，你将想要在使用参数进行预测之前（比如将参数发送给预测服务之前）做模型验证。如果有关于训练的某些东西出错了，你将不会想要在生产中运行新的模型参数！你很可能想要重新尝试不同配置的算法（配置定义的参数被称为*超参数*）或者给出异常警告以使得模型可以被修复。

在最简单的情况中，你会将你的训练数据分成两部分：一个训练集和一个验证集。你会使用训练集来学习模型参数，然后使用验证集来测试模型。为了测试模型，你会预测输出变量$y$，通常用$\hat{y}$表示，并与真实的$y$的值做比较。这是为了证明你的模型可以通过没见过的与训练数据具有相同分布的数据来进行预测的一个测试。这对于确保模型没有因为数理原因出故障或过拟合来说非常有用。在数据分布可能随时间变化的情况下，这个过程不利于确保你的模型在新数据上良好运行。

除了在训练时的验证之外（如上段所述），你还需要验证活动模型来确保其在数据分布变化时继续维持良好的表现。为此，你可以保存系统做出的真实预测，然后等待输出的实际事件$y$。你可以将这两个数据匹配起来，并随着时间的推移进行预测，积累数据点。然后你就可以在过去几个预测移动窗口上计算你的验证度量指标，以查看其是否会随时间推移而变化。

为了对比预测值和真实值，你需要计算一个量来衡量你的模型表现。在这种情况下，均方误差是一个合适的量，如下所示。

$$\text{MSE} = \sqrt{\sum_{i=1}^{N}\left(y_i - \hat{y}_i\right)^2} \qquad (7.2)$$

我们将会在第 14 章中深入了解一些不同可用衡量指标的细节和它们各自的适用范围。你可以在保存参数之前通过比较指标的相关量来看看模型表现得够不够好。

## 7.4　结论

本章给出了如何打造一个机器学习生产系统的全貌。我们使用这样的全貌来解释机器学习模型的不同部分，以及在构建一个面向外部的服务时，可以有一个与外部预测或查询接口明显不同的训练阶段。理想情况下，我们已经让你相信这些模型自然地分为独立的训练和预测服务，并向你大致展示了如何从小数据集变化到大数据集时控制这些服务的规模！

# 第8章

# 距离度量

## 8.1 引言

我们将从一个有用的算法集开始，这些算法也被用作其他算法的基本原理。距离度量算法获取两个对象并说明它们之间的相似性。

一些应用例子可能是为新闻推荐寻找关于类似主题或受众的文章，查找具有相似特征的歌曲或电影，或查找与搜索查询类似的文档。我们将只触及这类算法的皮毛，但是会介绍一些很好的教学式的开发指南。

衡量哪一个距离度量算法最好取决于上下文。接下来你会发现，大多数这类算法都是简单的、具有启发性的，或仅仅是原始的、易于实现的。无论何时当你在实现一个距离度量算法时，你大概在心中会对你的目标有一定了解。你选择使用哪个算法应该取决于算法的输入类型（例如，集合、定长向量、矩阵、有序列表、字符串等）及其在这个上下文中的表现。

我们以在电商网站上推荐相似商品的任务为例。你可能会对销售更多的推荐商品感兴趣，所以你感兴趣的结果会是“每日总销售额”。你可能会实现几个比较算法，并对它们分别进行 AB 测试。你实现的算法依赖于你所有的输入数据（例如，元数据说明、相关交互用户集等），最终你选用的算法依赖于其在这个上下文中的表现。

在本书中，我们将介绍很多算法生态。为了成为一本实用参考书，本书内容还涉及算法的总结和有用的笔记。你首先会对这些距离度量算法获得一定了解。为了让本章剩余部分具有独立性，我们将在开始介绍每个算法前先讲一些必要的简单数学知识。

## 8.2 Jaccard 距离

在以下算法的定理和定义中多次出现的一个概念是集合。类似地，在许多情况下，序列被用来定义某些操作发生的域。先奠定这些概念的基础非常重要。集合是大小或者说基数大于等于零的唯一列表。序列是允许重复项的有序列表。让我们看一下关于集合的一些概念。

| Jaccard 相似度总结 | |
|---|---|
| 算法 | Jaccard 距离是对两个集合相似程度的度量。与自身相比较的集合具有一个 Jaccard 相似度，完全不相交的集合的 Jaccard 相似度为零 |
| 时间复杂度 | 在 Python 中一般为 $O(\|A\|+\|B\|)$。最差为 $O(\|A\|\|B\|)$ |
| 内存考虑 | 你必须在内存中将两个集合都保存下来 |

**定义 8.1　并集**

**两个集合 $A$ 和 $B$ 的并集表示为 $A \cup B$，是包含集合 $A$ 和集合 $B$ 元素的唯一组合的集合。**

例如，如果 $A=1,2,3$ 且 $B=2,3,4$，那么

$$A \cup B = \{1,2,3\} \cup \{2,3,4\} \tag{8.1}$$

$$= \{1,2,3,4\} \tag{8.2}$$

你可以用韦恩图可视化它们，如图 8-1 所示。

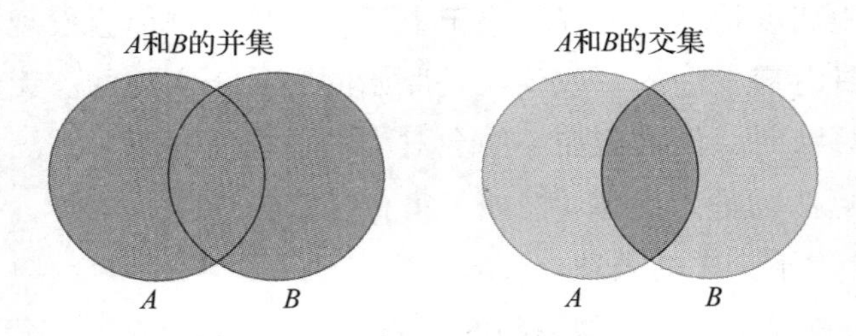


图 8-1　集合论的基本概念

**定义 8.2　交集**

**两个集合 $A$ 和 $B$ 的交集表示为 $A \cap B$，是集合 $A$ 和集合 $B$ 都包含的元素的集合。**

例如，如果 $A=1,2,3$ 且 $B=2,3,4$，那么

$$A \cap B = \{1,2,3\} \cap \{2,3,4\} \tag{8.3}$$

$$= \{2,3\} \tag{8.4}$$

### 8.2.1　算法

Jaccard 距离是对两个集合相似程度的度量。完全相同的集合的 Jaccard 距离为

1，完全不相交的集合的 Jaccard 距离为 0。

**定义 8.3　Jaccard 距离**

**Jaccard 距离是指集合 $A$ 与 $B$ 交集的元素个数除以集合 $A$ 与 $B$ 并集的元素个数。**

$$J(A,B)=\frac{|A\cap B|}{|A\cup B|} \tag{8.5}$$

### 8.2.2　时间复杂度

在 Python 编程语言中，集合以哈希表实现，这使得维护其独特性很简单。集合的平均查找时间为 $O(1)$，最坏情况为 $O(n)$ [10]。

给定两组集合 $A$ 和 $B$，计算交集的时间复杂度是 $O(\min(|A|,|B|))$，计算并集的时间复杂度是 $O(|A|+|B|)$。这些都是均值。

综上，对于 Jaccard 距离，我们最终得到平均 $O(\min(|A|,|B|)+|A|+|B|)$ 的总复杂度。

### 8.2.3　内存注意事项

在计算 Jaccard 距离时，应该将两个集合存储在内存中以确保快速计算。

### 8.2.4　分布式方法

考虑两个集合 $A$ 和 $B$ 非常大的情况，这时候单个节点方法就不合适了。那你怎么计算 Jaccard 距离呢？类似地，如果有许多并行集合，你希望计算它们之间的 Jaccard 距离该怎么办呢？这时候就轮到使用分布式系统了。

在分布式方法中，我们感兴趣的是如何使用并行方法查找集合的交集与并集。Jaccard 距离公式需要知道集合交集和并集的元素个数，实际上你也并不需要将完整集合保存在内存中。你可以将它们作为统计数据计算，这样可以节省内存。我们将描述如图 8-2 所示的架构。为了快速简便地进行并行化实现，我们建议使用支持 Python 原生的交集和并集方法的 PySpark！

解决此问题的另一种方法是将 $A$ 和 $B$ 的完整集合存储在支持并行读取（例如 PostgreSQL 或 MySQL）和哈希索引（大致为 $O(1)$ 查找）的数据库中。我们已经说过不能将所有数据存储在单个节点上，所以现在假设数据库是水平分库的。

你可以通过哈希计算该元素的主键，定位到正确的数据库节点并执行主键查找，以快速查到单个元素是在集合 $A$ 还是 $B$ 中，或是两者中都有。你无法在数据库上轻松执行 JOIN 查询计算所有内容，因为部分集合位于其他节点上。

已知这些集合存储在数据库中，计算集合 $A$ 和 $B$ 的 Jaccard 距离的处理函数叫作 initialize_jaccard_distance，它从数据库中读取集合元素，并向其他处理函数（叫作 tally_cardinalities）发送消息，后者查找与统计哪些元素存在于哪些集合中。

你可以将结果存储在 tally_cardinalities 中（参见图 8-2），但在此处保持状态容易出错。从数据库读取或统计某些统计信息时出现意外错误可能会导致状态丢失。将信息发送到另一个进程，比如返回 PostgreSQL 或 MySQL 数据库，是一个更好的关注点分离。

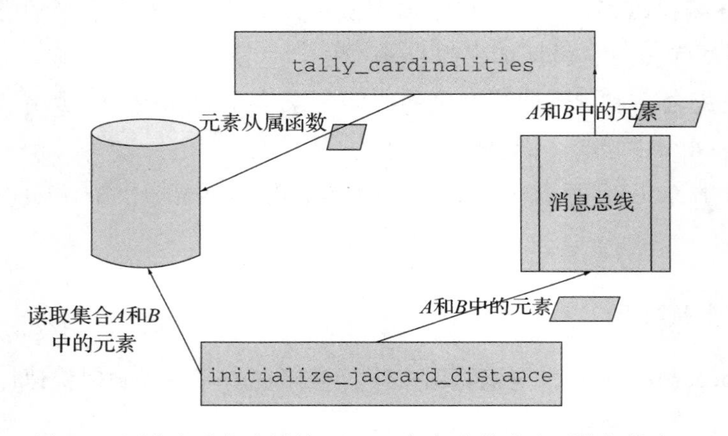


图 8-2　用分布式方法计算 Jaccard 相似度的众多可能架构之一

这里的算法很简单。交集中的元素将被计数两次，而外部并集将被计数一次，你可以使用一个小技巧来修改这里的重复计算。由于 Jaccard 距离是交集除以并集，因此可以将交集除以 2 然后用并集减去它。

## 8.3　MinHash

将两个集合都放进内存来计算交集和并集并不总是那么容易。类似地，比较大量大型的集合（对于 Jaccard 距离计算来说，集合数量作为因子，我们之前提到的复杂度为 $O(n^2)$），可能会带来相当大的计算开销。当集合非常大的时候，有近似的 Jaccard 距离可用。MinHash，*局部敏感哈希*（Locality Sensitive Hashing，LSH）算法的一个版本，就恰好是这样一种近似。

局部敏感哈希算法将元素哈希映射到一个小一些的空间里。这对于近似最近邻算法来说很有用。这里，我们将选择 $k$ 个随机哈希函数。对于每个函数，我们将展示如何对每个集合里的每一项进行哈希操作，并在每一个集合中找到相对应的哈希最小值。对于每个哈希函数，你将检查最小集合元素被匹配的频率。

结果是，匹配的概率等于集合的 Jaccard 相似度！你使用的哈希函数越多，估计结果就会越精确。不幸的是，这也意味着必须对每个集合进行 $k$ 次哈希，所以你需要保持相对较小的 $k$。

| MinHash 总结 | |
|---|---|
| 算法 | 当集合并不能放进内存时使用哈希技巧来计算集合的近似相似度，以此降低对象的空间维度。用一个有 $k$ 个 MinHash 值的集合来表示每个集合。$N$ 是集合的数量，$n$ 是每个集合的元素数量 |
| 时间复杂度 | $O(nk+N^2k)$ |
| 内存考虑 | 你会想把每个集合的 MinHash 签名存下来，所以会占用 $O(kN)$ 的内存 |

### 8.3.1　假设

MinHash 是一种近似解。它假设你不会需要一个准确的相似度来高效完成任务。

### 8.3.2　时空复杂度

你要对每个集合进行 $k$ 次哈希操作。如果集合的大小是 $n$，那么时间复杂度就是 $O(nk)$。如果你比较 $N$ 个集合，那么就有 $O(N^2)$ 次比较需要做。每一次比较会检查 MinHash 值匹配与否，所以会在 $O(k)$ 时间内执行。这就使得总时间复杂度为 $O(nk+N^2k)$。比直接通过对集合取交集计算 Jaccard 相似度快多了。

### 8.3.3　工具

你可以在 Chris McCormick 的博客文章（http://mccormickml.com/ 2015/06/12/minhash-tutorial-with-python-code/）中找到一些很好的代码范例，或者从“Mining Massive Data Sets”（https://www.amazon.com/Mining-Massive-Datasets-Anand-Rajaraman/dp/1107015359）中获得一些伪代码。使用 Python 中的 hashlib 来实现 MinHash 会相对简单并有趣。

我们推荐用来实现 `LSH` 的工具是 `lshhdc` 包（https://github.com/go2starr/lshhdc）或 `lshkit` 包（http://lshkit.sourceforge.net/），前者适用于 Python，后者适用于 C++。出于某些原因，找到一个专门的 `LSH` 实现有点棘手。但是，如果你只是想要一个部署后能维护的版本，这种算法已经足够简单到你自己可实现一个。

### 8.3.4　分布式方法

MinHash 提供了一个近似 Jaccard 相似度，比起直接计算，这样的近似计算更高效。越精确的估计，其耗费的计算资源也越多。

由于 MinHash 的计算强度要低得多，而且可以自定义计算的精确度，所以它是非常流行的用于获取超大集合之间的 Jaccard 距离的解决方案。

在 MinHash 中，你计算 $k$ 个哈希函数，在 Jaccard 估计中，选择特定的 $k$ 来获得期望的精度。由于集合 $A$ 和集合 $B$ 非常大，它们的并集和交集不会随着时间而改变太多。这使得这个算法的第一部分非常适合由 cron 运行的批量作业。

你可以创建一个计划任务 `generate_signatures`，其读取 $A$ 的全部元素，并异步发送 HTTP 请求给负载均衡器来对所有元素进行哈希操作，其分别将请求传递给 `hash_api` 进程。这些进程使用特定的哈希函数来对元素进行哈希操作，并返回结果。整个架构如图 8-3 所示。

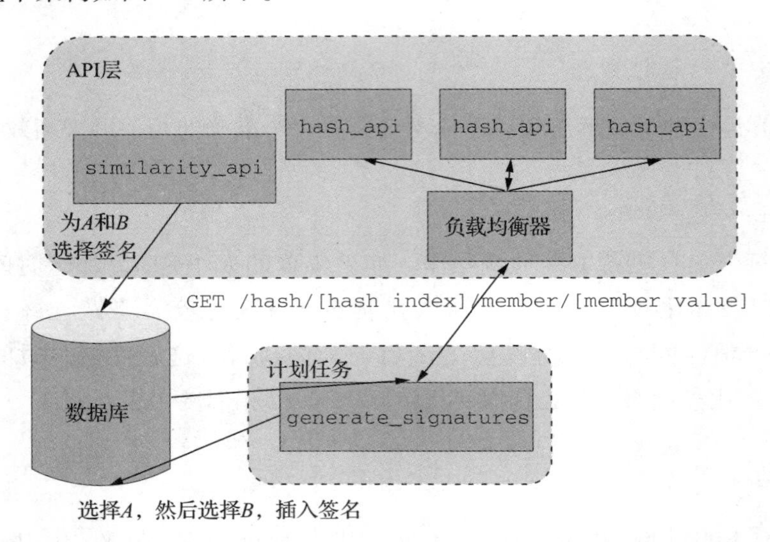


图 8-3　以分布式方法执行 MinHash 算法的一个可行架构

在 `generate_signatures` 中，你需要保留的是当前用 $k$ 个哈希函数得到的最小哈希值而不是所有元素的哈希值。每个哈希函数中最小值的集合组成了集合的签名。

计算在每个哈希函数中都相同的两个集合的元素的个数，然后除以 $k$，结果就是 Jaccard 相似度的估计值。因为签名只是 $k$ 个元素，所以你可以创建一个 `similarity_api`，它一直等待着去比较签名并除以 $k$。这有效地分离了算法的模型构建和查询部分。

## 8.4　余弦相似度

余弦相似度测量两个向量之间的余弦夹角。当夹角为 0 时，向量对齐，余弦值

为 1；当它们正交时，夹角为 90°，余弦值为 0。用点积来计算余弦相似度很方便，$\boldsymbol{v}\cdot\boldsymbol{w}=|\boldsymbol{v}||\boldsymbol{w}|\cos\theta$，稍作变换，如下：

$$\cos\theta=\frac{\boldsymbol{v}\cdot\boldsymbol{w}}{|\boldsymbol{v}||\boldsymbol{w}|} \tag{8.6}$$

我们可以很好地比较 Jaccard 距离和余弦相似度。考虑一个二元向量表示集合中元素的存在（1）或不存在（0）。例如，一个记录图片中动物的向量，这个动物世界里只有狗和猫。第一个值记录有狗的图片，有狗记为 1，没有狗记为 0。第二个值记录有猫的图片，有猫记为 1，没有猫记为 0。现在你可以用二元向量来表示图片中的动物集合了，比如说其中（1,0）代表这个图片里只有狗，（0,1）代表这个图片里只有猫，（1,1）表示狗和猫都有，（0,0）表示既没有狗也没有猫。

你可以用这些向量做一些很好的集合操作。首先，考虑有狗和猫的图片，因此向量是 $\boldsymbol{v}=(1,1)$。让我们看看 $v$ 和自己的乘积，两个向量的乘积写成 $\boldsymbol{v}\cdot\boldsymbol{v}=\sum_{i=1}^{N}v_i v_i$，其中 $v_i$ 是 $\boldsymbol{v}$ 的第 $i$ 个值。这种情况下就是 $1^2+1^2=2$，它是集合中不同元素的数量！如果集合 $A$ 被编码为 $\boldsymbol{V}$，那么 $|A|=\boldsymbol{v}\cdot\boldsymbol{v}$。

假设你现在有第二张图片，里面只有一只狗，我们用向量 $w$ 作为编码图片中动物 $B$ 的集合。将上述向量和该向量相乘，你将得到 $1\cdot 1+1\cdot 0=1$。因为两张图片中都有狗，所以 1 相乘之后算到了总和里，由于有张图片里没有猫，存在一个 0，因此有猫的那张图也无法算到结果里。事实证明，结果是两张图片都有的对象！换句话说，结果是两个集合的交集大小。

现在你知道每个集合和交集的大小，那么可以轻松计算并集的大小，即每组集合中对象的总数减去它们共有的对象数，可以写成 $|A\cup B|=\boldsymbol{v}\cdot\boldsymbol{v}+\boldsymbol{w}\cdot\boldsymbol{w}-\boldsymbol{w}\cdot\boldsymbol{v}$。现在，你可以将两个二值化集合之间的余弦相似度写为：

$$\cos\theta=\frac{|A\cap B|}{\sqrt{|A||B|}} \tag{8.7}$$

可以看到区别在分母上，其中 Jaccard 距离使用的是 $A$ 和 $B$ 的并集大小，而余弦相似度使用集合大小的几何均值。几何均值的上限是集合中较大的那个。并集的下限是集合中较大的那个。因此对于余弦相似度来说，分母比较小，余弦相似度会较大。

| 余弦相似度总结 | |
|---|---|
| 算法 | 对两个向量相似程度的度量。它适用于集合以及更普遍的向量空间（例如实数） |
| 时间复杂度 | 对于 $n$ 维向量为 $O(n)$。对于 $N$ 个集合则为 $O(N^2)$ |
| 内存考虑 | 需要将向量存在内存中。如果有哑编码分类变量，你可能需要用稀疏表示来节省内存 |

### 8.4.1 复杂度

非稀疏向量$n$的点积需要$n$次乘法和$n-1$次加法。这使得复杂度为$O(n)$。

如果使用稀疏向量和稀疏表示，复杂度将精确依赖于向量的表示方式。如果较小的向量具有$m$个非零项，则复杂度应为$O(m)$。

### 8.4.2 内存注意事项

如果使用的是大型向量，则应考虑稀疏表示。

### 8.4.3 分布式方法

对于找到集合并集余弦相似度的要求和Jaccard距离的要求相同。我们可以用相同的方法在这里重新调整Jaccard距离架构。这个算法的第二部分只是为了找到$A$和$B$含有的元素个数。这是对每个数据库分库的一种简单的分而治之的查询方式。我们计算每个分库上的元素个数，然后将它们相加。

## 8.5 马氏距离

马氏距离的一个我们更加熟悉的特殊变种是欧氏距离。两个$n$维向量$\boldsymbol{v}$和$\boldsymbol{w}$的欧氏距离如下所示：

$$d_E(\boldsymbol{w},\boldsymbol{v}) = |\boldsymbol{v}-\boldsymbol{w}|^2 = \sum_{i=1}^{n}(v_i - w_i)^2 \tag{8.8}$$

有时候，向量的不同值可能有不同的单位。例如，假设你的向量实际上是一行行描述人的实值数据，比如年龄、收入、智商。如果你想要衡量两个人有多相似，使用收入的值（可能分布在\$0到\$200 000之间）和年龄（可能在18和68之间）的值并没有什么道理。收入上几个百分点的变化会压倒年龄上的巨大差异。你需要改变单位来让所有维度可比较。

如果数据是（近似）正态分布的，那么在数据里让标准差成为单位的变体是有意义的。如果你把数据集上第$i$个字段用其标准差的倒数$1/\sigma_i$来衡量，那么每个字段上的典型变化就会被标准化为一个单位。现在，比较每个字段的差异将更有意义。自然而然，这些也是发生在你测量马氏距离时的事情，其定义如下：

$$d_M(\boldsymbol{w},\boldsymbol{v}) = \sum_{i=1}^{n}\frac{(w_i - v_i)^2}{\sigma_i^2} \tag{8.9}$$

各单位已经被标准化，所以所有值都以标准差为单位来衡量。

| 马氏距离总结 | |
|---|---|
| 算法 | 测量向量间的距离，将每个轴上的单位乘以该维度的标准差 |
| 时间复杂度 | $O(Nn)$，对于 $N$ 个 $n$ 维向量 |
| 内存考虑 | 你需要将向量存储于内存中。如果有用哑变量编码的分类变量，则可能需要用稀疏表示来节省内存 |

### 8.5.1　复杂度

要计算整个数据集上各维度的标准差。对于 $N$ 个样本，复杂度为 $O(Nn)$。

### 8.5.2　内存注意事项

如果数据集较大，用样本来计算标准差也可以。

### 8.5.3　分布式方法

马氏距离需要计算向量与向量之间各维度差的平方，并且用该特征在数据集中的方差来衡量。

我们把它分成两个问题。首先，找到数据集中各特征的方差。同理，如果有大量向量需要比较，将发现它们的方差不会随着时间变化而剧烈变化，那么你就可以创建一个计划任务 compute_feature_variances，这个任务在线计算每个特征的方差。其将检查数据集中的每一个特征，计算方差，并将方差存储在你选用的数据库中。

通过用特征 ID 存储我们的每个向量条目，并通过对特征 ID 进行分库，你可以在读取数据之前计算出数据库中每个分库上的方差。类似地，通过存储特征 ID 的方差和特征 ID 上的分库，你可以在单个数据库分库上计算整体总和的一部分。图 8-4 展示了一个这样的模式，通过从 API 进行查询，可以将其简化为对数据库集群的每个节点上的单个聚合查询。然后，该 API 将把每一部分加起来得到整体的和。

这个处理架构可能会如图 8-5 所示。

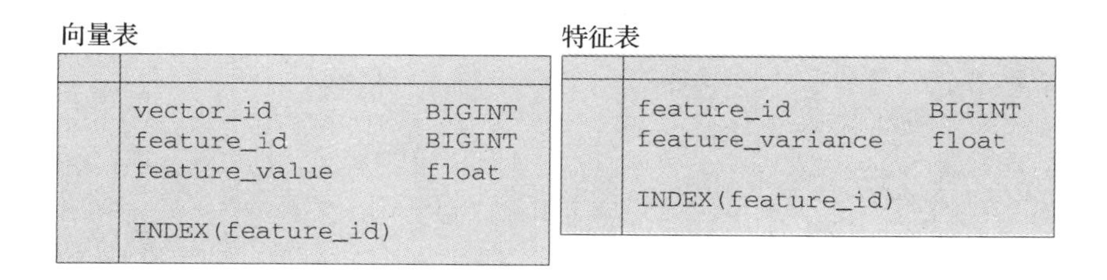


图 8-4　一个用于计算马氏距离的类 SQL 数据库模型

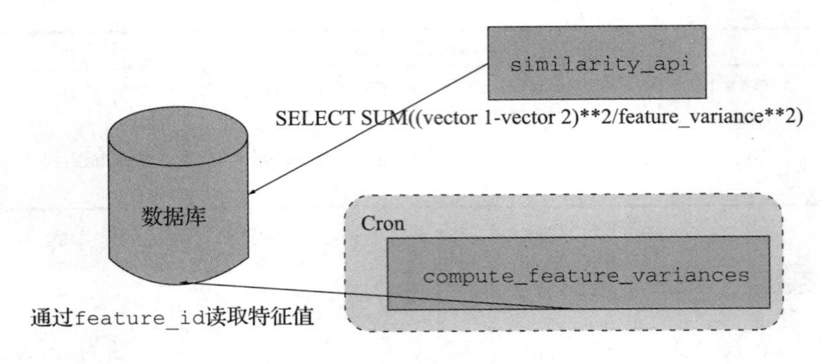


图 8-5　一个用于计算马氏距离的可行架构

## 8.6　结论

在本章中，你看到了一些用于比较项与项之间的距离的有用算法。虽然这些方法相对简单，但是它们很强大。你可以将文章的受众用 Jaccard 相似度进行度量，以查找类似的文章，进而驱动推荐系统。你也可以通过一组协变量找到相似的用户，并将它们用于网络试验或准试验中的匹配。

这些距离度量方法是工具箱中必不可少的工具，我们希望你在自己的数据上进行试验。

现在，你已经有了开始使用机器学习的基本工具。你可以可视化并浏览数据集以理解其在统计上的依赖性，而且对数据中的噪声也有了一定的了解。为了挖掘相似度，你已经看到了一些用于初步处理这些数据的有用工具。是时候做更高级的机器学习了，我们将从回归开始。

第 9 章

# 回　　归

## 9.1 引言

模型拟合是估计模型参数的过程。在其他章节中，作为一个具体的例子，我们介绍了线性回归。现在，你将深入这个例子的更多细节。在本书中你会发现相同的基本模式，其在线性回归上表现良好，并且你会发现在如深度神经网络这样更高级的模型中也有相同的结构。

通常，第一步是开始把数据绘制成散点图和直方图，以观察数据是如何分布的。当你在绘制图表的时候，你可能会看到如图 9-1 所示的情况。即使在趋势线周围有大量噪声存在，数据的恒定斜率也表明 $y$ 与 $x$ 呈线性关系。

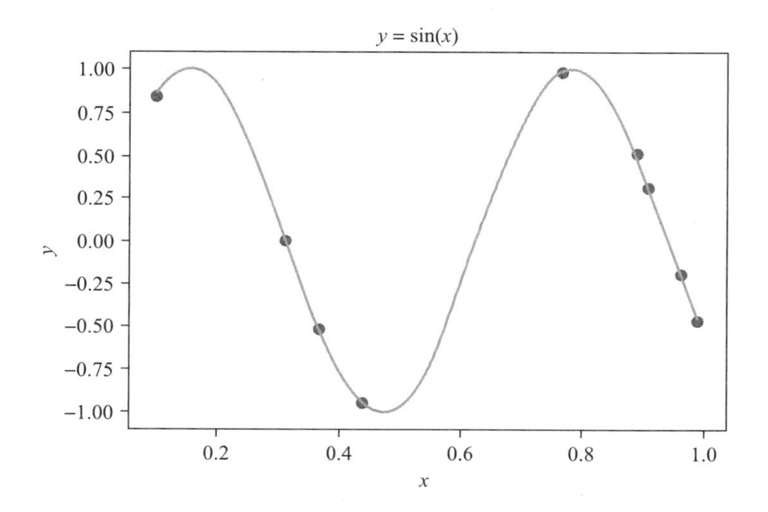


图 9-1　沿着 $y = \sin(10x)$ 曲线随机产生的数据点

在图 9-1 中，你会看到固定的 $x$ 值对应仍然有很多散布的 $y$ 值。当 $y$ 随着 $x$ 均匀增加时，$y$ 的预测值通常是一个对真实 $y$ 值较差的估计。这没什么。你需要考虑到更多 $y$ 的预测因子来解释 $y$ 的其他变化。

### 9.1.1　选择模型

一旦你研究了数据的分布，你就可以将 $y$ 的模型写成一个关于 $x$ 的函数和其附带的一些参数。我们的模型将如下所示：

$$y = \beta x + \varepsilon \tag{9.1}$$

这个式子中，$y$ 是输出，$\beta$ 是模型的一个参数，$\varepsilon$ 代表了 $x$ 推导出的 $y$ 值中噪声的部分。这种噪声可以表现为许多不同的分布。在线性回归的情况下，你可以假设它是具有常数方差的高斯分布。作为模型检查过程的一部分，你应该描绘出模型输出和真实值之间的差异——*残差*来观察 $\varepsilon$ 分布。如果它与你所期望的有很大不同，你应该考虑使用一个不同的模型（例如，一个一般的线性模型）。

你可以把这个模型写成一个 $y$ 对应一个明确的 $y_i$（在有 $N$ 个数据点时，$i$ 从 1 到 $N$ 取值），如下所示：

$$y_i = \beta x_i + \varepsilon_i \tag{9.2}$$

或者你也可以把其表示为列向量的形式，如下所示：

$$\boldsymbol{y} = \beta \boldsymbol{x} \tag{9.3}$$

这两个式子具有一样的含义。

通常，你会有很多不同的 $x$ 变量，因此你将会想将其表示成如下所示：

$$y_i = \beta_1 x_i 1 + \beta_2 x_i 2 + \cdots + \beta_j x_i j + \varepsilon_i \tag{9.4}$$

或者你可以简写成：

$$\boldsymbol{y} = \boldsymbol{x}\beta + \varepsilon \tag{9.5}$$

### 9.1.2　选择目标函数

一旦你选择好了模型，你就需要一种方式来说明参数值的一个选择比另一个选择要好或差。对于一个给定的输入，参数决定了模型的输出。目标函数通常是根据模型的输出与已知值进行比较来确定的。

一个常见的目标函数是均方误差。这种误差函数代表了模型给出的 $y$ 值的大小（称之 $\hat{y}$）和真实值大小的差别。你可以仅观察平均误差，但是这会有个问题：只要正误差总和负误差抵消，那么 $\hat{y}$ 离 $y$ 多远都可以。这是真的，因为当你计算平均误差（ME），你需要把所有误差相加，如下所示：

$$ME = \sum_{i=1}^{N}(y_i - \hat{y}_i) \tag{9.6}$$

因此，你可能只想要正值参与均值计算，这样就不会得到抵消的结果。有一个简单的方法可以实现这样的结果，那就是计算平均数前简单地将误差平方，这样就得到均方误差（MSE）。

$$MSE = \sum_{i=1}^{N} (y_i - \hat{y}_i)^2 \tag{9.7}$$

现在，均方误差越小，（平均水平上）真实 $y$ 值和模型的估计 $y$ 值的偏差就越小。如果你有两组参数，你可以使用一组来计算 $\hat{y}$ 和 MSE。你同样可以对另一组参数进行相同的操作。给出更小 MSE 的参数组合显然就是更好的参数！

你可以通过一个算法来自动搜索好的参数，它会在所选参数里循环迭代，当找到 MSE 最小的那组时停止迭代。这个过程被称之为模型的拟合。

这并不是你可以使用的目标函数的唯一选择。例如，你可以用绝对值代替平方误差。这两者有什么不同？

当你使用 MSE 来拟合并且你的数据的均值有线性趋势时，你拟合出来的模型在 $x$ 上会返回 $y$ 估计的均值。如果你使用绝对值来取而代之（计算平均绝对偏差，又称 MAD），则模型在 $x$ 上的输出会是 $y$ 的中位数。两者总有一个会有用，这取决于应用的方向。MSE 是一个更常见的选择。

### 9.1.3　模型拟合

当我们谈论模型拟合，我们通常是指系统地改变模型的参数，以找到一个值使得目标函数最小。一般情况下，一些目标函数应该最大化（似然函数就是一个例子，稍后你会看到），但是在这里我们只对最小化函数感兴趣。如果一个算法被设计来最小化一种目标函数，那么你可以通过将这种函数用在目标函数的反函数上以此来达到最大化目标函数的效果。

我们将在本书后面进行更深入的讨论，但使函数最小化的一个简单算法是牛顿法，或梯度下降法。其基本思想是，在最大值或最小值时，目标函数的导数为零。在最小值处，导数（斜率）在最小值的左边是负的，而在其右边则是正的。

考虑一维情况。我们从一个随机值 $\beta$ 着手，并试图找出你是否应该使用一个更大或更小的 $\beta$。如果目标函数的斜率在你选择的 $\beta$ 上往下，那么你应该顺着它，因为它指向最小值。然后，你应该将 $\beta$ 调整为较大的值。如果它是一个正斜率，那么目标函数向左递减，你应该使用一个更小的 $\beta$。你可以进行更多次微积分计算来推导出更精确的结果，但是基本思路是更新 $\beta$ 以找到一个更好的值。如果你将目标函数写为 $f(\beta)$，那么你可以按照如下方式写出更新规则：

$$\beta_{new} = \beta_{old} - \lambda \frac{\mathrm{d}f}{\mathrm{d}\beta} \tag{9.8}$$

你会发现如果导数是正的，你就降低 $\beta$ 值。如果是负的，就增加 $\beta$ 值。这里的参数 $\lambda$，用于控制算法迭代步骤有多大。你希望它足够小，这样你就不会从最小值的一边跳到另一边。最佳大小将取决于具体的应用背景。

现在，给定一个模型和目标函数，你有一个选择最佳模型参数的程序。你只需将目标函数作为输出模型参数的函数，然后使用这里提到的梯度下降方法来最小化它。

有很多方法可以完成这种最小化任务。你可以把目标函数作为参数的函数显式写入，并使用微积分的方法来最小化它，以此替代前面说到的迭代法。还有很多类似的迭代算法的变体。哪一个最适合你的任务取决于具体的应用背景。

### 9.1.4　模型验证

在拟合好你的模型之后，你需要测试一下其运行得好不好！通常，你将通过给它提供一些数据点并将其输出与实际输出进行比较来判断。你可以计算出一个分数，通常是与拟合模型相同的损失函数，并总结出模型性能。这个过程的问题是，当你验证模型时使用的数据与用于训练它的数据是相同的。让我们以一个极端的情况为例。

假设你的模型具有适合你数据的自由度。假设你只有几个数据点，如图 9-1 所示。如果你尝试将模型拟合到此数据，则会有模型对数据过拟合的风险。为了给出可供你调整的参数，你将尝试使多项式回归来拟合此数据。你可以通过 $x$ 的更高次幂组合来实现。

你可以把数据绘制在一系列不同的线上，其中 $x$ 有不同的幂，这里我们把幂次表示为 $k$，如图 9-2 所示。在这幅图中，你可以看到随着 $k$ 的增加，拟合的效果在提升，这样的效果持续到 $k=5$。在 $k=5$ 之后，模型的自由度就已经溢出了，并且函数会微调自己来完全适合数据集。由于数据从 $y=\sin(10x)$ 而来，你可以发现 $k=5$ 的模型对新的数据点更适合，尽管当 $k=8$ 时模型对训练数据的拟合更好。你可以说 $k=8$ 的模型是对数据“过拟合”的。

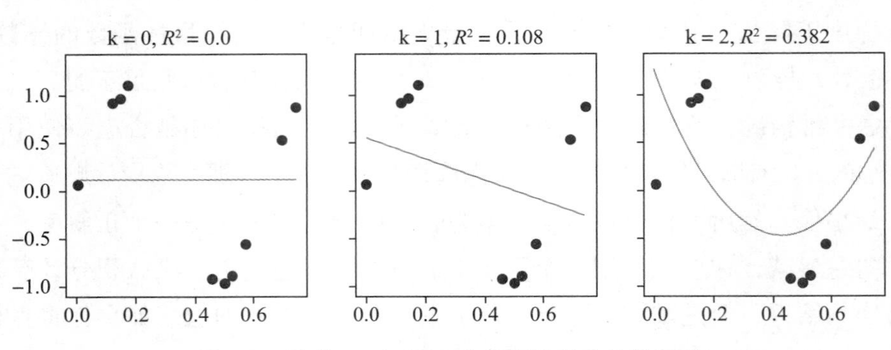


图 9-2　沿着 $y=\sin(10x)$ 曲线随机产生的数据点

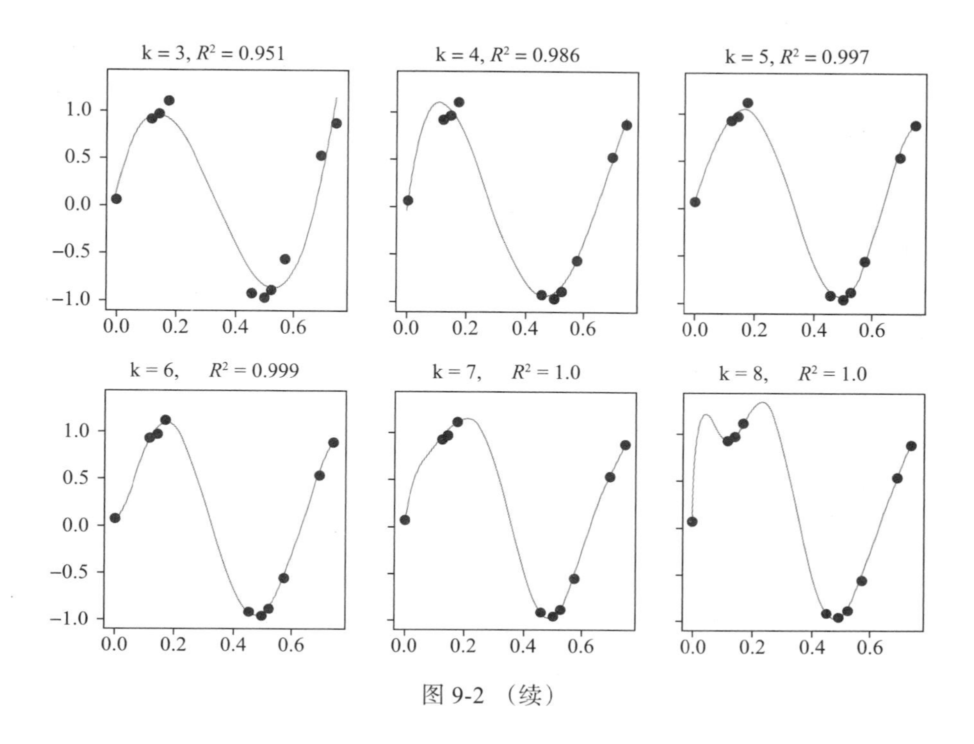


图 9-2 （续）

那么，当一个模型过拟合的时候你怎么发现呢？典型的检查方法就是保留一部分训练数据，并在后面的步骤使用，以此来看模型的泛化能力。

比如，你可以这样做，使用 sklearn 包中的 `train_test_split` 函数。让我们创造一些新的数据，然后同时在训练数据和之前保留的测试数据上计算 $R^2$ 。

首先我们创建 $N = 20$ 的数据点。

```
1 import numpy as np
2 
3 N = 20
4 x = np.random.uniform(size=N)
5 y = np.sin(x*10) + 0.05 * np.random.normal(size=N)
```

接着，让我们把这部分数据分成训练数据和测试数据两部分。你将用训练数据来训练，但要一直持有测试数据，直到最后你要计算验证分数的时候。通常，你希望你的模型能有好的表现，所以你会使用尽可能多的训练数据来训练模型，并使用足够的数据来验证模型，以确保你的有效性度量指标的准确性是合理的。这里，由于你仅仅创建了 20 个数据点，所以你可以将其对半分。

```
1 from sklearn.model_selection import train_test_split
2 
3 x_train, x_test, y_train, y_test = train_test_split(x, y,
4 train_size=10)
```

现在，你将会构造很多 $x$ 变量的更高次幂的组合来进行多项式回归。你会使用 sklearn 的线性回归来拟合真实的回归。

```
k = 10

X = pd.DataFrame({'x^{}'.format(i): x_train**i for i in range(k)})
X['y'] = y_train

X_test = pd.DataFrame({'x^{}'.format(i): x_test**i for i in range(k)})
X_test['y'] = y_test

x_pred = np.arange(xmin, xmax, 0.001)
X_pred = pd.DataFrame({'x^{}'.format(i): x_pred**i for i in range(k)})
```

现在，你有了预处理后的训练和测试数据，让我们开始真正地执行一次回归分析，然后把结果图表绘制出来。

```
f, axes = pp.subplots(1, k-1, sharey=True, figsize=(30,3))

for i in range(k-1):
    model = LinearRegression()
    model = model.fit(X[['x^{}'.format(l) for l in range(i+1)]],
                      X['y'])
    model_y_pred = model.predict(
                            X_pred[['x^{}'.format(l) for l in range(i+1)]])
    score = model.score(X[['x^{}'.format(l) for l in range(i+1)]],
                        X['y'])
    test_score = model.score(
                            X_test[['x^{}'.format(l) for l in range(i+1)]],
                            X_test['y'])
    axes[i].plot(x_pred, model_y_pred)
    axes[i].plot(x, y, 'bo')
    axes[i].set_title('k = {}, $R^2={}$, $R^2_t={}$'
             .format(i, round(score,3), round(test_score, 3)))
pp.ylim(-1.5,1.5)
```

这就产生了图 9-3 中的数据。你可以看到，随着 $k$ 的增加，$R^2$ 变得越来越好，但是 $R^2$ 不一定会不断增加。之前的情况当 $k=4$ 时，似乎有些噪声干扰，有时增加，有时减少。在这里，验证和训练数据都是在同一个图上绘制的。当趋势线与验证数据不匹配时，即使模型能够很好地拟合训练数据，$R^2$ 还是会变得很糟。

这些相同的基本原则可以用不同的方式来实现。另一种验证方法是将数据分割成若干份，并在对其余部分进行训练时保留出一部分用来验证。这叫作 k-fold 交叉验证。你还可以使用所有数据来进行训练，但每次拿出一个数据点来进行验证。你可以对每个数据点重复此操作。这被称之为留一交叉验证。

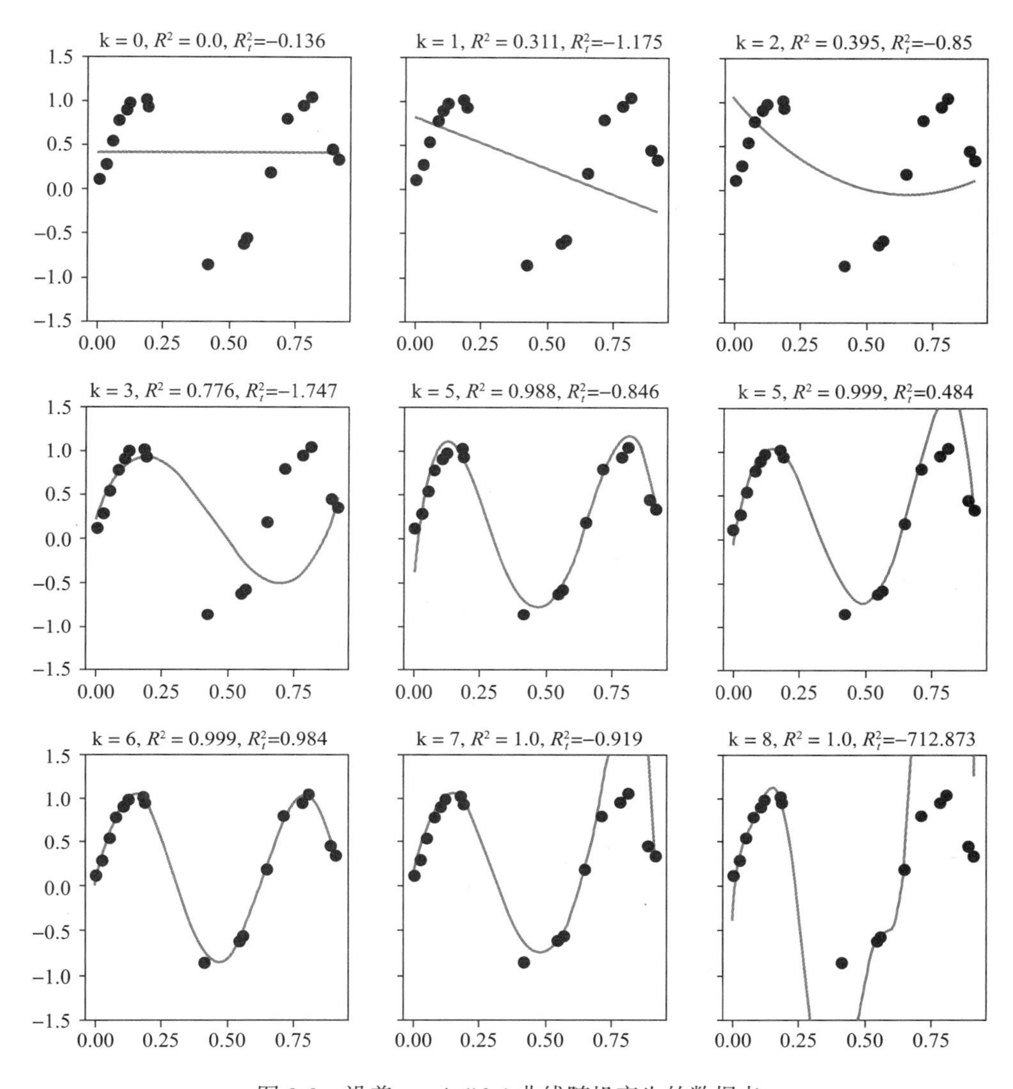


图 9-3 沿着 $y=\sin(10x)$ 曲线随机产生的数据点

选择一个好的模型其实是在给你的模型足够的自由去描述数据和不让其对数据过拟合之间进行小心翼翼地平衡。这样的主题贯穿全书，尤其看到第 14 章时。

## 9.2 线性最小二乘

最小二乘指的是最小化数据集的某一点的值与目标函数在该点上的值之间的差值的平方。这样的值称为*残差*。

最小二乘估计可以对含有多个独立变量的方程进行建模，但为了简化，考虑简单的线性方程组会简单些。

通常，你会想要建立一个含有 $m$ 个线性方程组的模型，并用 $k$ 个系数来调整它们。

为了使模型的表现更贴近你正在拟合的函数，你需要最小化式子 $\|y-X\beta\|^2$。

这里，$X_{ij}$ 是第 $i$ 个数据点的第 $j$ 个特征。我们在图 9-4 中展示了一些从这样的模型中创造的数据（蓝色的点），还有拟合它们的模型（绿色的线）。其中，系数被拟合来确保模型保持现在的斜率 $\left(\frac{1}{4}\right)$ 和 $y$ 轴的截距（2）。

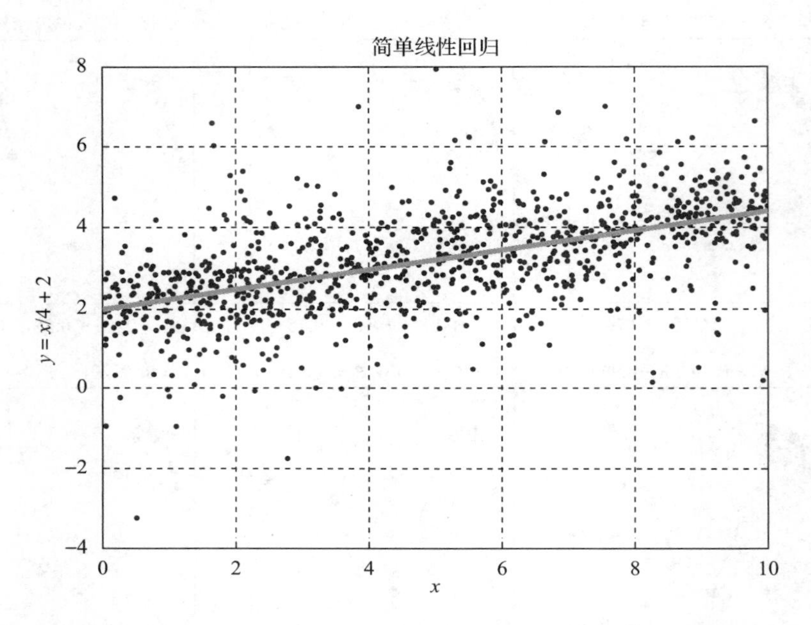


图 9-4　沿着 $y=\frac{x}{4}+2$ 曲线随机产生的数据点和用线性回归拟合的曲线

| 线性回归总结 | |
|---|---|
| 算法 | 线性回归是基于特征线性组合的预测结果。当你想要可解释的特征权重和可解释的因果关系，不认为特征间有相互作用的影响，其是很好用的。 |
| 时间复杂度 | $O(C^2N)$，其中 $C$ 是特征数，$N$ 是数据点的数量。其受限于矩阵乘法的复杂度。 |
| 内存考虑 | 当你有稀疏特征时，特征矩阵会变得很大。尽可能使用稀疏编码。 |

### 9.2.1　假设

普通最小二乘假设误差均值都为零，且方差相等。如果误差在每个 $x$ 处的平均 $y$ 值附近是高斯分布，这样的假设就是正确的。如果它们不是高斯的，但数据是线性的，请考虑使用一般的线性模型。

### 9.2.2　复杂度

这种模型的复杂度取决于线性最小二乘模型拟合的代数方法。

你避不开下列公式中使用的矩阵乘法：

$$\beta = (\boldsymbol{X}^T\boldsymbol{X})^{-1}\boldsymbol{X}^T\boldsymbol{y} \tag{9.9}$$

如果 $N$ 是样本点的数量，而 $k$ 是你要拟合的特征数，那么复杂度就是 $k^2N$（当 $N > k$ 时）。

### 9.2.3　内存注意事项

大矩阵乘法通常采用分治算法。特别是对于矩阵乘法，通常情况是，将矩阵数据通过网络分发和在本地进行乘法所需的处理量是一样的。这就是像 Cannon 算法这样的"避免通信算法"存在的原因。它们最小化了并行任务所需的通信量。Cannon 算法是最常见和最流行的算法之一。

Cannon 算法的一部分要求将矩阵分成块，因为你可以自定义块的大小，所以可以分配该算法所需的内存量。

另一种常见的方法仅仅是对数据矩阵进行采样。许多常用的包将测算回归系数的标准误差。使用这些指标来指导你选择样本的大小。

大多数情况下，你将使用 SGD 来训练一个大规模线性回归。在 pyspark 的 mllib 包中有一个很好的实现。

### 9.2.4　工具

`scipy.optimize.leastsq` 是 Python 下的一个很好的实现。这个函数也是 scipy 中其他很多最佳实践的底层运作机制。scipy 的实现实际上是在 MINPACK 上的 lmdif 和 lmdir 算法（用 Fortran 编写）的顶层捆绑，尽管 MINPACK 在 C++ 上也可用。如果你想要最小化你的应用的依赖项，numpy 也有一个实现（可以在 `numpy.linalg.lstsq` 找到。你可以在 scikit-learn 中找到最小二乘回归算法的实现（在 `sklearn.linear_model.LinearRegression` 中或在统计模型包中的 `statsmodels.regression.linear_model.OLS` 中）。

### 9.2.5　分布式方法

为了改善网络间的通信，其中一个关键就是最小化带宽。位于节点网开头的每个节点从数据库或文件源获取所需的数据。它为下一个节点适当地移动行和列并把数据继续传递下去。每个节点都对自己得到的数据进行操作，以计算并得到整体乘法的一部分。图 9-5 描绘了这个架构。

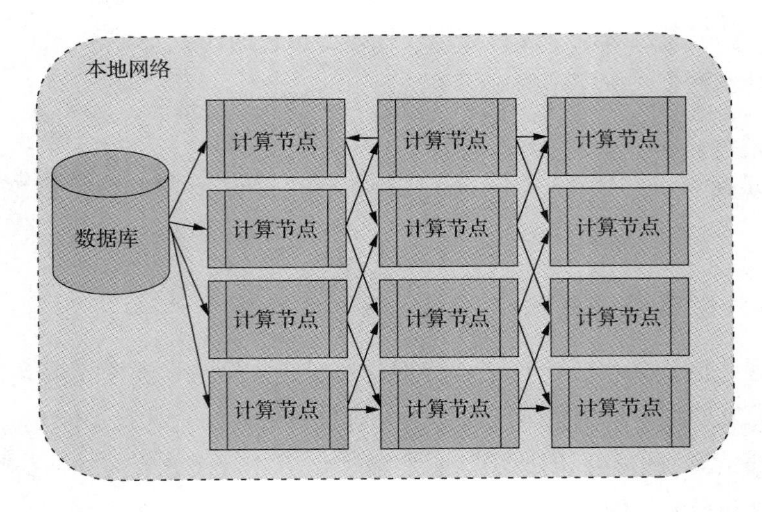


图 9-5 用于矩阵乘法分布式计算的一个可能架构

或者，你也可以直接用 pyspark 的实现。

### 9.2.6 实例

现在，让我们实践一个线性回归。我们将使用 numpy 和 pandas 来处理数据，并且用 statsmodels 来实现回归。首先，让我们生成一些数据。

```
1  from statsmodels.api import OLS
2  import numpy as np
3  import pandas as pd
4
5  N = 1000
6
7  x1 = np.random.uniform(90,100, size=N)
8  x2 = np.random.choice([1,2,3,4,5], p=[.5, .25, .1, .1, .05] size=N)
9  x3 = np.random.gamma(x2, 100)
10 x4 = np.random.uniform(-10,10, size=N)
11
12 beta1 = 10.
13 beta2 = 2.
14 beta3 = 1.
15
16 y = beta1 * x1 + beta3 * x3
17
18 X = pd.DataFrame({'$y$': y, '$x_1$': x1, '$x_2$': x2, '$x_3$': x3})
```

因变量 $y$ 将由这些自变量 $x_1$ 、 $x_2$ 和 $x_3$ 决定。太抽象？没关系让我们使用一个实际一点的例子来解释。假设 $y$ 变量是一个家庭的月生活开支，$x_1$ 变量是每个月的室外温度——你猜测这会是一个很大的因素，将显着增加他们的生活成本。夏天到了，天气就会变，所以自然冷气费用就会变高。而这个 $x_2$ 变量就是住在房子里的人的数量，这直接导致了更高的食物成本 $x_3$。最后，$x_4$ 是在所有其他任何东西上花费的金额。家庭往往不能很好地追踪这些开支，你不好衡量它。

为了对数据有一个初步印象，你应该绘制一些图表。你可以从直接查看随机的数据样本开始，如图 9-6 所示。

| | $x_1$ | $x_2$ | $x_3$ | $y$ |
|---|---|---|---|---|
| **178** | 96.593026 | 1 | 185.598228 | 4036.221255 |
| **605** | 92.363628 | 4 | 619.496338 | 4303.454053 |
| **885** | 91.407646 | 1 | 356.765700 | 4339.105906 |
| **162** | 94.560898 | 3 | 315.768688 | 2996.295793 |
| **311** | 98.333232 | 2 | 102.839859 | 2830.060009 |
| **449** | 93.401160 | 1 | 62.936118 | 4159.687843 |
| **923** | 97.722119 | 1 | 68.425069 | 3677.811971 |
| **411** | 95.013256 | 2 | 316.018205 | 3592.387199 |
| **651** | 95.034241 | 5 | 452.055364 | 3699.554499 |
| **749** | 93.654123 | 1 | 20.933010 | 2843.012500 |

图 9-6 一个被模拟出来的家庭数据样本。其中 $x_1$ 是室外温度。$x_2$ 是住在房子里的人数。$x_3$ 是每个月的食物成本

其为你提供了一些可视化的想法。可以看到 $x_2$ 变量很小而且是离散的，$y$ 变量（每月总开支）往往是几千美元。

为了更好地了解哪些变量彼此相关，你可以制作一个相关矩阵（参见图 9-7）。这个矩阵是对称的，因为两个变量之间的皮尔逊相关系数并不区分各个变量是什么顺序：即使交换了它们的位置，公式给出的结果也是相同的。你很好奇哪些变量可以预测 $y$，所以你想知道哪些变量和它有较高的相关性。从矩阵中，你可以检查 $y$ 列（或行），并看看 $x_1$、$x_2$ 和 $x_3$ 都与 $y$ 相关。注意，由于家庭规模（$x_2$）直接决定了食物成本（$x_3$），所以这两个变量是相关的。

既然你已经确认了所有这些变量可能对预测 $y$ 都是有用的，那么你应该检查它们的分布和散点图。这将帮助你思考应该使用什么模型。pandas 的散点图矩阵就很擅长做这个。

| | $x_1$ | $x_2$ | $x_3$ | $y$ |
|---|---|---|---|---|
| $x_1$ | 1.000000 | 0.024543 | 0.026800 | 0.090549 |
| $x_2$ | 0.024543 | 1.000000 | 0.649954 | 0.340209 |
| $x_3$ | 0.026800 | 0.649954 | 1.000000 | 0.504172 |
| $y$ | 0.090549 | 0.340209 | 0.504172 | 1.000000 |

图 9-7　被模拟出来的家庭数据的相关矩阵。你可以看到，除了 $x_1$ 之外，其他变量或多或少互相强相关

```
from pandas.tools.plotting import scatter_matrix
scatter_matrix(X, figsize=(10,10))
```

这就产生了如图 9-8 所示的图。

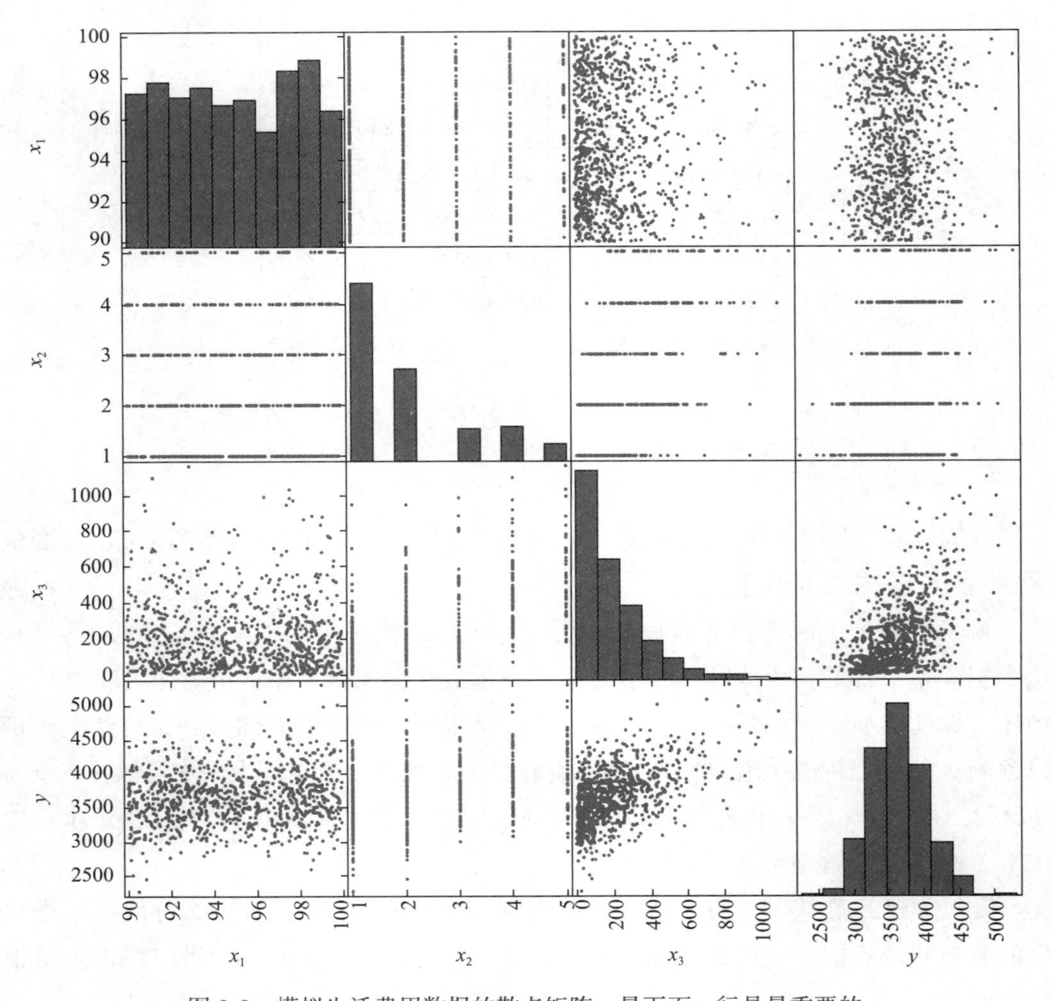


图 9-8　模拟生活费用数据的散点矩阵。最下面一行是最重要的

在研究散点图时，一般约定是将因变量置于垂直轴，而将自变量置于水平轴。散点图矩阵的底行，垂直轴是$y$，并且在水平轴上有不同的$x$变量。

你可以看到数据中有很多噪声，但这没关系。重要的是，每个$x$值处的平均$y$值都遵循模型。在本例中，你希望每个$x$值处的平均$y$值都随$x$线性增加。

看看矩阵中左下角的图，当你从图的左到右移动时，你会看到这些点看起来并没有变高或变低（平均来看）。$x_1$和$y$之间的关系似乎很弱。接下来，你将看到$x_2$数据落在整数的频带中。这是因为$x_2$是一个离散变量。因为还有许多其他因素来决定$y$的值，所以在每个$x_2$的值处都有一些值的散布。如果$x_2$是唯一的因素，那么$y$值在每个$x_2$值上只有一个特定的值。而现实相反，它们在每个$x_2$值处遵循不同的分布。

接下来，你可以看到$x_3$和$y$的图表。你可以再次看到数据点似乎是线性增长（平均来看），但同样有很多噪声围绕在趋势上。你可以看到，散点图在$x_3$的较小值处密度更大。如果你将散点图与$x_3$的直方图进行比较，就会发现这是因为大多数数据点的$x_3$值都较小。

通常，当人们第一次看到像$y$和$x_3$这样的数据时，他们认为线性模型是不可行的。毕竟，如果你想用线性模型做一个预测，其会做得很糟糕。它只能猜测出每个$x$值处的平均$y$值。由于在每个$x$值上的平均$y$值有如此多的波动，所以你的预测往往与真实值相去甚远。

那为什么这些模型仍然非常有用呢？两个原因。首先，你可以把比这些二维图所能显示的更多的因素囊括进来。虽然在这些散点图中，每个$x$处的平均$y$值附近仍有许多波动，但如果我们将数据绘制到更高的维度中（使用更多的$x$变量），则波动往往会较小。当我们涵盖越来越多的自变量时，我们的预测就会越来越好。

其次，预测能力并不是模型的唯一用途。更常见的情况是，你感兴趣的是训练模型参数，而不是预测精确的$y$值。例如，如果我知道温度因变量的系数是10，那么我就知道，对于每个月的平均温度每增加一度，月平均生活费用就会增加10美元。如果我在一家能源公司工作，这些信息可能对基于天气预报的营业收入预测很有用！

我们如何理解这个参数呢？让我们再次回顾模型。

$$y = \beta_1 x_1 + \beta_3 x_3 \tag{9.10}$$

如果在保持$x_3$不变的情况下，将每月的平均温度提高一个单位会发生什么？你会发现$y$增加了$\beta_1$单位！如果你能用回归度量$\beta_1$，那么你就可以看到温度变化多少会增加多少生活费用。

最后，你将检查$y$的图。它看起来像一个钟形曲线，但是有点倾斜。线性回归要求误差的分布是高斯分布，这很可能会使这个假设不成立。你可以使用一个具有伽马分布的一般线性模型来尝试优化它，但是现在先让我们看看你可以用普通的最小二乘模型做什么。通常，如果残差足够接近高斯分布，输出结果中的误差就很小。

这里的情况就是这样。

现在让我们实际执行回归。很快我们就会明白，为什么在方程（9.2）中 $x_2$ 被省略了。这里我们使用 statsmodels。statsmodels 不包含 $y$ 截距，所以你将自动为其添加一个。$y$ 截距只是加到每个数据点上的一个常量。你可以通过添加一列都为 1 的新变量来引入 $y$ 截距。然后，当模型找到那个变量的系数时，它就会被简单地添加到每一行中！为了让我们的实践更有趣，试着自己忽略它，看看会发生什么。

```
1 X['intercept'] = 1.
2 model = OLS(X['$y$'], X[[u'$x_1$', u'$x_2$', u'$x_3$', 'intercept']],
3             data=X)
4 result = model.fit()
5 result.summary()
```

图 9-9 展示了模型结果。这张表中有很多数字，所以我们将过一遍其中比较重要的。你可以通过查看因变量（表的最上方）是 $y$ 确认一下你使用了正确的变量，并且系数列表是用在你回归时的自变量上的。

| Dep. Variable: | y | R-squared: | 0.214 |
|---|---|---|---|
| Model: | OLS | Adj. R-squared: | 0.211 |
| Method: | Least Squares | F-statistic: | 90.16 |
| Date: | Sat, 15 Jul 2017 | Prob (F-statistic): | 1.28e-51 |
| Time: | 18:22:47 | Log-Likelihood: | -7302.5 |
| No. Observations: | 1000 | AIC: | 1.461e+04 |
| Df Residuals: | 996 | BIC: | 1.463e+04 |
| Df Model: | 3 | | |
| Covariance Type: | nonrobust | | |

| | coef | std err | t | P>\|t\| | [0.025 | 0.975] |
|---|---|---|---|---|---|---|
| $x_1$ | 10.6919 | 3.886 | 2.751 | 0.006 | 3.066 | 18.318 |
| $x_2$ | -3.5779 | 12.530 | -0.286 | 0.775 | -28.166 | 21.010 |
| $x_3$ | 0.9796 | 0.082 | 11.889 | 0.000 | 0.818 | 1.141 |
| intercept | 2436.0517 | 370.468 | 6.576 | 0.000 | 1709.065 | 3163.039 |

| Omnibus: | 21.264 | Durbin-Watson: | 1.884 |
|---|---|---|---|
| Prob(Omnibus): | 0.000 | Jarque-Bera (JB): | 22.183 |
| Skew: | 0.364 | Prob(JB): | 1.52e-05 |
| Kurtosis: | 3.043 | Cond.No. | 9.34e+03 |

图 9-9　所有测量到的自变量的回归结果（包括了一个 $y$ 截距项）

接下来，你就得到了 $R$ 的平方值或称 $R^2$。其用来衡量自变量在多大程度上解释了因变量的变化。如果因变量完美地解释了 $y$ 的变化，那么 $R^2$ 会是 1。如果它们没有解释，其将会是零（或接近零，由于存在测量误差）。包含 $y$ 截距很重要，这可以让 $R^2$ 保持为正并且有清晰的解释。$R^2$ 实际上就是一部分被自变量解释的 $y$ 的变化。如果你定义“残差”为 $y$ 没有被模型解释的部分，

$$r_i = y_i - \hat{y}_i \tag{9.11}$$

那么残差都为 0 的时候代表其拟合得很完美。所以，$y$ 被数据解释得越好残差的方差就越小。这就让我们自然而然想到了 $R^2$ 的定义，

$$R^2 = \frac{SS_{\text{total}} - SS_{\text{residual}}}{SS_{\text{total}}} \tag{9.12}$$

其中 $SS_{\text{total}} = \sum_{i=1}^{N}(y_i - \underline{y})^2$ 是 $y$ 值和 $y$ 的均值 $\underline{y}$ 的差的平方和，且 $SS_{\text{residual}} = \sum_{i=1}^{N} r_i^2$ 是残差的平方和。你可以通过以下方法使其变得更直观；把所有平方和除以 $N$ 来得到总体方差的（无偏）估计值，$R^2 = \frac{\sigma_y^2 - \sigma_r^2}{\sigma_y^2}$，所以 $R^2$ 就是剩余的方差。

你可以做得比这更好，只要除以正确的自由度数，以获得方差的无偏估计。如果 $k$ 是自变量的数量（除掉 $y$ 截距），那么 $y$ 的方差就有 $N-1$ 的自由度，并且残差就具有 $n-k-1$ 的自由度。无偏方差估计为 $\hat{\sigma}_y^2 = SS_{\text{total}} / (N-1)$ 和 $\hat{\sigma}_r^2 = SS_{\text{residual}} / (N-k-1)$。把这些组合成公式，你会得到修正的 $R^2$ 的公式。

$$R_{adj}^2 = \frac{\hat{\sigma}^2 - \hat{\sigma}_r^2}{\hat{\sigma}_y^2} \tag{9.13}$$

由于方差的估计因子是无偏的，所以在现实中更被推崇。

接下来，你可以在系数表中（参见图 9-10）看到，$x_1$ 和 $x_3$ 的系数（coef 列）与你创建数据时为测试版变量输入的 $\beta$ 值非常接近！它们并不完全匹配，因为所有 $x_4$ 中的噪声都无法建模（因为你没有测量）。

与其试图获取系数的估计值，不如测量参数的置信区间！如果你查看系数的右侧，你将看到 0.025 和 0.975 两列。这些是系数的 2.5 和 97.5 百分位数。这两者是 95% 置信区间的下限和上限！你可以看到，这两者都包含真实值，并且 $x_3$ 比 $x_1$ 测量的精确得多。$x_1$ 与 $y$ 的相关性比 $x_3$ 弱得多，你几乎无法从散点图中看到线性趋势。你测量它的精度较低是有道理的。

这里还有另一个有趣的问题。在本例中，$x_3$ 由 $x_2$ 得到，但对 $y$ 没有直接影响。想要使其影响 $y$，只能靠改变 $x_2$。即使这似乎是一个人为构造的例子，但在真实数据集中一样会出现一个不那么极端的版本。一般情况下，$x_2$ 对 $y$ 的直接和间接影响可

能都有。请注意，$x_2$ 系数的测量具有非常宽的置信区间！这就是自变量中的共线性问题：一般来说，如果自变量相互关联，它们的标准误差（以及它们的置信区间）会很大。

| Dep. Variable: | y | R-squared: | 0.214 |
|---|---|---|---|
| Model: | OLS | Adj. R-squared: | 0.212 |
| Method: | Least Squares | F-statistic: | 135.3 |
| Date: | Sat, 15 Jul 2017 | Prob (F-statistic): | 1.01e-52 |
| Time: | 20:42:45 | Log-Likelihood: | -7302.5 |
| No. Observations: | 1000 | AIC: | 1.461e+04 |
| Df Residuals: | 997 | BIC: | 1.463e+04 |
| Df Model: | 2 | | |
| Covariance Type: | nonrobust | | |

| | coef | std err | t | P>\|t\| | [0.025 | 0.975] |
|---|---|---|---|---|---|---|
| $x_1$ | 10.7272 | 3.882 | 2.763 | 0.006 | 3.109 | 18.346 |
| $x_3$ | 0.9634 | 0.060 | 16.163 | 0.000 | 0.846 | 1.080 |
| intercept | 2428.7296 | 369.409 | 6.575 | 0.000 | 1703.821 | 3153.638 |

| Omnibus: | 21.411 | Durbin-Watson: | 1.883 |
|---|---|---|---|
| Prob(Omnibus): | 0.000 | Jarque-Bera (JB): | 22.345 |
| Skew: | 0.366 | Prob(JB): | 1.41e-05 |
| Kurtosis: | 3.044 | Cond.No. | 9.31e+03 |

图 9-10　自变量排除 $x_2$ 之后得到的回归结果

实际上，在这个例子中，因为共线性太大，有一个细节并不清晰。观察置信区间在 $x_2$ 系数上较窄的时候，你会发现它实际上在 $\beta_2 = 0$ 左右变窄。这是因为 $x_3$ 包含 $x_2$ 所有的信息，这些信息与决定 $y$ 有关。如果从回归模型中删除 $x_3$（你可以试试！），你会得到 $x_2$ 的系数，其中 $80 < \beta_2 < 118$ 在 95% 的置信区间。你应该从回归模型中完全删除 $x_2$。你可以在图 9-10 中看到这样做的结果。注意到 $x_3$ 的置信区间已经缩小了很多，但 $R^2$ 没有发生明显的变化！

你将在整本书中使用上述概念。特别是 $R^2$，它是一个用来评估任何具有真实值输出的模型的很好的指标。现在，你将检验建模假设。严格使用线性模型可能限制性太强。不必跳出普通最小二乘法的范围，你就可以做到更好。

## 9.3 线性回归中的非线性回归

用于普通最小二乘回归的模型可能听起来过于严格，但它也可以包括非线性函数。如果你想用 $y = \beta x^2$ 拟合数据，那么你可以简单地将它平方并用 $x^2$ 回归，而不是将 $x$ 作为因变量。你甚至可以使用这种方法来适应复杂函数，比如 $\cos(x)$，或者是多变量的非线性函数，如 $x_1 \sin(x_2)$。当然，问题在于你必须先提出你想要进行回归的函数然后计算，接下来才能进行回归。

让我们举一些小型数据的例子。像往常一样，我们将使用 numpy 和 pandas 来处理数据，使用 statsmodels 进行回归。第一步是生成数据。

```
1 N = 1000
2
3 x1 = np.random.uniform(-2.*np.pi,2*np.pi,size=N)
4 y = np.cos(x1)
5
6 X = pd.DataFrame({'y': y, 'x1': x1})
```

现在你绘制一个图来看一看数据是什么样。cos 函数有明显的非线性，用散点图很容易看出来。

```
1 X.plot(y='y', x='x1', style='bo', alpha=0.3, xlim=(-10,10),
2        ylim=(-1.1, 1.1), title='The plot of $y = cos(x_1)$')
```

生成图 9-11。

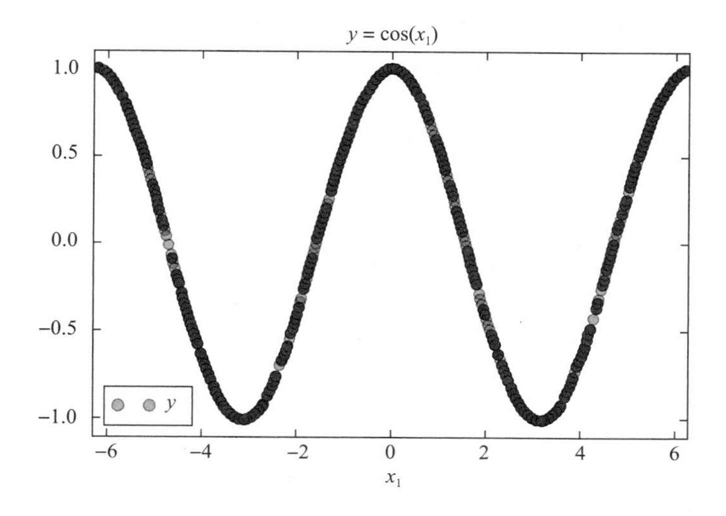


图 9-11 $y = \cos(x_1)$ 的函数图。如果使用线性回归会拟合得非常糟糕，会在 $y = 0$，即数据的均值处拟合出一条水平线

如果不使用一点技巧，线性回归会尝试通过恰好拟合均值来拟合这个 $y = \beta_1 x_1$ 的图形。只要找到 $\beta_1 = 0$ 就能成功。我们可以尝试证明这一点。

```
1 model = OLS(X['y'], X['x1'], data=X)
2 result = model.fit()
3 result.summary()
```

得到图 9-12 中的结果。

| Dep. Variable: | y | R-squared: | 0.000 |
|---|---|---|---|
| Model: | OLS | Adj. R-squared: | -0.001 |
| Method: | Least Squares | F-statistic: | 0.2039 |
| Date: | Sat, 15 Jul 2017 | Prob (F-statistic): | 0.652 |
| Time: | 15:16:34 | Log-Likelihood: | -1073.7 |
| No. Observations: | 1000 | AIC: | 2149. |
| Df Residuals: | 999 | BIC: | 2154. |
| Df Model: | 1 | | |
| Covariance Type: | nonrobust | | |

| | coef | std err | t | P>\|t\| | [0.025 | 0.975] |
|---|---|---|---|---|---|---|
| $x_1$ | -0.0028 | 0.006 | -0.452 | 0.652 | -0.015 | 0.009 |

| Omnibus: | 0.106 | Durbin-Watson: | 2.074 |
|---|---|---|---|
| Prob(Omnibus): | 0.948 | Jarque-Bera (JB): | 94.636 |
| Skew: | -0.025 | Prob(JB): | 2.82e-21 |
| Kurtosis: | 1.494 | Cond.No. | 1.00 |

图 9-12　$y = \cos(x_1)$ 的线性回归结果。注意系数基本为零。就算你在这个回归中设置 $y$ 截距项，你会发现它也是零

你可以看到它只是一条斜率为零的扁平线，因为 $x_1$ 的系数为零。现在你可以尝试非线性版本。首先，你需要在数据中创建一个新列。

```
1 X['cos(x1)'] = np.cos(X['x1'])
```

现在你可以对新列进行回归来看一下拟合情况怎么样。

```
1 model = OLS(X['y'], X[['cos(x1)']], data=X)
2 result = model.fit()
3 result.summary()
```

你可以在图 9-13 中找到结果。

| Dep. Variable: | y | R-squared: | 1.000 |
| --- | --- | --- | --- |
| Model: | OLS | Adj. R-squared: | 1.000 |
| Method: | Least Squares | F-statistic: | inf |
| Date: | Sat, 15 Jul 2017 | Prob (F-statistic): | 0.00 |
| Time: | 15:24:17 | Log-Likelihood: | inf |
| No. Observations: | 1000 | AIC: | -inf |
| Df Residuals: | 999 | BIC: | -inf |
| Df Model: | 1 | | |
| Convariance Type: | nonrobust | | |

| | Coef | Std err | t | P>\|t\| | [0.025 | 0.975] |
| --- | --- | --- | --- | --- | --- | --- |
| cos(x1) | 1.0000 | 0 | inf | 0.000 | 1.000 | 1.000 |

| Omnibus: | 1.006 | Durbin-Watson: | nan |
| --- | --- | --- | --- |
| prob(Omnibus): | 0.605 | Jarque-Bera (JB): | 375.000 |
| Skew: | 0.000 | Prob(JB): | 3.71e-82 |
| Kurtosis: | 0.000 | Cond. No. | 1.00 |

图 9-13 转换后 cos($x$) 列的线性回归结果。现在系数基本为 1，表示函数为 $y=1*\cos(x)$

许多指标都有所不一样了！$R^2$ 是 1，系数的置信区间只是一个点。这是因为函数中没有噪声。由于已经完全解释了 $y$ 的变化，因此所有残差都为零。

## 不确定性

关于线性回归的一个好处是我们很好地理解了参数估计中的噪声。如果假设噪声项 $\varepsilon$ 服从高斯分布（或者由于样本量很大，中心极限定理适用），那么可以得到对于系数置信区间的良好估计。statsmodels 会在数据的 0.025 到 0.975 列报告 95% 置信区间。

如果违反这些假设会怎样？如果发生这种情况，你就不必相信 statsmodels 报告的置信区间。最常见的不符合假设的情况是要么残差不是高斯分布，要么残差的方差不随自变量而变化。

你可以使用回归结果中报告的某些摘要统计信息来判断残差是否为高斯分布。特别是斜度、峰度和 Jarque-Bera 统计量都是高斯分布的良好测试。如果斜度为 0，峰度为 3，那么显著的偏差表明分布不是高斯分布。

斜度和峰度相结合，给出了 Jarque-Bera 统计量。Jarque-Bera 测试验证了原假设，即数据服从高斯分布，而非相反。如果 JB 统计量（Prob（JB））在结果中很大，那么很可能你的分布服从高斯分布。

另一个方便的测试是绘制残差的直方图。残差存储在回归结果的 resid 属性中。你甚至可以根据自变量绘制它们以便检查异方差性。

如果你有非高斯残差，那么可以使用一般线性模型而不是线性模型。你应该绘制数据的残差或条件分布，以找到更合适的分布来描述残差。

一个解决异方差性的办法是使用稳健标准误。在某些领域（例如经济学），这是默认选择。使用稳健标准误的结果是更大的置信区间。在存在同方差性的情况下，这会导致对标准误差的过度保守估计。要在 statsmodel 中使用稳健的置信区间，可以设置 OLS 回归对象的 fit 方法的 `cov_type` 参数。

## 9.4　随机森林

随机森林[11]，顾名思义，由“决策树”组合而成。在本节中，你将学习决策树，并且看到它们如何组合形成随机森林，这是尝试机器学习问题的第一个很好的算法。

### 9.4.1　决策树

你可以尝试使用简单的流程图或决策树来拟合函数，如下所示。看一下图 9-14 中蓝色曲线给出的函数。

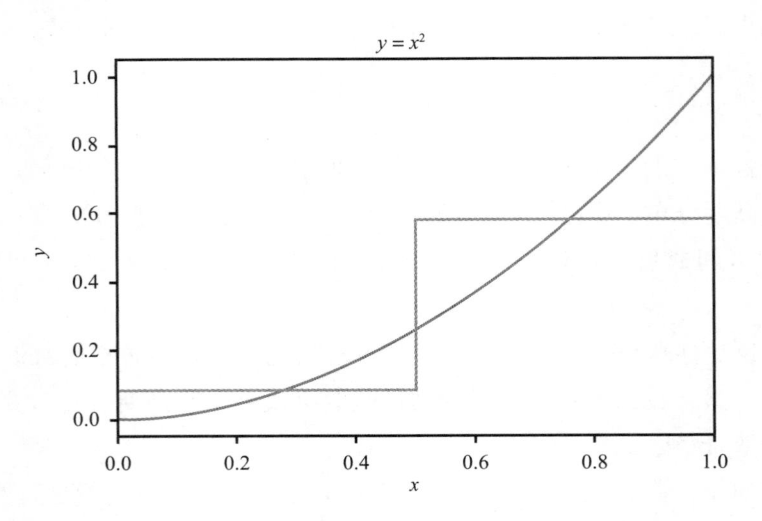


图 9-14　用［0, 1］范围内的单次决断对函数 $y = x^2$ 的近似估计

你可以尝试制订一些简单的规则来近似函数。粗略估计可能是“如果 $x$ 大于 0.5，则 $y$ 应为 0.58。如果 $x$ 小于 0.5，则 $y$ 应为 0.08。”这由图 9-14 中的橙色曲线描绘。虽然这不是一个很好的估计，但我们还是觉得比猜测一个不变的常数值要好！那样我们只是在每个范围内使用函数的均值。

这是开始构建决策树的逻辑的开始，我们可以为这棵决策树画一个图，如图 9-15 所示。

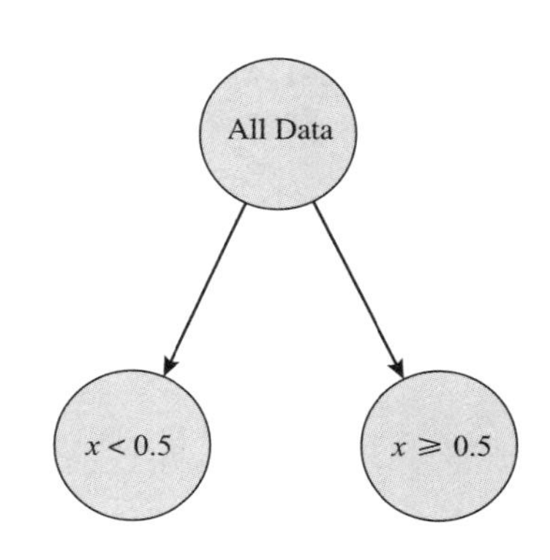


图 9-15　决策树。你可以想象每个数据点沿着树向下，根据每个节点上的逻辑指示流向不同分支

这里，你从决策树顶部的所有数据开始。然后在分支处，将所有 $x<0.5$ 的点映射到左侧，将所有 $x \geqslant 0.5$ 的点映射到右侧。左边的点得到一个输出值 0.08，右边的点得到 0.58。

你可以通过增加更多分支来使问题更复杂。对于每个分支，你可以说“……那还有其他决策也在这个分支上啊”。比如说为每个分支都增加一个决策，你将得到图 9-16 中的树。

该树可以更好地拟合函数，因为你可以更细地划分空间。你可以在图 9-16 中看到这一点。

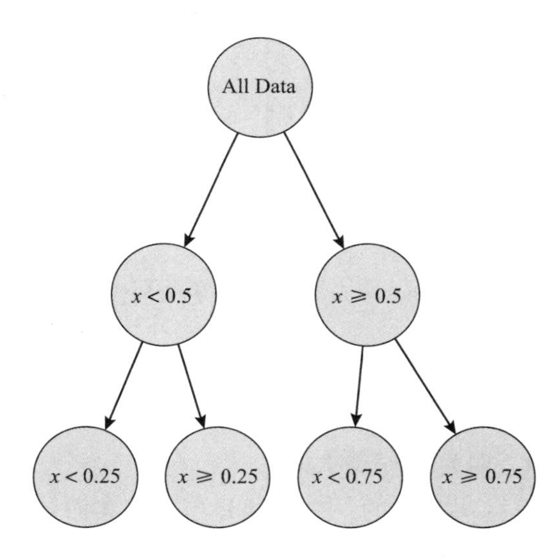


图 9-16　你可以通过添加更多决策来越来越精确地拟合数据。随着复杂性的增加，你可能会过拟合。想象一下每个数据点都映射到单个节点

决策树的一个巨大优势是它们的可解释性。你有一系列逻辑规则，导向不同结果，甚至可以绘制树形图来帮助外行人员做出决定！

在这个例子中，我们选择了数据域的一半作为分裂点。通常，决策树算法会选择最小化每次拆分的损失（通常是均方误差）。因此当函数曲线更陡峭时，分裂会更精细，而当曲线更平坦时，分裂会相对粗糙。

决策树还必须决定要使用多少分裂点。它们会持续分裂，直到每个节点上留下很少的数据点然后停止。树末端的节点是*终端节点*或*叶子节点*。在构建树停止之后，算法将通过尝试平衡损失与终端节点的数量来决定切除哪些终端节点。有关详细信

息，请参见文献［12］。

你可以在 sklearn 包中使用决策树的实现，如下所示：

```
1 from sklearn.tree import DecisionTreeRegressor
2
3 model = DecisionTreeRegressor()
4 model = model.fit(x, y)
5 y_decision_tree = model.predict([[xi] for xi in np.arange(0, 1,0.1)])
```

图 9-17 显示了结果。曲线由蓝色表示，决策树拟合的点由红色表示。如果我们将决策树拟合的点绘制成一条线，和函数曲线放在一起，它们会因为距离太近而无法分开！

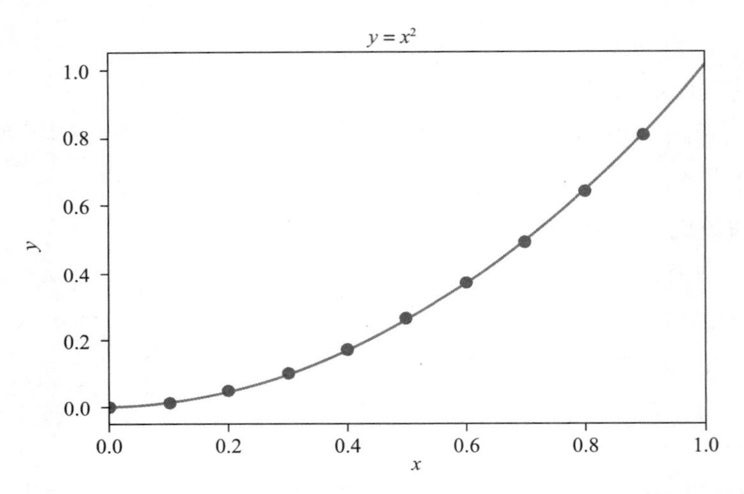


图 9-17 决策树（蓝线）在［0,1］范围内使用 sklearn 拟合来自函数 $y = x^2$ 的数据（红点）

该相同的过程可用于分类。如果你有类 $i \in \{1,\cdots,K\}$，然后你可以将节点 $k$ 处的数据点比例称为 $p_{ik}$。然后，在叶节点处进行分类的简单规则就是输出节点 $i$ 处的类 $k$，因为 $p_{ik}$ 是最大的！

决策树的一个问题是当数据集添加或删除数据点时，分裂点可能会发生很大变化。原因是在节点下发生的所有决策都取决于它们之上的分裂点！你可以通过将大量树的结果平均在一起来消除一些不稳定性，下一节中你可以看到更多细节。但这样做会失去可解释性，因为现在你正在处理一系列决策树！

另一个问题是决策树不能很好地处理类不平衡的问题。如果这些不平衡类别想最大限度地降低预测准确度，那么其实小部分数据的不良表现不会对模型整体造成太大影响。对此的补救措施是在拟合决策树之前平衡类别。你可以在较大的类中抽样同时保持较小的类不变，或者从较小的类（带替换项）绘制随机样本，创建含有重复数据点的大样本。

最后，因为决策树基于变量的常数值做决策（例如“$x > 0.5$”的决策），所以决策边界倾向于矩形或是由矩形拼凑在一起的组合。它们也倾向于沿坐标轴定向。

现在，让我们看看通过将大量决策树放在一起可以获得的性能提升。

### 9.4.2 随机森林

随机森林利用自助法或称为装袋的技术。这个思想就是你有放回地取一个随机样本（“bootstrap”样本），然后用其训练决策树。你重复这个过程来训练其他的树。

为了预测单个数据点的输出，需要计算每个决策树的输出。将结果平均（“聚合”它们）就成了模型输出。

由于决策树对样本的敏感性，我们希望能对所有不同的树都进行很好的采样，并且可以通过对这些树进行平均来平均化这种可变性。

当你将随机变量平均在一起时，平均误差会随着样本数量的增加而减小，如 $\sigma_{\mu}^{2} = \sigma^{2} / N$，其中 $\sigma_{\mu}^{2}$ 是均值的方差，$\sigma^{2}$ 是输出变量的方差。这对于独立样本来说是正确的，但对于相关样本，情况就略有不同了。

当你使用 bootstrap，你可以将每个数据样本视为随机样本，从而得到决策树的随机输出（在对该样本进行训练之后）。如果你想了解随机森林输出结果的方差如何随着树的数量增加而减少，你可以看一下这个方差公式。但不幸的是，这些树的输出结果不是独立的，每个 bootstrap 样本都从同一个数据集中提取。你可以假设[12]如果树的输出结果之间的相关性为 $\rho$，那么输出结果的方差如下：

$$\sigma_{\mu}^{2} = \rho\sigma^{2} + \frac{1-\rho}{N}\sigma^{2} \tag{9.14}$$

这意味着当你增加树的数量 $N$ 时，方差不会像独立样本那样持续降低。它能降低到的最小值是 $\rho\sigma^{2}$。

然后你可以通过确保树的输出结果尽可能不相关来做到最好。一个常见的技巧是在训练每棵树时对输入特征的子集进行抽样。这样，每棵树都倾向于使用稍微不同的特征子集！

另一个技巧是尝试通过迭代过程强制树之间独立：在训练每棵树之后，让下一棵树预测前一棵树训练剩下的残差。重复该过程直到终止。这样，下一棵树就会了解前一棵树的缺陷！此过程称为提升，可以让你将弱学习算法转换为强大的算法。这种技术在许多算法中被使用，但没有在随机森林中使用。在某些情况下，当添加足够的弱学习器时，表现可以胜过随机森林。

现在让我们看看如何实现随机森林回归。让我们采用和以前一样的数据，但添加一些噪声。我们将同时尝试决策树和随机森林，看看哪个在测试集上有更好的表现。

首先，让我们生成新数据，添加一些从高斯分布中提取的随机噪声 $\varepsilon$。该数据绘制在图 9-18 中。

现在你可以在此数据上训练随机森林和决策树。将数据随机划分为训练集和测试集，然后在训练集上训练决策树和随机森林。你可以从随机森林中的一个决策树开始。

```
from sklearn.model_selection import train_test_split
from sklearn.ensemble import RandomForestRegressor
from sklearn.tree import DecisionTreeRegressor

x_train, x_test, y_train, y_test = train_test_split(x, y)

decision_tree = DecisionTreeRegressor()
decision_tree = decision_tree.fit(x_train.reshape(-1, 1), y_train)

random_forest = RandomForestRegressor(n_estimators=1)
random_forest = random_forest.fit(x_train.reshape(-1, 1), y_train)
```

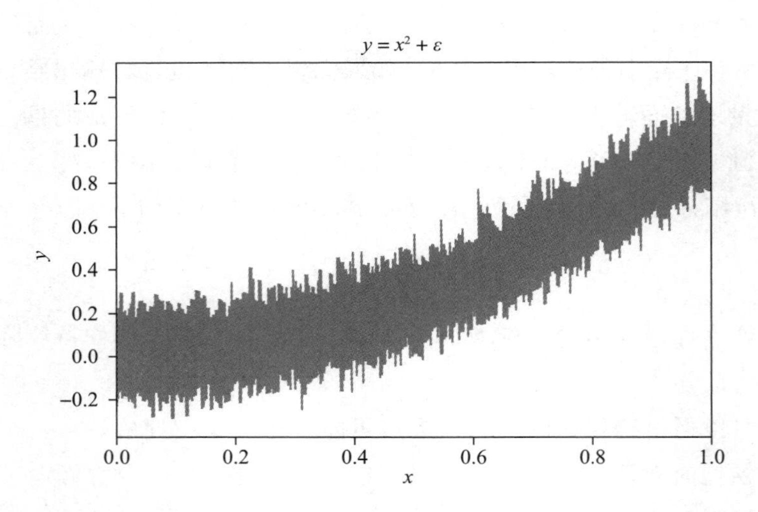


图 9-18 将噪声添加到函数 $y = x^2$。目标是拟合每个 $x$ 的均值，或者是 $E[y \mid x]$

然后你可以通过比较每个模型的 $R^2$ 来在测试集上测试模型表现。你可以这样计算决策树的 $R^2$：

```
decision_tree.score(x_test.reshape(-1, 1), y_test)
```

这样计算随机森林的 $R^2$：

```
random_forest.score(x_test.reshape(-1, 1), y_test)
```

决策树的 $R^2=0.80$，只有一棵树的随机森林的 $R^2=0.80$。它们的表现几乎相同（更小的小数点后位数字是不同的）。当然，随机森林可以拥有的不仅仅是一棵树。让我们看看在增加树时它的表现是如何改进的。由于随机森林通过 bootstrapping 训练，因此你需要测量这些估计值的误差范围。

```
scores = []
score_std = []
for num_tree in range(10):
    sample = []
    for i in range(10):
        decision_tree = DecisionTreeRegressor()
        decision_tree = decision_tree.fit(x_train.reshape(-1, 1),
                                          y_train)

        random_forest = RandomForestRegressor(n_estimators=num_tree\
                                              + 1)
        random_forest = random_forest.fit(x_train.reshape(-1, 1),
                                          y_train)
        sample.append(random_forest.score(x_test.reshape(-1, 1),
                                          y_test))
    scores.append(np.mean(sample))
    score_std.append(np.std(sample) / np.sqrt(len(sample)))
```

你可以使用此数据画出图 9-19。当一棵树变成两棵树时，性能会急剧上升，但之后不会增加很多。在这个例子中，模型表现稳定在五六棵树周围。

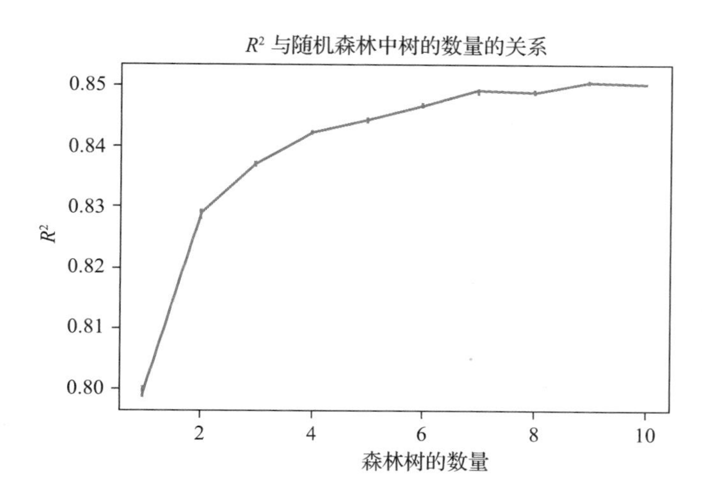


图 9-19 可以看到，随着随机森林（树的数量）的复杂度增加，你可以更好地拟合数据（$R^2$ 增加）。有一个消失的回归点，七棵树以上的森林似乎没有比七棵树的森林表现好很多

你可能已经预料到了这种结果。由于我们添加的噪声，数据集中存在无法解释的噪声。你不太能够比 $R^2 = 0.89$ 表现更好了。除了这些，你也会受到其他因素的限制，例如在拟合模型时被代入的一些业务规则以及森林中树之间的相关性。

## 9.5 结论

在本章中，你了解了用于回归分析的基本工具。你学习了如何根据数据选择模型以及如何拟合模型。你看到了一些含有上下文的基本示例以及如何解释模型参数。你现在应该对自己构建基本模型感到适应了！

第 10 章

# 分类和聚类

## 10.1 引言

分类算法解决了将项目分类的问题。给定一组由特征 $X$ 组成的样本集合 $N$，和一组类别集合 $C$，分类算法回答了问题“每个样本最可能的类别是什么？”

聚类算法拿到一组对象，利用距离接近的概念，使用一些标准将对象组合在一起。聚类算法回答了问题“给定对象集合与对象之间的关系，为满足特定目标，将它们汇聚成组或*集群*的最佳方式是什么？”在 k 均值聚类的情况下，这个目标可以是组的紧凑性。在模块度优化的情况下，这个目标是确保连接更多地属于组。

在这两种情况下，映射的范围都是离散的。两种算法都可以处理向量输入。其中一个主要差异是聚类通常是*无监督的*，而分类通常是*有监督的*。在监督学习的情况下，你有一组输入特征和预期输出结果。通过调整模型，在训练集上将每一项映射到预期输出。这与无监督学习的情况形成对比。无监督学习拿到每项特征，但没有预期输出。相反，你会试着学习最自然的且基于特征将各项组合在一起的映射。我们将介绍几种不同的算法，所以会更详细地介绍这一点。

我们将使用的分类示例来自医学试验。你有一个测试结果的值，它是一个真实值（比如化学品的浓度），我们要看是否某种条件存在（一个“阳性”测试结果）或不存在（一个“阴性”测试结果）。你有很多过去的数据，可以看到有一个模糊的边界：虽然较高的测试值往往呈阳性结果，但也有许多阴性的测试值比阳性测试值还高。我们可以构建的最佳测试是什么？你如何平衡假阳性（当条件不存在时认为测试是阳性的）和假阴性（当条件存在时未能检测到）？

逻辑回归将是一个说明性的例子。我们将带你了解它，在轻松的氛围下了解这些细微的差别，然后介绍朴素贝叶斯，这是一种更独立于模型的方法。然后我们将转向 K-Means，这是我们的第一个聚类方法，并讨论更多地在图上操作的聚类方法。

最后，我们将不拘泥类别的概念并讨论最近邻方法。

## 10.2　逻辑回归

我们来看看准备检测的小型药物实验数据。用 $x$ 轴表示化学品的浓度，$y$ 轴表示是否产生反应，没有记为 0，有记为 1。如图 10-1 所示。我们将数据标准化，因此 $x$ 的平均测试结果 $x_1=0$ 。

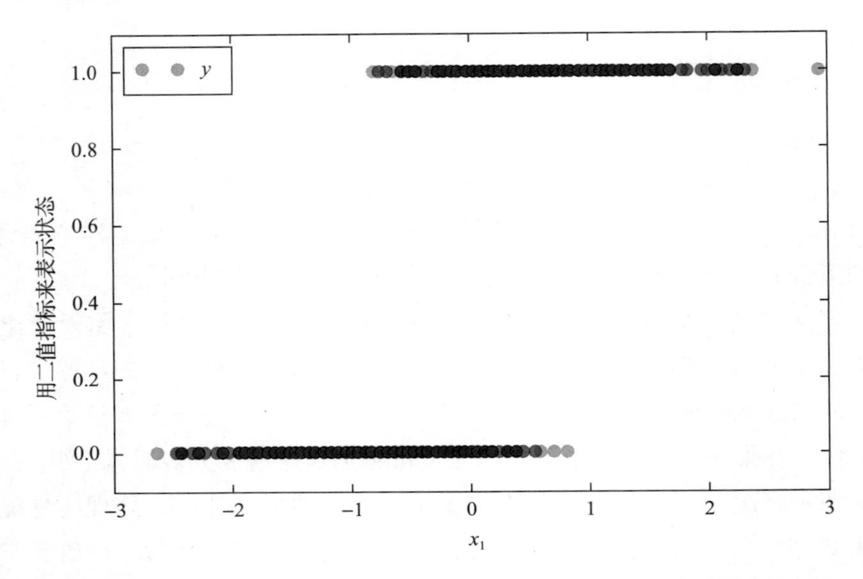


图 10-1　一些来自于小型药物检测实验的数据。$x$ 轴表示化学品浓度，$y$ 轴表示是否发生反应。从图中可以看到平均测试结果中有很大一部分重叠区域

从图中可以看出你面临一些选择。尽管这是一个极端案例，但这种权衡是诊断测试中我们需要慎重考虑的。我们可以认为当 $x_1>-1$ 时测试结果为阳性，它包含了所有为阳性的结果，但同时也存在阴性样本被归为了阳性的情况。或者说当 $x_1>1$ 时测试结果一定为阳性，这时候确实所有结果都为阳性，但同时也有一些阳性样本被归为了阴性样本。或者将分界值设为 −1 到 1 之间，会得到假阳性和假阴性的混合结果。

但不管如何设置阈值，我们都可以计算出所有真阳性、真阴性、假阳性和假阴性的个数。我们需要的是所有这些结果可能出现的概率，然后再确定一个值作为分界。在机器学习中，这些分界被称为*决策边界*。

逻辑回归是一种分类技术，它给出了样本属于哪种类型的概率，我们将阳性简称为 $P$（positive），阴性简称为 $N$（negative）。逻辑函数表达式定义为：

$$\text{logit}(x)=\frac{e^x}{1+e^x} \quad (10.1)$$

由于逻辑函数取值始终在 0 到 1 之间，因此我们将输出结果解释为概率。一般来说，逻辑回归更适合拟合多变量，并且符合线性模型。当有 $k$ 个变量时，可以把 $x$ 换成更通用的形式，如下式：

$$y=\text{logit}(\beta_0+\beta_1 x_1+\beta_2 x_2+\cdots+\beta_k x_k) \quad (10.2)$$

在一维空间中，逻辑函数用于给出数据点属于每个类的概率。当属于某一类的概率大于 $p=0.5$ 时，我们认为该样本属于这一类。如果你在上图中画出 $p=0.5$ 的线，那么会恰好落在 $x_1=0$。让我们看一下逻辑函数在这份数据上的拟合，如图 10-2 所示。

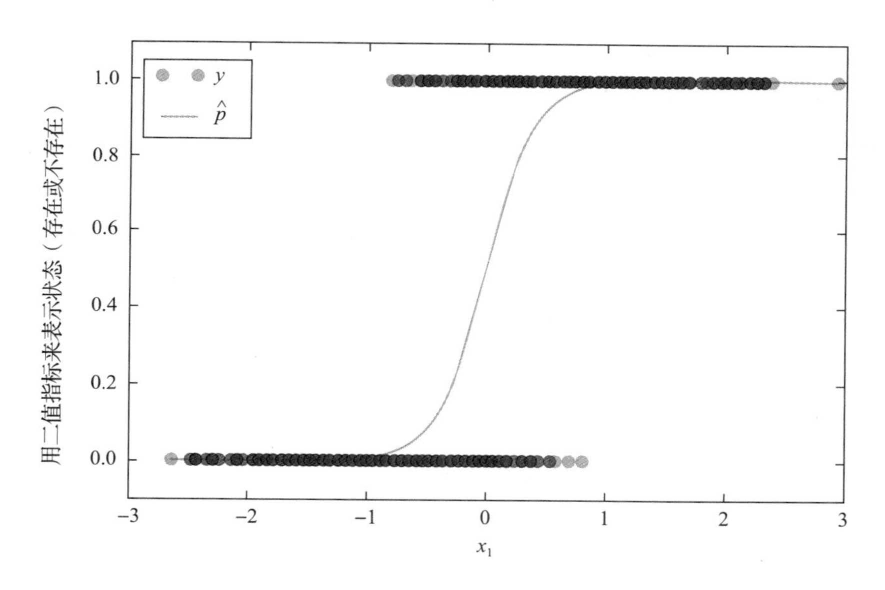


图 10-2 此数据上拟合的逻辑函数。逻辑回归的决策函数为 $\hat{p}=0.5$，且输出结果为概率，即给定 $x_1$ 的情况下 $y=1$ 的概率

在决策边界上，任意样本落到任何一类的概率都是 0.5。如果回头看我们之前提到的阈值，当 $x_1=\pm1$ 时，逻辑函数在 $x_1=-1$ 处的 $\hat{p}=0$ 和在 $x_1=1$ 处的 $\hat{p}=1$ 可以看到这两个阈值已经对应了非常确定的 $y$ 值。这中间的重叠区域就由逻辑函数来过渡。过渡区域的宽度与数据拟合并由模型参数控制。如果 $x_1$ 足够充分预测 $y$ 值，那么重叠次数会减少，两者的过渡会更清晰。

现在，让我们来评估模型的表现。你可能已经感受到了如果两种类型的重叠结果越多则预测能力越差。在两者完全重叠的情况下，$x_1$ 对于区分这两个类别没有任何用处：它们既属于 $P$ 也属于 $N$。

有一些评估指标看上去很有用却充满了欺骗性。我们把真阳性（预测为正的正样本）称为 tp，真阴性称为 tn，假阳性称为 fp，假阴性称为 fn。所有的正确样本 $c = \mathrm{tp} + \mathrm{tn}$，总样本 $N = \mathrm{tp} + \mathrm{fp} + \mathrm{tn} + \mathrm{fn}$。正确分类的比例被称为准确率，为 $c / N$。

为什么准确率具有欺骗性？考虑一下“类不平衡”的情况：数据中 95% 的例子都是阳性，5% 是阴性。然后，如果你的分类器将所有数据都分配阳性标签，它也具有 95% 的准确率！在我们的示例中，当决策边界低于 $x_1$ 的最小值时就是这种情况。很明显，这个分类器对 $x$ 值一无所知，只是利用不平衡的 $y$ 值来获得高准确率。你需要一个指标来告诉你是否分类器真的学习到了些什么。

让我们想一想在这个例子中提高决策边界时真阳性率 $tp / (tp + fn)$ 和假阳性率 $fp / (fp + tn)$ 会如何变化。如果边界位于 $x_1 = x_{\text{decision}}$ 且 $x_{\text{decision}}$ 低于所有测量的 $x_1$，那么所有值都被归类为阳性。真阳性率是 100%，但假阳性率也是 100%。反过来说，它们都是 0%。通常，这些会随着你将决策边界从较低的 $x_1$ 增加到较高的 $x_1$ 而变化。

如果你随机猜测“阳性”的概率为 $p$，会发生什么？$p = 1$ 或 $p = 0$ 给出的结果与前面提到的两种情况相同！平均来说，$p = 0.5$ 给出了真阳性的一半，所以你会得到一个真阳性率 0.5。假阳性也是如此。你可以将同样的逻辑应用到所有的 $p$ 值上，并且发现一个只是用概率 $p$ 猜测“阳性”的分类器将给出平均为 $p$ 的真阳性率，同时假阳性率也为 $p$。如果在图中绘制真阳性与假阳性之比，你会看到随机猜测的分类器落到 (0, 0) 到 (1, 1) 的 45 度线，如图 10-3 所示。这条曲线下的面积越大越好，为 0.5 的区域代表随机猜测。该曲线的名称是接收者操作特征（Receiver Operator Characteristic，ROC）曲线，来自其使用 RADAR 进行物体检测的历史记录。

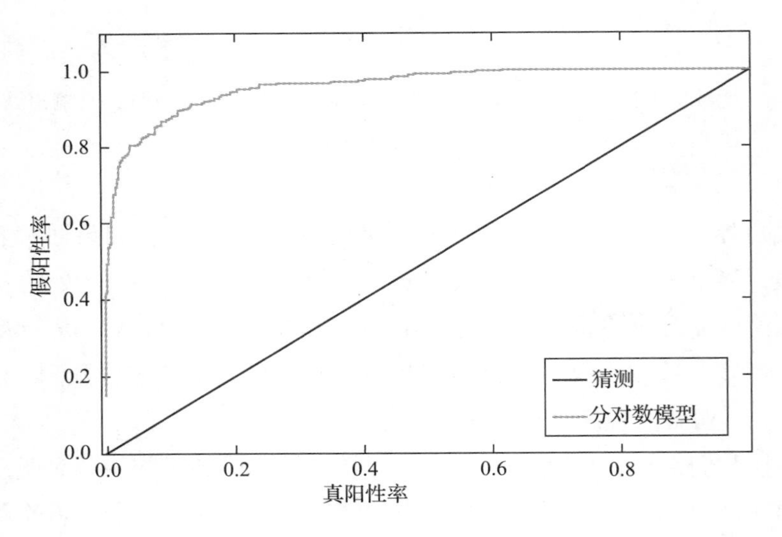


图 10-3　当改变决策边界时逻辑回归模型相对于随机猜测如何变化

ROC 曲线下的区域（auroc）有另一个很好的解释。这是分类器将随机的阳性例分配给阳性类的概率高于阴性类的概率。你可以将此视为区分阳性和阴性情况的能力！

当你有两个独立变量时，用一条线而不是点 $x_1 = x_{\text{decision}}$ 作为决策边界。线的一侧所有点属于 $P$ 类的概率都可能高于 $p = 0.5$，另一侧的所有点都可能低于 $p=0.5$。

正如线性回归参数对每单位自变量的变化在因变量中的变化具有良好解释一样，逻辑回归系数也有有意义的解释。让我们考虑将 $x_1$ 的值改为 $x_1 + 1$。$y$ 的预测值是这样：

$$P\left(Y = 1 \mid X_1 = x_1 + 1\right) = \frac{e^{\beta_0 + \beta_1 (x_1 + 1)}}{1 + e^{\beta_0 + \beta_1 (x_1 + 1)}} \tag{10.3}$$

你可以通过将 $P(Y = 1 \mid X_1 = x_1)$ 与 $P(Y = 0 \mid X_1 = x_1) = 1 - P(Y = 1 \mid X_1 = x_1)$ 相除得到 $y = 1$ 的发生比（尝试自己推一推代数式！）

$$\frac{P(Y = 1 \mid X_1 = x_1)}{P(Y = 0 \mid X_1 = x_1)} = e^{\beta_0 + \beta_1 x_1} \tag{10.4}$$

那么你可以看到当你在 $x_1$ 中增加 1，你就在最后的发生比中增加了一个 $e^{\beta_1}$ 的因子！

$$\frac{P(Y = 1 \mid X_1 = x_1 + 1)}{P(Y = 0 \mid X_1 = x_1 + 1)} = e^{\beta_0 + \beta_1 (x_1 + 1)} = e^{\beta_0 + \beta_1 x_1} e^{\beta_1} = e^{\beta_1} \frac{P(Y = 1 \mid X_1 = x_1)}{P(Y = 0 \mid X_1 = x_1)} \tag{10.5}$$

这是你的解释：如果你将 $x_1$ 增加一个单位，你将增加 $e^{\beta_1}$ 单位 $y = 1$ 的概率！如果，例如，$e^{\beta_1} = 2$，那么将 $x_1$ 增加 1 个单位将使 $y = 1$ 的概率增加 2 倍。

| 逻辑回归总结 | |
|---|---|
| 算法 | 逻辑回归预测线性组合特征的二元结果。给定特征可用于估算结果的可能性概率，尤其在不期望强大特征交互时最佳 |
| 时间复杂度 | 在 $N$ 个数据点的情况下使用 SGD 训练时为 $O(N)$。用牛顿法进行每次迭代时为 $O(NK^2)$ |
| 内存考虑 | 当存在稀疏特征时，特征矩阵会变大！尽可能使用稀疏编码 |

### 10.2.1 假设

给定类别 $K$ 的概率，给定维度为 $C$ 的特定输入，由于结果是二元的，所以集合遵循伯努利分布。分类器的范围是数据集的元素属于 $K$ 的概率。假设 K 中的成员由 $C$ 决定。

### 10.2.2 时间复杂度

预测是线性的。训练的时间复杂度取决于算法。随着随机梯度下降，$N$ 个训练样例的时间复杂度为 $O(N)$。对于迭代重加权最小二乘法，使用牛顿方法每次迭代为 $O(NK^2)$。最大可能性取决于你使用的拟合方法，参见文献［13］了解详情。

### 10.2.3 内存注意事项

通常使用线性回归算法，你会将分类变量编码为“哑变量”，其中具有 $C$ 个类别的变量将映射成 $(C-1)$ 个二进制变量（加上 $y$ 截距）。通过这种编码，$N$ 个值变为了 $(C-1)N$ 个值。快速增加的存储值主要都是零，因为对于一个数据点来说，在 $(C-1)$ 列中仅仅只有一列是非零的（当类别唯一的时候）。因此，你通常希望对输入数据使用稀疏编码，使用 `scipy.sparse` 模块。

### 10.2.4 工具

Scikit learn 在 `sklearn.linear_model.LogisticRegression` 上有一个实现。注意，此实现会默认正则化，因此会为回归系数提供有偏（收缩）估计值。Statsmodels在 `statsmodels.discrete.discrete_model.Logit` 上有一个实现。当你需要无偏模型参数以及误差估计时，我们建议你使用此实现。MLPACK（www.mlpack.org/）在 `mlpack :: regression :: LogisticRegression` 上实现了逻辑回归。

## 10.3 贝叶斯推断与朴素贝叶斯

Logistic 回归对于二元分类问题很有用。它恰好在不平衡类上表现得很健壮，并且它产生可解释的结果。一个缺点可能是它依赖于线性决策边界。它保持了统计效率以及简单性，但丢失了通用性。你可能希望摆脱在这方面的权衡，转向适用于多分类的方法。朴素贝叶斯是一个典型的例子。它通常用于垃圾邮件过滤，并且在高维特征空间中表现良好。

基本上，给定一组特征 $X$，属于特定类的元素 $Y=i$ 的概率如下：

$$P(Y \mid X) \tag{10.6}$$

贝叶斯定理有如下公式：

$$P(A \mid B)=\frac{P(B \mid A)P(A)}{P(B)} \tag{10.7}$$

这使你可以按如下方式为 $k$ 个特征重写等式：

$$P(Y \mid X)=P(X \mid Y)P(Y)/P(X) \tag{10.8}$$

然后，如果你假设特征彼此独立（给定 $Y$），你可以写成如下公式：

$$P(Y=1 \mid X=x)=\frac{P(Y=1)}{P(X=x)} \prod_{i=1}^{k} P(X_i=x_i \mid Y=1) \tag{10.9}$$

现在你需要一些更详细的例子来获得更多直觉。如果将分类器用作垃圾邮件过滤，那么 $Y=1$ 表示文件是垃圾邮件，$Y=0$ 表示它不是垃圾邮件。不同的 $X_i$ 是二进制变量，表示特定词组是否在文件中出现（或不出现）。例如，$X_{100}=1$ 表示狗这个词在文件中出现，而 $X_{100}=0$ 表示没有。

测量 $P(X_i=1 \mid Y=1)$ 很容易，它是训练集中包含术语 $X_i$ 的垃圾邮件的比例。测量 $P(Y=1)$ 也很容易，它是训练集中所有文件中垃圾邮件的比例。困难的是测量 $P(X=x)$。这是训练集中含有单词向量 $(X=x)$ 的文档的比例。通常，没有两个文件具有相同的单词向量，并且也不能期望所有单词向量都被有限的训练数据样本穷尽。对于只有 100 个单词的词汇表，你需要 $2^{100}=1.3\times10^{30}$ 个数据点才能穷尽所有组合。还是当它们都出现一次时才会这样！

你不应该估计这个词组，你应该意识到对于一个固定的 $x$ 是不会变的。如果你只想估计 $x$ 的类，实际上并不需要概率。你只需要对这些类别排序。通过将 $P(X=x)$ 视为未知常数，你可以将 $x$ 分类为最有可能属于的类。可以用“似然”函数，如下所示：

$$\mathcal{L}(Y=y_j)=P(Y=y_j)\prod_{i=1}^{k} P(X_i=x_i \mid Y=y_j) \tag{10.10}$$

注意你没有该文档的数据（因为其中没有单词！），你只得到 $L(y_j)=P(Y=y_j)$。当你添加数据时，每个词组都会或多或少地通过 $P(X_i=x_i \mid Y=y_j)$ 的因子使结果成为不同的类。这给了这些词组一个很好的解释。它们告诉你文档落入类 $y_j$ 的可能性是多少。如果该项等于 1，那就不会改变这种可能性。如果它大于 1，它会使得类别 $y_j$ 更有可能，如果它小于 1（它总是正数），它就会降低成为这类的可能性。

你可以使用类似的评估策略来查看逻辑回归分类器在每个类别上的执行情况。你可以调整类之间的似然比，而不是调整截止概率。

对于像朴素贝叶斯这样的多分类模型，另一个有用的评价技巧是“混淆矩阵”。你可以将任何类错误分为任何其他类，而不仅仅是真或假的阳性和阴性。一般而言，如果它们共享同样的重要词组的话，某些类往往会更频繁地被归为其他类。这会在文档分类中发生。

如图 10-4 所示，你可以得到假设的新闻分类问题的输出结果。沿着对角线，你可以看到预测类是真正类的项。非对角元素中的项越多，分类器的表现就越差。这里你可以看到分类器难以区分名人文章和娱乐文章。据推测，这是因为大多数名人文章都包含名人的名字以及其他对于区分娱乐文章也很重要的特征。

| | Pred.News | Pred. Entertainment | Pred. Celebrity |
|---|---|---|---|
| **True News** | 40 | 5 | 2 |
| **True Entertainment** | 3 | 16 | 10 |
| **True Celebrity** | 1 | 13 | 20 |

图 10-4 改变决策边界时，逻辑回归模型相对于猜测的表现

| 朴素贝叶斯总结 | |
|---|---|
| 算法 | 朴素贝叶斯非常适合对类别特征的分类。垃圾邮件检测是一种典型的应用 |
| 时间复杂度 | $N$ 个数据点，$K$ 个类别的情况下为 $O(KN)$ |
| 内存考虑 | 当存在稀疏特征时，特征矩阵会变大！尽可能使用稀疏编码。还需要为每个类别维护一个大的特征计数查找表。进行合适的预处理以尽量减少特征或类的数量 |

### 10.3.1 假设

该模型的主要假设是给定项目分类时特征集的条件独立性，或者对于特征 $X_i$、$X_j$ 以及类别 $Y$ 来说 $P(X_i \mid Y, X_j) = P(X_i \mid Y)$。参考后面贝叶斯网络的部分会对条件独立有更直观的认识。注意，条件独立并不意味着独立性。假设你知道类别，并且每个特征都独立于其他特征。特征仍然可以在统计上表现出相互依赖！

### 10.3.2 复杂度

当执行 $c$ 个类别时该模型的时间复杂度为 $O(c)$，这让计算速度非常快。$N$ 个样本输入时，训练需要的时间复杂度为 $O(cN)$。

### 10.3.3 内存注意事项

此方法需要查找表，以查找给定特征被分配给特定类的概率。这意味着你应该打算至少存储 $ck$ 个元素，其中 $k$ 是特征的数量。

### 10.3.4 工具

Scikit learn 在 `sklearn.naive_bayes` 中有一个很棒的朴素贝叶斯模块。在其软件包文档中还包含对该主题非常深入且实用的讨论。还有像 `sklearn.naive_bayes.MultinomialNB` 这样的多维推论。你可以在线或离线训练它们。

朴素贝叶斯的另一个很棒的工具是 https://code.google.com/archive/p/naive-bayesclassifier / 上的 Google 项目，它可以在运行时添加新数据。

## 10.4 K-Means

朴素贝叶斯和逻辑回归在你已经有了标签数据 $Y$ 的情况下做分类是很好用的。但是如果没有标签，你又可以做什么呢？标签就是你告诉算法一个数据例子是怎样的，从而调整算法的行为的一种方法。这种从数据的自变量和因变量例子中学习的方式称为有监督学习。当你没有这些带标签的例子，只有自变量时，你就是在做“无监督”学习。

在无监督学习中，你通常希望你在数据中发现的任何结构对你的应用程序来说都是有用的，但是往往没办法保证真的就是这样的情况。当你学习了无监督学习算法时，你就会发现这是一个经久不衰的主题。

第一个这样的算法是一个分类算法。其目标是获取一组自变量，并将它们映射到类似的数据点的组中。直观地说，你实际上是在寻找数据点的“簇”，就像你可以在视觉上识别出来。让我们看看图 10-5 中的一个例子。

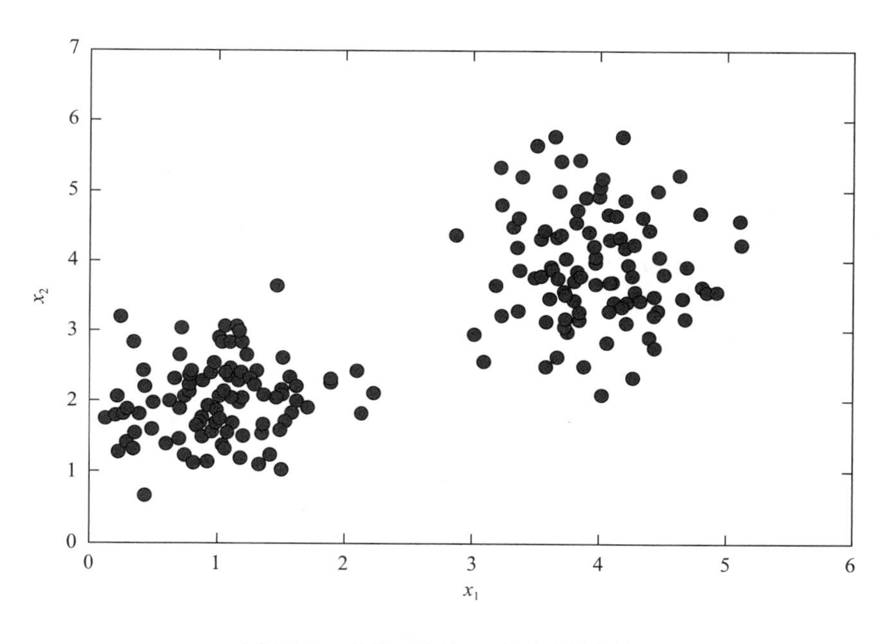


图 10-5 服从两个高斯分布的混合体

这个数据是两个高斯分布数据的混合。你希望能够自动标记这些点，看它们来自哪个高斯分布。你可以通过视觉很直观地做到这一点，但是你需要让这个过程自动化。在更高的维度中手动标记点会有很多问题！你可以很容易地运行 sklearn 的 KMeans 模型，就像这样：

```
1 from sklearn.cluster import KMeans
2 model = KMeans(n_clusters=2, init='k-means++', n_init=1)
3 model = model.fit(X[['$x_1$', '$x_2$']])
4 X['predicted'] = model.predict(X[['$x_1$', '$x_2$']])
```

然后，将结果绘制出来也非常简单，如下所示：

```
1 color = ['red' if yi else 'blue' for yi in X['predicted']]
2 X.plot(x='$x_1$', y='$x_2$', kind='scatter',
3        color=color, xlim=(0,6),
4        ylim=(0,7), legend=False); pp.ylabel('$x_2$')
```

这就得出了图 10-6。如果你将之前的分类与实际的得到簇进行比较，会发现它们都是正确的。

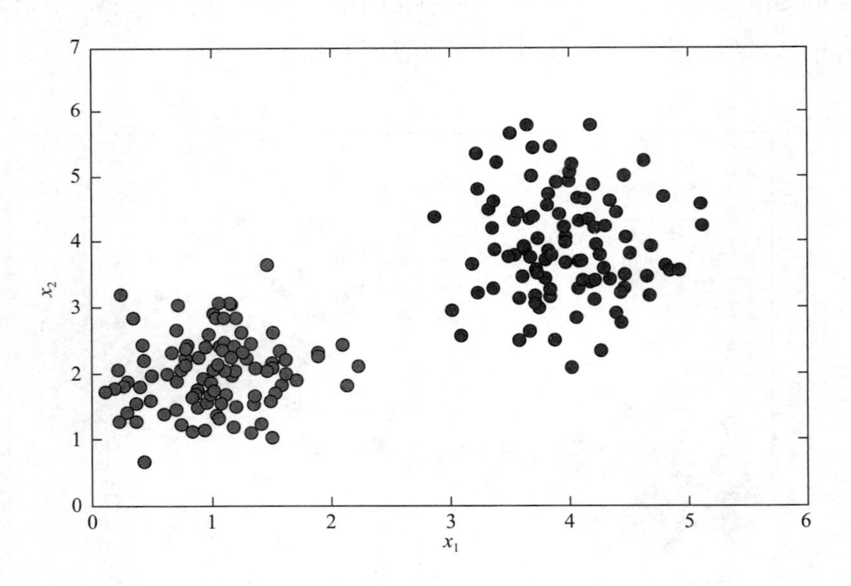


图 10-6　服从两个高斯分布的混合体

为了描绘 K-Means 是怎么工作的，让我们想象一下，随机选取一些点 $k_i$ 放到图中作为随机数据点的中心。然后你问，对于每个点 $x_i$ 来说，“这些随机放置的点中，哪个离 $x_i$ 最进？”。你用最靠近 $x_i$ 的 $k_i$ 来做标签。然后通过不同的组标签得到每组的平均中心位置。这些平均位置就变成了新的 $k_i$，接着你重复这个过程直到点的标签不再变化。

在许多实现中，使用 K-Means++ 初始化选项改进了随机初始化。与完全随机选择初始簇中心的方法不同的是，它是按顺序选择的。在每一轮中，一个数据点被选择作为簇中心初始位置的概率随与其他簇中心的距离成比地增加。直观地来说，这样做的效果是为了确保簇中心彼此的起点相距更远，并且在算法收敛之前，它更有在算法收敛之前减少迭代次数的趋势。

K-Means 很擅长寻找簇。擅长到即使没有簇也能给你找出簇！图 10-7 展示了在没有多个簇的高斯分布的随机数据上运行 5 个簇中心后的 K-Means 算法的输出。

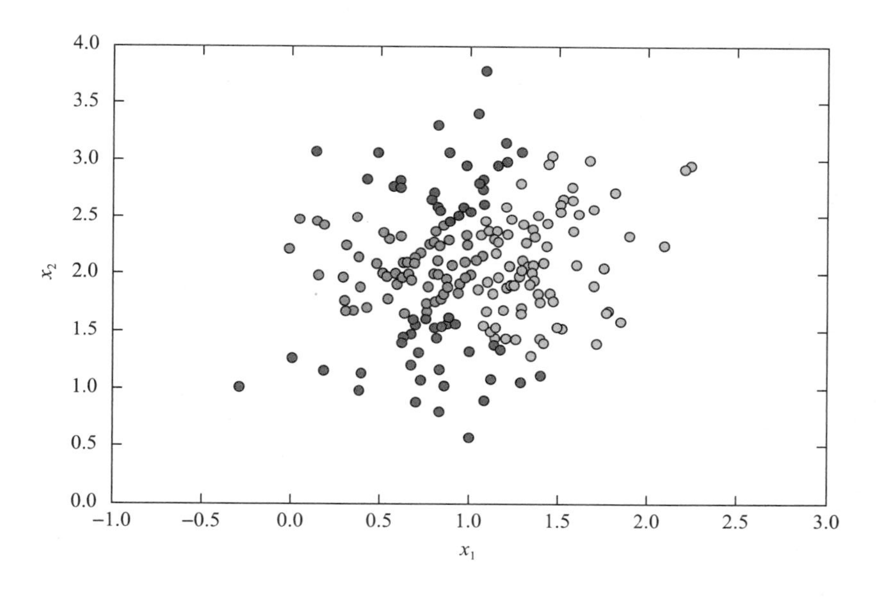


图 10-7　在没有簇的地方使用 K-Means 聚出来的类

这实际上是一种有用的功能。如果你想将你的数据划分为相邻的离散数据点组，那么这是一个非常好的方法。例如，情况可能是你想针对一组用户推荐文章，其中数据点是不同用户的属性。你不需要为每个用户存储一组推荐建议，而是可以将它们划分为相似用户的小组，每个小组只存储一个推荐集。

| K-Means 总结 | |
|---|---|
| 算法 | K-Means 算法适用于自动发现聚类数据中的簇。如果数据没有簇也会找出任意的簇 |
| 时间复杂度 | 最差的情况是 $N^{n+2/k}$，其中 $N$ 是数据点数，$k$ 是数据的特征数，并且 $n$ 是簇数。平均的情况是 $O(Nn)$。如果使用 K-Means++ 初始化得到，可以快很多 |
| 内存考虑 | 这算法内存使用效率相当高！你通常不会把它应用到标签化特征上（尽管你可以），所以稀疏方式不是一个好的优化考虑 |

### 10.4.1 假设

我们的假设是你知道数据点中有多少组。如果这不满足，你仍然可以找到簇，但是它们没有真正的意义。例如，如果你对高斯分布数据运行 K-Means，那么你将成功地对高斯进行分簇，但是簇将不对应任何你自然地从原始数据中识别为簇的内容。

此外，你还要假设数据可以用混合高斯来表示。当簇是不规则形状时，算法的表现会很糟糕。

### 10.4.2 复杂度

对于 $n$ 个簇中心、$N$ 个数据点和 $k$ 个特征，平均时间复杂度是 $O(Nn)$。最差的情况的复杂度是 $O(N^{n+2/k})$ [14]。

### 10.4.3 内存注意事项

K-Means 真的仅仅需要存储簇中心，所以内存使用是高效的。

### 10.4.4 工具

Scikit Learn 在 `sklearn.cluster` 里有一个很好的 K-Means 实现，如之前的例子所示。

## 10.5 最大特征值

在 K-Means 中，在特征空间里我们有了“邻近”的概念。用这种邻近来测量距离就可以给不同的组分配点。如果你没有一种方法来测量一个特征空间中的邻近程度呢？如果你只能说两个点有多近，但是没有它们所在位置的特征空间的概念，又该怎么办呢？然后你仍然可以使用 K-Means 来执行初始化和赋值步骤，但是你不能更新簇中心，不能在这样的情况中运行该算法。

你真正拥有的是一组对象和对象之间的一组连接强度。这就定义了一个图，$G=(V,E)$，其中 $V$ 是对象集，$E$ 是连接集。

为了更具体地说明，我们将使用网络科学文献中的一个例子 [15]。想想立法会议的成员吧，比如美国参议院。如果两个参议员一起提出某项法案，我们会说他们的联系强度是 1。如果他们没有这样做，我们会说他们的联系强度为 0。我们将引入参议员 $i$ 和参议员 $j$ 之间连接的概念 $A_{ij}$。对于总共 $N$ 个议员来说，议员 $i$ 的总连接数为

$k_i = \sum_{j=1}^{N} A_{ij}$，并且整个参议院的总连接数为 $m = \frac{1}{2}\sum_{i=1}^{N} k_i = \frac{1}{2}\sum_{i=1}^{N}\sum_{j=1}^{N} A_{ij}$。为什么有一个 1/2 的系数？如果 $i$ 连接到 $j$，那么 $j$ 也连接到 $i$。仅有一个连接但是却在 $A_{ij}$ 和 $A_{ji}$ 都算了一次。为了修正这样的重复计数，我们除以了 2。

你可能会问这样一个问题："你如何安排参议员分成不同的小组，使组内有合作的人最多，各组之间的合作最少。"你可以把这些团体看作是不愿意合作的党派。

这种思想被称为模块度。你是在问如何将国会划分成党派的模块。在这里正式给出模块度的定义[16]：

$$Q = \frac{1}{2m}\sum_{i=1}^{N}\sum_{j=1}^{N}\left[A_{ij} - \frac{k_i k_j}{2m}\right]\delta(c_i, c_j) \tag{10.11}$$

这里，对于议员 $i$ 来说 $c_i$ 贡献了簇标签。$\delta(c_i, c_j)$ 是克罗内克函数。当 $c_i = c_j$ 时，$\delta(c_i, c_j)$ 被定义为 1，反之则为 0。

解释一下公式，给定一个 $i$ 有 $k_i$ 的连接和 $j$ 有 $k_j$ 的连接，$\frac{k_i k_j}{2m}$ 表示一个边在 $i$ 和 $j$ 之间随机存在的概率。即如果你将它们的联系全部打断并将之随机分配，那么在 $i$ 和 $j$ 的期望连接数是 $\frac{k_i k_j}{2m}$。如果你比较 $i$ 和 $j$ 之间边的实际数量 $A_{ij}$，你可以看到这个公式恰好就是在衡量随机选择下 $i$ 和 $j$ 之间有多少个边。

克罗内克函数的效果是让这些边的差异仅仅作用在分配在同一个簇的成对议员上。因此，当所有多余的边出现在分配到同一个簇的成对参议员之间时，$Q$ 的得分最高。如果你有方法可以优化 $Q$，你就有办法回答关于在参议院中找出不同党派的问题！

最大特征值方法优化了这个量，产生了有层次的或者没有连接的节点团。其通过寻找最佳分割点来将两组在一个时间点上分离。这种贪婪实现可以找到一个最终的、相较于最佳实现具有更低模块度的结果。但是其在实际应用中更快更好用。如果你有一个网络图，如参议院，并且你真的只关心两党分裂，这将会是你想要的。

我们必须提醒一下，有一系列关于模块度优化的问题在文献［17］和文献［18］已经陈述得很清楚了。首先，对可检测的簇的大小有一个所谓的分辨率限制。即使你通过一条边将一个完全连通图连接到另一个大型完全连通图，由于这个分辨率限制问题，你也可能无法检测到这两个簇团。如果模块包含的边少于 $\sqrt{2m}$ 条，那么其就会在分辨率的限制内。

第二点，模块度不是一个凸函数，它有很多局部最大值，并且这些局部最大值会互相非常接近。我们希望模块度小幅度变化的时候，簇团的分配大致相同。事实并非如此。通常，一个图可以有许多簇团分配，它们具有相同的模块度，但具有非常不同的节点分组。

最后，你可能希望至少模块度是一个有用的，用来比较图与图模块化程度的指标。不幸的是，图越大其模块度会越接近最大值 1。模块度仅适用于比较有相同节点数的图。

| 最大特征值总结 | |
|---|---|
| 算法 | 最大特征值擅长于找到图中分离的两个簇。其在最佳分割点是奇数时表现较差 |
| 时间复杂度 | $O(\|E\|+\|V\|^2 S)$，其中 $E$ 是图中边的集合，$V$ 是顶点集，$S$ 是分割点的数量（最多和顶点数一样） |
| 内存考虑 | 需要在内存中拟合邻接矩阵，这样它就可以与大型的真实图形竞争 |

### 10.5.1 复杂度

最大特征值法的时间复杂度是 $O(|E|+|V|^2 S)$ 其中，其中 $E$ 是图中边的集合，$V$ 是顶点集。而分割点数最多能到顶点数那么多，在实际中其实一般都很小。

### 10.5.2 内存注意事项

你应该至少能够把邻接矩阵存在内存中两次，以确保快速计算。

### 10.5.3 工具

igraph 包很好地实现了这个算法。官方参考文档可以在 http://igraph.org/ 找到。有 C 语言的实现，提供了绑定实现 Python 和 R 语言的接口。

## 10.6 Louvain 贪心算法

最大特征向量簇团监测的想法很好，但是并没有给出在实际中适用的最优结果。一个好的、可实现的算法是 Louvain 贪心算法。它初始化然后分两步进行操作。一开始它会将每个对象自己分一组。

在第一阶段，如果你把每个节点 $i$ 从其簇团移动到另一个与其相连的簇团，簇团分配的模块度的变化可以算出来。在计算完了移动到所有邻居的变化之后，如果有一个簇团你可以把 $i$ 移过去，使得模块度增幅最大（其必然会增加），那么 $i$ 就移动到这个簇团中。你按顺序将这样的过程在所有节点上执行。

在第二阶段，每一个簇团都变成一个节点，然后其中所有的边都变成自连接的边。这样，你将可以避免解构簇团，但仍然允许它们聚合成更大的簇团。你接着把第一阶段在新的网络上再执行一遍，并且重复这个过程直到没有变动。这个算法已经在几百万个节点、几十亿个边上执行过。

| Louvain 贪心算法总结 | |
|---|---|
| 算法 | Louvain 贪心算法是一种很好的模块度优化算法。它有非常快的运行时间，并在大的图上变现得很好 |
| 时间复杂度 | $O(n\log(n))$, $n$ 为节点数 |
| 内存考虑 | 需要在内存中拟合图，这样它就可以与大型的真实图形竞争 |

### 10.6.1　假设

你应该可以把数据表示成加权图。

### 10.6.2　复杂度

很显然对于 $n$ 个节点，运行时的复杂度是 $O(n\log(n))$ 。

### 10.6.3　内存注意事项

你应该能够将图存储在内存中。或者，你可以将图存储在磁盘上，并可以查询最近邻和簇团的统计信息（簇团内和到簇团的所有边）。

### 10.6.4　工具

这个算法很难在 Python 的标准图分析包中找到。你可以在一个在 networkx 上运行的模块 `python-louvain` 上找到。

## 10.7　最近邻算法

因为最近邻算法不是一个分类算法，其应该被经常用于代替聚类。我们认为在这个利用最近邻进行簇团监测背景中把这个算法展示一下很重要。

需要注意的是，通常你的图并不一定有簇。如果你真正想要的是一组相似的对象，你可以通过选择一个对象和其在图中的最近邻来实现。

最近邻通常在一个特征空间上被定义，就如同你之前在 K-Means 中使用的一样。目标是，对于每个特征空间内的对象，找到与之最近的 $k$ 个对象。暴力计算开销很大，所以会有一些近似方法可以运行得更快。

我们先来说说假如你想要找到学校里表现相似的学生。作为老师，你有学生最新的所有测验分数的均值。你也知道他们上次考试以来家庭作业的平均成绩，以及上次考试以来他们缺课的次数。

那么，你拥有的向量的形式就如下所示：

$$\vec{v}=\{\bar{T},\bar{H},A\} \tag{10.12}$$

其中，$\bar{T}$ 是学期平均测验分数，$\bar{H}$ 是作业的平均分数，而 $A$ 是学生缺课的次数。

一个很需要考虑的地方是如何确定两个学生的“邻近”程度。我们这里有一个三维向量，所以很容易在三维空间中可视化欧几里得距离，如图 10-8 所示。

我们可以使用许多距离度量。当你的特征有不同的单位时，像这个例子一样，马氏距离会很好用。

如果你没有特征空间只有对象和对象的相似度，那么在处理集合时，Jaccard 距离或 MinHash 是很好的度量指标。Levenshtein 距离对于词组和句子的相似度来说很好用。最短路径是图的一个很好的度量指标。

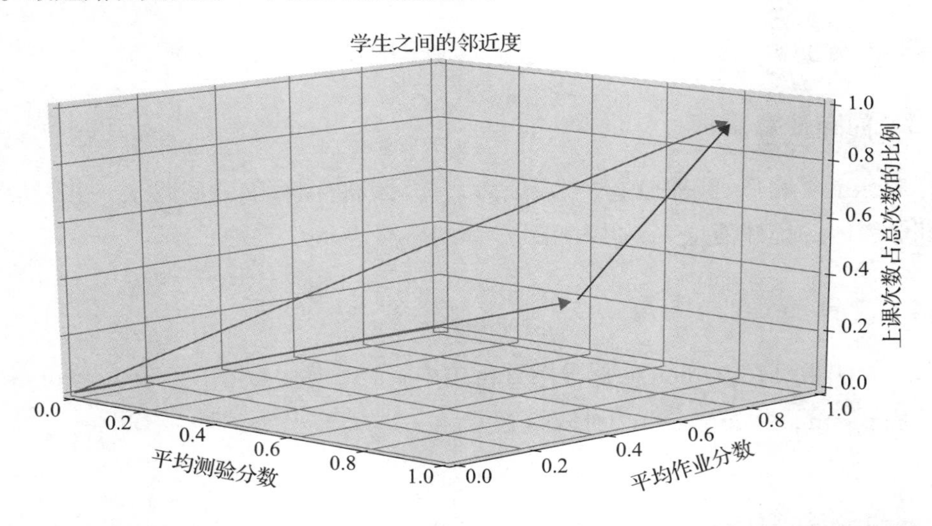


图 10-8　由三维空间里面两个最新的课堂表现度量向量表示的两个学生。你可以通过简单的测量来衡量他们的相似程度，比如用蓝色描绘的欧几里得距离那样

| 最近邻算法总结 | |
|---|---|
| 算法 | 给定一组数据点，最近邻算法查找距离目标点最近的数据点。它非常适合内容推荐、匹配和其他应用 |
| 时间复杂度 | 对于 $C$ 个维度和 $N$ 个数据点，暴力训练的时间复杂度是 $O(CN^2)$。$k$ 维树结构的时间复杂度是 $O(CN\log(N))$，而球形树结构是 $O(CN\log(N))$。暴力查询的时间复杂度是 $O(CN)$，对于 $k$ 维树结构最快是 $O(C\log(N))$，而最差可能比暴力还慢。球形树结构是 $O(C\log(N))$ |
| 内存考虑 | 树和最近邻都需要装入内存，所以通常需要相当大的内存数据存储。这个算法是用于信息检索的，所以需要存储信息 |

### 10.7.1 假设

$k$ 个最近邻囊括了特征和被预测的数量之间的关系。你还假设在特征空间中元素的间距是相对均匀的。

### 10.7.2 复杂度

在 $n$ 维特征空间中找最近邻可以通过 $k$ 维树来大幅优化。

对于 $C$ 个维度和 $N$ 个数据点，暴力训练的时间复杂度是 $O(CN^2)$。$k$ 维树结构的时间复杂度是 $O(CN\log(N))$，而球形树结构是 $O(CN\log(N))$。

对于 $C$ 个维度和 $N$ 个数据点，暴力查询的时间复杂度是 $O(CN)$，对于 $k$ 维树结构最快是 $O(C\log(N))$，而最差可能比暴力还慢。球形树结构是 $O(C\log(N))$[19, 20, 21]。

### 10.7.3 内存注意事项

球形树和 $k$ 维树将元素存在一种类似于 b- 树的 `leaf` 中。随着叶子的大小变大，需要的内存会变少。随着叶子的大小变小，因为更多的节点被创建所以需要更多的内存。

内存中元素的数量被训练集大小相关的一个因素限制，它与 $CN / leaf\_size$ 成正比。

### 10.7.4 工具

Python 中的 `sklearn.neighbors` 有一些很好的用于分类和回归的最近邻的实现。在分类问题中，最近邻被用来给类别“投票”。在回归分析中，被预测量的最近邻均值就是回归的结果。

OpenCV 也有在 C++ 中可用的 $k$ 个最近邻算法的实现，并带有一个 Python 接口。

ANNoy 是由 Spotify 发布的一个具有优秀性能的开源包。预期的使用情况是内容推荐，需要非常快的最近邻搜索，并能容忍近似结果。

## 10.8 结论

在本章中，你探索了几种常见的分类和聚类算法。你可以用这些工具尽情发挥你的创造力。例如，如果你可以创建一个相似性度量方式，那么你就可以创建一个图，其中的边由相似性加权。然后，你可以尝试使用这个相似性度量来对节点进行聚类!

有了所有这些方法，你会想要把你的数据用图表绘制出来，以此探索，看看什么方式是最合适的。如果一个散点图不能展现出很好的聚类效果，你可能就不想用K-Means了。如果一个特征不能帮你在两类标签中进行区分，那么你可能就不想把逻辑回归给考虑进来了。如果在可视化中，一个图没有显著的簇结构，那么你可能就不想过度解释从模块度优化算法中找到的簇。

你也先了解了朴素贝叶斯那样的贝叶斯方法。在接下来的两章中，你将会更加深入研究这些方法，你将建立一些在贝叶斯模型结构之上的直觉，然后看看是不是有一些特定的应用可以用得上。

# 第 11 章

# 贝叶斯网络

## 11.1 引言

图模型是一个很丰富的议题，有很多优秀的书籍专注于此。Koller 和 Friedman 的 *Probabilistic Graphical Models* 深入探讨了这个主题，而 Murphy 的 *Machine Learning: A Probabilistic Perspective* 利用其来教机器学习。图模型为许多用于矩阵分解和文本分析的现代算法提供了强大的框架支持。

图模型是用图形（节点和边）描述的系统模型。每个节点都是一个变量，并且每条边都表示了变量之间的依赖关系。这些模型可以是有方向的也可以是没有方向的。与图一起的，通常还有图中每个变量的概率分布列表。我们将在下一节中系统地介绍所有这些细节。

贝叶斯网络这个术语是由 Judea Pearl 提出的。贝叶斯网络是一种特定的图模型，我们将在本书中重点介绍。Pearl 在贝叶斯网络上构建了一种因果关系理论[22]，他的因果图模型为因果推断提供了强大的现代化框架。要深入理解数据科学中的相关性和因果关系，你就需要了解因果图模型。要了解因果图模型，你就需要了解贝叶斯网络。

我们的目的是介绍足够有关图模型的知识，以便为因果推断的理解提供基础。由于我们能关注的重点有限，我们将先略过一些关于图模型的重要细节，并且最大程度专注于有向非循环图。图模型本身就是一个值得探索的主题，我们鼓励你参加一门课程或参考前面提到的文本来深入研究它们。

我们不会如常见的贝叶斯网络教学一样，我们从因果贝叶斯网络开始。然后，我们将放宽因果关系的假设，并使用你之前培养的直觉来对贝叶斯网络进行广度上的涵盖。我们将从 11.4 节开始，从因果图模型的角度对因果关系进行更彻底的梳理，其中我们将介绍一些因果效应的估计函数。

## 11.2 因果图、条件独立和马尔可夫

在本节中，我们将为贝叶斯网络的理解打下基础。你可能会看到几个有向非循环网络的基本例子，很快你也会培养出一些这方面的直觉。

在第一部分中，你会看到因果图和条件独立之间的一些关系，以及说明两个变量是否是独立的一些规则。

最后，我们将讨论相关性，并深入讨论变量之间的关系类型。我们还将讨论相关性和因果关系的关系。

### 11.2.1 因果图和条件独立

因果贝叶斯网络是描述因果关系的有力工具。我们将每个变量表示为图中的一个节点，并将每个因果关系表示为图中的有向边，从因指向果。用一个例子来说明，想象一个二进制变量 $X_1$，用来描述一个人上下班途中是否发生事故。$X_2$ 是一个二进制变量，表示一个上班的人迟到了几个小时。而 $X_3$ 是一个实值变量，表示当天此人的每小时工资。然后你可以说交通问题导致了人们上班迟到，而上班迟到会导致人们工资的减少。图 11-1 表示了这些因果关系。

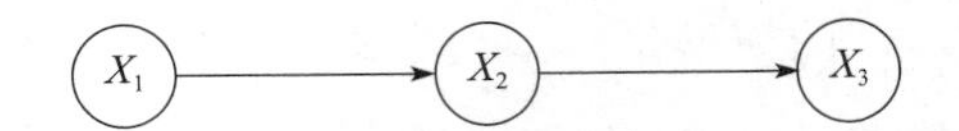


图 11-1 交通状况（$X_1$）导致了迟到（$X_2$），这导致了工资（$X_3$）的减少。不看迟到，交通情况对工资没有直接的影响，并且没有交通和工资的常见因果关系

该图是*有方向的*，因为其指明了因果关系的方向。如果 $A \rightarrow B \rightarrow A$，那么 $A$ 将会和自己有因果关系。因为这个原因，因果图也是*非循环的*。

通过这个例子，你可以直观地得出一些有趣的观点。首先注意到，一旦你知道了一个人是否迟到，那么知道交通情况就不会给你比那天那个人的工资更多的信息。用概率论的术语来说，你可以说 $P(X_3 \mid X_2, X_1) = P(X_3 \mid X_2)$。换句话说一旦你发现 $X_2$ 和 $X_3$ 是独立于 $X_1$ 的，这种独立称之为条件独立。你可以得到（尝试一下吧！）$P(X_3 \mid X_2, X_1) = P(X_3 \mid X_2) \Leftrightarrow P(X_3, X_1 \mid X_2) = P(X_3 \mid X_2)P(X_1 \mid X_2)$。从这个意义上来说，条件独立看起来更像是独立性（之前说的，当前仅当 $P(A, B) = P(A)P(B)$ 时，$A$ 和 $B$ 是独立的）。

条件独立是如何与独立性产生关系的呢？它们之间并没有暗示逻辑关系。你可以在此示例中看到，一般来说 $X_1$ 和 $X_3$ 在统计上是不独立的：在交通流量增加时，人们将获得更低的工资。当且仅当 $P(X_1, X_3) \neq P(X_1)(X_3)$。换句话说，从另一个方向看有点困难，即独立并不意味着条件独立。

再来看看另一个因果图。这里，$X_1$ 是一个二值变量，表示学生是否有良好的社交能力。$X_2$ 是一个二值变量，表示学生是否具有良好的数学能力。$X_3$ 是一个二值变量，表示学生是否被某知名大学录取。这所大学将招收具有良好数学能力或良好社交能力的学生，而在现实生活中，人们的数学和社交能力是没有相关性的。图 11-2 展示了该图。

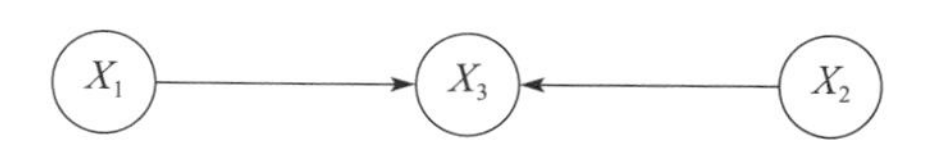


图 11-2　数学能力（$X_1$）或者社交能力（$X_2$）是大学准入（$X_3$）的需求。这两个能力在一般群体里是无关的，但是在大学生人群里是负相关的

考虑一种情况，你从大学里挑选一些学生出来（即 $X_3$ 作为条件）。假设你知道这些人的数学能力很差。你能对他们的社交能力有什么推断呢？你可以说他们有很好的社交能力，因为你知道他们被大学录取了。即使这两个变量在一般人群中是无关的 $(P(X_1,X_2)=P(X_1)P(X_2))$，当你的条件是 $X_3=1$ 时，它们在统计上是（负）相关的 $(P(X_1,X_2\mid X_3)\neq P(X_1\mid X_3)P(X_2\mid X_3))$。因此，你可以发现，独立并不意味着条件独立。

### 11.2.2　稳定性和依赖性

观察图中的变量何时依赖是有用的。我们之前提出过一个论点，即当两个变量有因果关系时，它们应该是相关的，但从技术上讲，这并不总是正确的。如图 11-3 所示，在这张图中，$X_1$ 是另外两个随机变量 $X_2$ 和 $X_3$ 的因，它们都对 $X_4$ 有同样的反作用。而 $X_1$ 对 $X_4$ 没有净依赖关系。

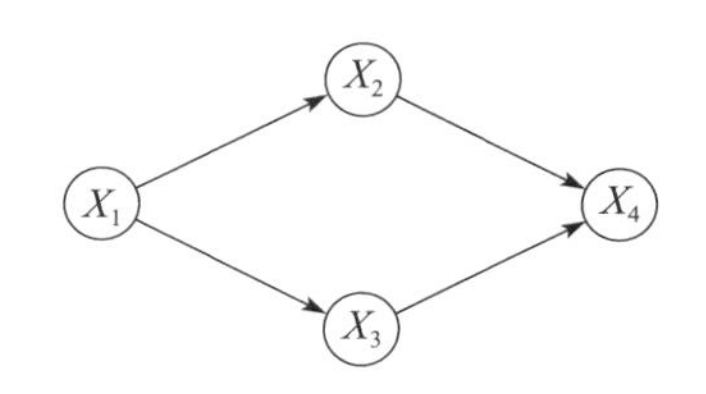


图 11-3　考虑沿着 $X_1$ 到 $X_4$ 路径的机制被 $X_2$ 观察到了，并尝试沿着 $X_3$ 精确地取消机制。那么即使你想从图中推断出来，$X_1$ 和 $X_4$ 之间也没有依赖关系。这是一种不稳定的关系

或者可能有更差的情况：考虑把 $X_1$ 删除，并使 $X_4=xor(X_2,X_3)$。如果 $X_2$ 和 $X_3$ 是服从 $p=0.5$ 的伯努利分布随机变量，那么 $X_4$ 边缘独立于 $X_2$ 和 $X_3$（例如，$P(X_4,X_2)=P(X_4)P(X_2)$），但是并不是像 $P(X_4,X_2,X_3)\neq P(X_4)P(X_2)P(X_3)$ 这样联合独立的。

在第一种情况下，被精确取消的要求只能通过精细调整的因果路径发生。$p=0.5$ 的要求也是精心调整的。这些精心调整的关系称为*不稳定关系*，你通常可以假设它们不存在于你正在使用的因果图中。也就是说，你只会使用*稳定*的因果图。当你假设其具有稳定性，连接变量的定向因果路径意味着统计依赖性。

还应当注意，不稳定性是一种属性，其不是来自图本身结构，而是来自结构之下的关系。也就是说，可以存在稳定的因果图，其结构与我们示例中的结构相同。

通过认识到变量在统计上可以在更多方面依赖于直接的因果关系，你对依赖会有更完整的理解。这就是导致相关关系被误解为因果关系的问题。以图 11-4 中的实例为例，其中 $X_3$ 表示一天是否下雨，$X_1$ 表示当天的犯罪数量，$X_2$ 表示咖啡的销售量。在下雨天，人数减少，犯罪发生的次数减少。在下雨天，人们更倾向于不开车到咖啡店，所以咖啡卖得更少。

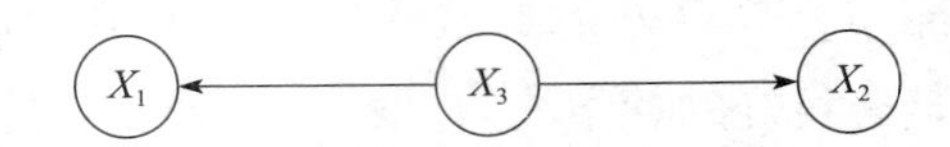


图 11-4　天气 $B$ 是常见的犯罪量 $A$ 和咖啡销量 $C$ 的因。犯罪和喝咖啡会产生联系，即使他们没有因果关系

只关注咖啡销售和犯罪之间的关系，你可能会（错误地）猜测一个人喝的咖啡越多，犯罪的可能性就越大！这太荒谬了。咖啡销量和犯罪量之间存在相关关系，但不是因果关系。犯罪量和咖啡之间的依赖关系 ($P(X_1,X_2) \neq P(X_1)P(X_2)$) 是因为它们有一个共同的原因：天气。

重要的是要注意，这两个变量不需要共享*直接*的共同原因来形成依赖关系。如果它们在两个变量的上游任意位置存在共享的常见原因，你也会看到相同的效果。你没有明确表示咖啡销售实际上受到开车去咖啡店的人数的影响，这可能是图中的另一个节点。你还可以通过表示户外人数的另一个节点明确表示降雨对犯罪量的影响。

## 11.3　d 分离和马尔可夫性质

假如你想要一个更通用的标准来确定图说明的这个变量是独立的还是非独立的。如果两个变量没有通过因果路径连接且不共享同一个祖先，那么它们是独立的。两个变量何时有条件地独立？要理解这些，你需要了解马尔科夫性质和一个叫作 d 分离的概念。

### 11.3.1　马尔可夫和因式分解

给定一组已知独立的随机变量集合（联合分布 $P(X_1,X_2,\cdots,X_n)$ 的属性），你希望能够构造与它们一致的图。一个充分必要条件如下：当且仅当每个节点独立于其父代的非后代时，图形 $G$ 和联合分布 $P$ 是一致的。$P$ 相对于 $G$ 是马尔可夫（Markov）的。

如果 $P$ 相对于 $G$ 马尔可夫，那么你可以很好地分解 $P$。由于在给定父节点的情况下 $P$ 条件独立于其前序节点，所以包含前序节点和父节点的任何条件分布都可以简化为仅在父节点上的条件分布！让我们回到第一个例子并让它更具体一点。为方便起见，我们在图 11-5 中重新设计了它。

该图的联合分布是 $P(X_1,X_2,X_3)$。它包含这些变量如何相互关联的所有信息。你可以用它来推导线性回归系数、均值、相关性等。通常，有许多图可以表示这种分布。你可以将链式法则用于条件概率，如下所示：

$$P(X_1,X_2,\cdots,X_n)=\prod_{i=1}^{n}P(X_i\mid X_{i-1},\cdots,X_1) \quad (11.1)$$

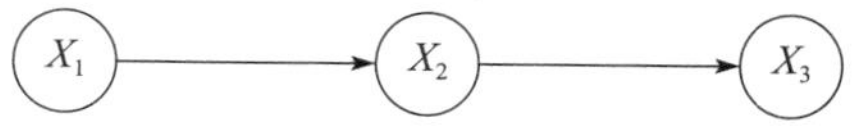

将该联合分布改写为 $P(X_1,X_2,X_3)=P(X_3\mid X_2,X_1)P(X_2\mid X_1)P(X_1)$。



图 11-5　交通状况（$X_1$）导致了迟到（$X_2$），进而导致了工资（$X_3$）的减少。不看迟到，交通情况对工资没有直接的影响，并且没有交通和工资的常见因果关系

注意，你尚未使用任何有关图结构的知识！条件独立的链式法则适用于任何联合分布。现在，如果你应用所有的条件独立性假设，如图中所总结的那样，你可以得到 $P(X_1,X_2,X_3)=P(X_3\mid X_2)P(X_2\mid X_1)P(X_1)$，因为 $P(X_3\mid X_2,X_1)=P(X_3\mid X_2)$。

从现在开始，事情有点好玩了。联合分布被分解为一种每个节点仅依赖于其父节点的形式！你可以分解贝叶斯网络，如下所示：

$$P(X_1,X_2,\cdots X_n)=\prod_{i=1}^{n}P(X_i\mid Pa(X_i)) \quad (11.2)$$

当然，能这样表示联合分布要求你能够让所有的前序节点和父节点都保持在正确的位置。当你就条件独立应用链式法则时，有一个定理说这是可能的！这种对变量进行排序的方式被称为拓扑排序，并且保证一定会存在这样的排序。

当你这样分解联合分布时，你会从 $k$ 维函数（$k$ 个变量的联合分布）转变为几个低维函数。在你使用马尔可夫链，即 $X_1\to X_2\to\cdots\to X_k$ 的情况下，你有 $k-1$ 个二维函数。在分解之前，你通过将数据展开到指数大（包括 $k$）的空间上来估计函数，现在你只用估计几个二维函数！这是一个更容易解决的问题。

### 11.3.2　d 分离

有一个被称为 d 分离的标准可以告诉你两个变量何时条件独立。如果它们是在空集的情况下条件独立的，那么它们只是独立。

依赖性沿着路径传递，每个果都依赖于其因，尔后果成了因又造就了下一个果，以此类推。因此，d 分离在很大程度上依赖于路径。所有统计依赖都沿着这些路径发生。如果两个变量在统计上是相关的，那么有一些依赖可能来自两者之间的因果路径，有一些可能是共享一个因或选择偏差。如果你可以阻塞后来的非因果路径，那么两个变量之间所有剩余的统计依赖性都将是因果关系。你已经移除了变量之间相关性的非因果部分，剩下的相关性都将意味着因果关系！

注意，路径的定义是一系列的边，其中一条边的末端是序列中下一条边的开头。

该定义不要求边沿着路径指向的方向。

你希望这个定义足够通用，可以告诉我们变量是否是联合独立的。因此，它应该推广到变量集。

当且仅当满足以下条件之一时，路径 $p$ 被一组节点 $Z$ 进行了 d 分离：

- $p$ 包含一个链 $X_1 \to X_2 \to X_3$，或是一个分岔 $X_1 \leftarrow X_2 \to X_3$，其中中间节点是 $Z$。
- $p$ 包含一个相反的分岔 $X_1 \to X_2 \leftarrow X_3$，使得中间节点不在 $Z$，且没有 $X_2$ 的后代在 $Z$ 中。

如果集合 $Z$ 进行 d 分离，分离了所有 $X$ 中的节点和 $Y$ 中的节点之间的路径，则说集合 $Z$ d 分离了两个变量集合 $X$ 和 $Y$。

让我们检查一下这个定义的每个部分，以便更好地理解它。首先，让我们来看看如何阻塞沿着因果链的信息传递，如图 11-6 所示。

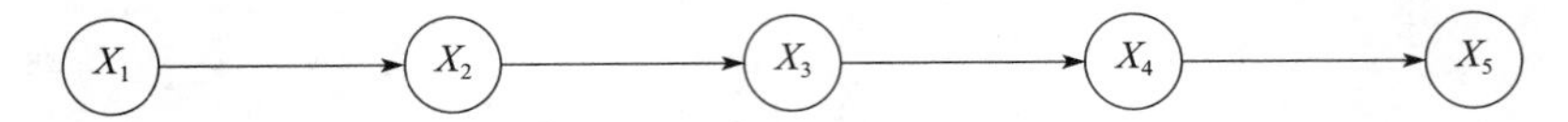


图 11-6 一个链式图。$X_1$ 导致 $X_2$，$X_2$ 导致 $X_3$，以此类推。这些变量最终都是统计非独立

联合分布可以分解成：

$$P(X_1,X_2,X_3,X_4,X_5)=P(X_5|X_4)P(X_4|X_3)P(X_3|X_2)P(X_2|X_1)P(X_1) \tag{11.3}$$

如果你看一下定义第一部分，你会发现你有一个链。让我们看看当你沿着一个链的路径调整变量时，这个路径末端之间的依赖性会怎样。你想看看 $P(X_1, X_5|X_3)$，所以你要调整中间变量 $X_3$（$X_2$ 或 $X_4$ 会表现出同样的反应，说服你自己！）。然后你可以写成下面的内容：

$$\begin{aligned}
P(X_1,X_5|X_3) &= \sum_{X_2,X_4}\frac{P(X_5|X_4)P(X_4|X_3)P(X_3|X_2)P(X_2|X_1)P(X_1)}{P(X_3)} \\
&= \sum_{X_2,X_4}P(X_5|X_4)P(X_4|X_3)P(X_1,X_2|X_3) \\
&= \sum_{X_4}P(X_5|X_4)P(X_4|X_3)P(X_1|X_3) \\
&= \sum_{X_4}P(X_5,X_4|X_3)P(X_1|X_3) \\
&= P(X_5|X_3)P(X_1|X_3)
\end{aligned} \tag{11.4}$$

所以，你可以看到 $X_5$ 和 $X_1$ 条件独立于 $X_3$！你可以通过类似的过程进行操作，而无须在 $X_3$ 上进行调节来检查 $X_1$ 和 $X_5$ 是否边缘依赖。如果你这样做（试试吧！），你会发现它们的联合一般不会分离。$X_1$ 和 $X_5$ 是互相依赖的，但它们之间的链上的任

何变量都是条件独立的。所以，现在你可以理解 d 分离定义的第一部分了。

直观地说，如果你知道中间原因的值，你不需要知道它的前序的任何信息。中间原因包含确定其影响所必需的有关其前序的所有信息。

接下来，让我们看一个带有分岔的示例，如图 11-7 所示。

图 11-7　在这里你有一个 $X_3$ 的因果分岔。有关 $X_3$ 的信息沿着路径传播到 $X_1$ 和 $X_5$，所以它们在统计上依赖。$X_1$ 不会导致 $X_5$，反之亦然

你可以进行如下因式分解：

$$P(X_1,X_2,X_3,X_4,X_5)=P(X_1\mid X_2)P(X_2\mid X_3)P(X_3)P(X_4\mid X_3)P(X_5\mid X_4) \tag{11.5}$$

如果你看一下 $X_1$ 和 $X_5$ 之间的依赖关系 $X_3$，你会得到以下结果：

$$\begin{aligned}P(X_1,X_5\mid X_3)&=\sum_{X_2,X_4}\frac{P(X_1\mid X_2)P(X_2\mid X_3)P(X_3)P(X_4\mid X_3)P(X_5\mid X_4)}{P(X_3)}\\&=\sum_{X_2,X_4}P(X_5\mid X_4)P(X_4\mid X_3)P(X_1\mid X_2)P(X_2\mid X_3)\\&=P(X_5\mid X_3)P(X_1\mid X_3)\end{aligned} \tag{11.6}$$

你可以再次看到 $X_1$ 和 $X_3$ 在给定分岔节点上是条件独立的，即使它们在没有调整的时候可能是条件依赖的。

最后，让我们看一下在 $X_3$ 上冲撞点的情况，如图 11-8 所示。

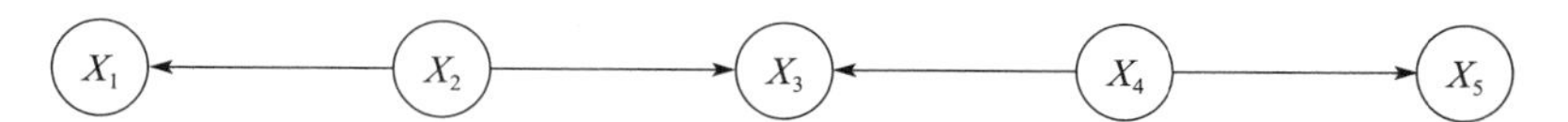


图 11-8　这里你在 $X_3$ 上有一个冲撞点。关于 $X_2$ 的信息无法通过，关于 $X_4$ 的信息也不能到达 $X_2$。这意味着 $X_3$ 的左侧和右侧将保持统计独立性。冲撞点阻止了统计依赖

你可以进行如下因式分解：

$$P(X_1,X_2,X_3,X_4,X_5)=P(X_1\mid X_2)P(X_2)P(X_3\mid X_2,X_4)P(X_5\mid X_4)P(X_4) \tag{11.7}$$

你可以看到通过边缘化得到 $P(X_1,X_5)$，你会发现两者是独立的！ $P(X_1,X_5)=P(X_1)\,P(X_5)$。你可以通过调整冲撞点来消除这种独立性，如下所示：

$$P(X_1,X_5\mid X_3)=\sum_{X_2,X_4}\frac{P(X_1\mid X_2)P(X_2)P(X_3\mid X_2,X_4)P(X_5\mid X_4)P(X_4)}{X_3} \tag{11.8}$$

在对 $X_3$ 进行求和之前，对 $P(X_3\mid X_2,X_4)$ 因子的任一侧解耦了两组因子，现在它们通常由于中间项 $X_2$ 和 $X_4$ 的依赖而耦合在一起。最后，你可以看到，在你调整的变量中包含冲撞点的中间节点将最终增加额外的依赖，从而可能导致最初独立的变量

变得依赖。

d分离的另一个直观词是阻塞。如果路径由 $Z$ 形成d分离，你可以说路径被 $Z$ 阻塞。这符合我们的直觉，即依赖沿着路径传播，并且在集合 $Z$ 上的调节阻塞了该依赖的流动。

最后，我们又回到了马尔可夫性质。如果两个变量由 $G$ 中的集合 $Z$ 形成d分离，并且 $P$ 是相对于 $G$ 马尔可夫的，则它们在 $P$ 中条件独立。

## 11.4　贝叶斯网络的因果图

在本节中，你将学习线性回归是如何作为变量相关但不一定是因果关系的示例。最后，你应该理解有向无环图中的边是必要的，但不足以断言两个变量之间的因果关系。

### 线性回归

现在，我们已经建立了讨论贝叶斯网络所需的所有知识。你可以将联合分布进行因式分解，这可能相当于简化了分布估计。让我们通过画图并定义节点上的分布来实际定义模型。

我们将从线性回归开始。我们将定义分布，然后描述它们如何产生图形。

假设两个自变量 $X_1$ 和 $X_2$，一个因变量 $Y$。像通常的线性回归一样，你想说 $Y$ 遵循正态分布，以你期望从通常的回归公式 $y_i = \beta_0 + \beta_1 x_1 + \beta_2 x_2$ 中得到的点为中心。如果你想写出这个分布，必须得到 $Y \sim N(\beta_0 + \beta_1 X_1 + \beta_2 X_2, \sigma_Y)$，其中 $\beta_i$ 和 $\sigma$ 是需要拟合的参数。

这个模型的图是什么样的？在此之前，我们说每个变量的分布取决于自己在图中的父项。这里你可以看到 $Y$ 的分布取决于 $X_1$ 和 $X_2$。你可以期望它们是 $Y$ 的父项。要具体描述这个模型，你还应该描述 $X_1$ 和 $X_2$ 的分布。这里我们说它们是正态分布的，$X_1 \sim N(0,1)$ 且 $X_2 \sim N(0,1)$。图形将如图11-9所示。

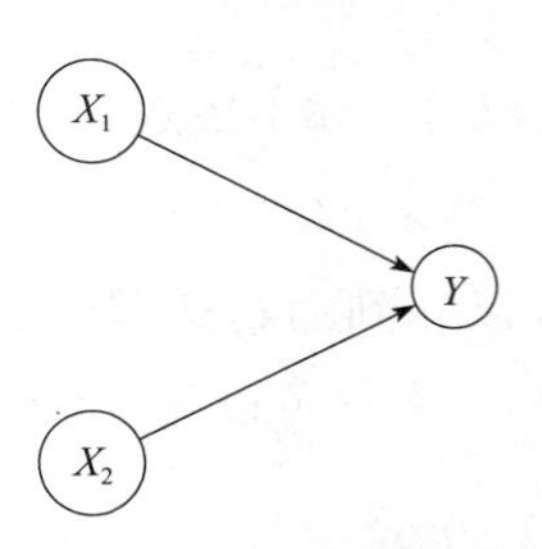


图11-9　一个可能的表示线性回归的网络，在 $X_1$ 和 $X_2$ 上对 $Y$ 进行回归。你可能想要将其解释为因果模型，但你必须在进行解释之前建立因果关系。线性回归不会那样做

这完全指定了线性回归模型，但不要求自变量是因变量的因。如果它们确实是因变量的因，那么你可以将其解释为因果模型。你这样做的假设是，如果

你在系统中改变 $X_1$ 和 $X_2$ 的值，那么 $Y$ 会相应改变 $\beta_1 x_1$ 或 $\beta_2 x_2$ 的量。如果不是这样，那你不应该将模型解释为因果模型。正是这种额外的介入结构使得贝叶斯网络成为一种因果关系。

即使你没有将模型解释为因果关系，你也已经对自变量如何相关做出了一些假设。在这里，因为它们之间没有直接路径，且没有共同父节点，所以你假设它们彼此独立。如果这是一个因果网络，这些假设是它们不是互相的因，并且各自也不共享因。你可以通过更改图并对变量的分布进行相应改变来放宽此假设。

## 11.5　模型拟合

现在你有一个模型，你想要去拟合参数。有很多方法可以做到这一点，但你会选择通用（但运算昂贵）的方法类：蒙特卡罗方法。对这些方法的完整处理超出了本书的范围，因此我们推荐你看看文献［23］的第 357 页，那里有非常优秀的介绍。

一个基本思想是你希望估计一个分布的期望，如下所示：

$$E[f(X_1,\cdots,X_k)] = \int f(x_1,\cdots,x_k)P(x_1,\cdots,x_k)dx_1 \ldots dx_k \quad (11.9)$$

一般来说，计算这些积分有点难，所以你希望有一个更简单的方法来得到答案。一个小技巧是你可以从分布中绘制 $N$ 个样本 $(x_1,\cdots,x_k)$，然后估计以下内容：

$$E_N[f(X_1,\cdots,X_k)] = \frac{1}{N}\sum_{i=1}^{N} f(x_1,\cdots,x_k) \quad (11.10)$$

使用 $N$ 个数据点逼近期望值。期望值是 $E[f(X_1,\cdots,X_k)]$，并且方差随着样本数量增多而减少。

通常来说，对于估计公式 11.5 的分布，最难的部分就是估计标准化常数。因此，我们开发了一些方法让你可以简单地评估非正态分布来生成样本。metropolis-hastings 算法对于想要了解它们如何运行是一个很好的例子。

首先在 $P$ 的域中选择一些 $(x_1,\cdots,x_k)$。你可以在点 $x'$ 上选择密度 $Q(x',x)$，比如以初始点 $x=(x_1,\cdots,x_k)$ 为中心的高斯。你可以选择和 $P$ 相比很小的该分布的宽度，从 $Q(x',x)$ 中画一个点 $x'$，然后决定是否将其保留在模拟数据集中。保留还是拒绝取决于它在 $\tilde{P}$ 和 $Q(x',x)$ 下的可能性是否大于 $x$。通过这种方式，你可以徘徊在概率更大的区域，并通过采集许多样本来探索分布 $P$。你需要进行校正，以便从概率较小的区域中提取样本。如果将非标准化概率分布表示为 $\tilde{P}$，则保留样本：

$$\frac{\tilde{P}(x')Q(x,x')}{\tilde{P}(x)Q(x',x)}>1 \quad (11.11)$$

如果你接受该点，则将其附加到我们的样本列表中。如果你拒绝它，则重新附加旧的点并再试一次。

通过这种方式你可以生成一个样本列表，这些样本远离分布中的典型样本集（因为我们的初始化是任意的），但是朝着典型的样本集发展。因此，你会在这个过程开始时丢弃多个样本。

当你真的想要从分布中进行独立抽取来保持样本的统计独立性时，也是不可取的。因此，你通常只保留每个第 $m$ 个样本。

有了这些基础知识，你就可以使用 Python 的 PyMC3 包中提供的采样器了。这个软件包比我们描述的基本抽样方法更有效，但是有一些基本考虑因素是相通的。特别地，你可能希望有一个预烧期，可以丢弃早期样本，并且你可能得仔细考虑你的数据，以便样本是独立的且保持相同的分布（i.i.d.）。

让我们尝试在 PyMC3 中拟合这个线性模型。首先，你将使用此模型生成一些数据。注意你正在导入 pymc3 包并使用 Python 3。你将生成大量数据，有 10k 数据点。注意这里给出的回归参数的真值，$\beta_0=-1,\beta_1=1,\beta_2=2$。

```
1  import pandas as pd
2  import numpy as np
3  import pymc3 as pymc
4
5  N = 10000
6  beta0 = -1
7  beta1 = 1.
8  beta2 = 2.
9
10 x1 = np.random.normal(size=N)
11 x2 = np.random.normal(size=N)
12 y = np.random.normal(beta1 * x1 + beta2 * x2 + beta0)
```

现在你已经生成了一些数据，你需要在所有你想要在贝叶斯网络中估计和编码的参数上设置先验（有关先验的更多详细信息，请参阅下一章）。这里你要说明所有参数都将采用正态分布。标准差很大，因此你不必限制它们的取值范围。

```
1  with pymc.Model() as model:
2      b0 = pymc.Normal('beta_0', mu=0, sd=100.)
3      b1 = pymc.Normal('beta_1', mu=0, sd=100.)
4      b2 = pymc.Normal('beta_2', mu=0, sd=100.)
5      error = pymc.Normal('epsilon', mu=0, sd=100.)
6
```

```
7        y_out = b0 + b1*x1 + b2*x2
8        y_var =  pymc.Normal('y', mu=y_out, sd=error, observed=y)
```

pymc3 可以轻松运行采样程序。它们进行了大量优化，并提供了一些很好的工具来分析结果。首先我们将运行采样器，如下所示：

```
1 with model:
2     trace = pymc.sample(3000, njobs=2)
```

采样过程大约需要 30 秒。之后你可以绘制结果，如下所示：

```
1 pymc.traceplot(trace);
```

它产生了如图 11-10 所示的图。

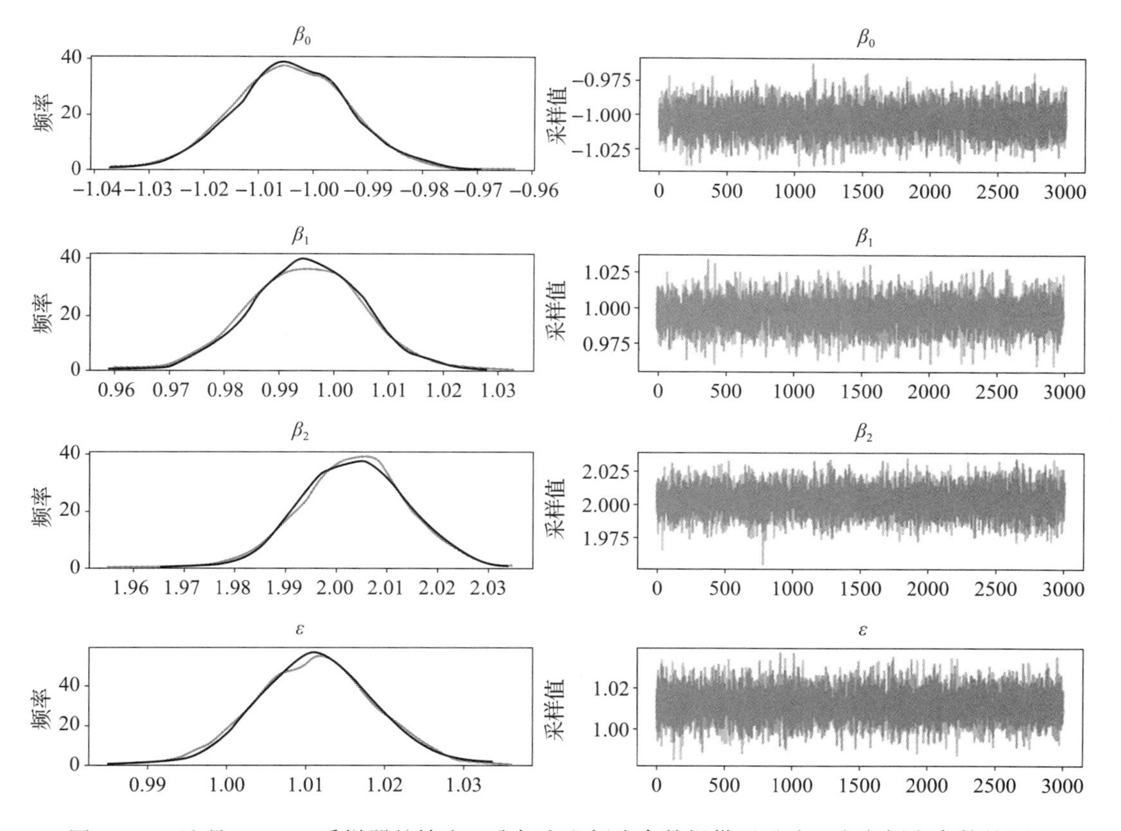


图 11-10　这是 PyMC3 采样器的输出。我们在左侧为参数提供了后验，在右侧有参数的跟踪。这些痕迹应该是随机的，任何趋势都表明存在问题。早期的趋势表明需要预烧期。较新的采样方法更适合初始化参数以避免此问题

注意，你不仅仅是原始模型中的变量 $X_1$，$X_2$ 和 $Y$，你还包括了模型参数的分布。它

们也作为随机变量输入模型，所以你应该为它们定义分布。真正适合该例子的图其实更像是图 11-11。

## 11.6　结论

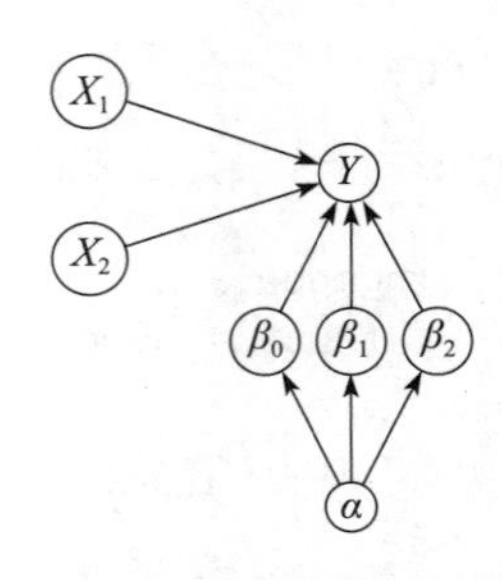


图 11-11　PyMC3 中线性回归示例的贝叶斯网络

现在，你对如何构建和拟合图模型有了一个基本的看法。我们从因果直觉开始，放宽了对因果关系的假设，以设计更通用的贝叶斯网络。你了解了使用一般 MCMC 方法（虽然计算上很昂贵）来进行拟合，并且尝试用线性模型来拟合的一个例子。

通常，当你使用基于图模型的算法时，不会使用 MCMC 方法来实现。通常有人会做出困难的数学演算，找出一种更高效的方法来拟合它们。一般而言，在实现中会有合适的拟合程序。

既然你已经拥有了构建图模型的基本手段，可以查看一些有用的模型！

第 12 章

# 降维与隐变量模型

## 12.1 引言

既然你已经拥有了探索图模型的工具，我们将介绍一些有用的模型。我们将从因子分析开始，它可以被应用在社会科学和推荐系统中。我们将继续讨论相关的模型、主成分分析，并解释它如何在多元回归中解决共线性的问题。我们将以 ICA 结束，其对于分离混合在一起的信号非常有用。我们将讲解它在一些心理测量数据上的应用。

所有这些模型的共同点是它们是隐变量模型。这意味着除了测量的变量之外，还有一些未观察到的、隐藏于数据之下的变量。你将在这些模型背景下得到更深刻的理解。

我们仅介绍这些模型的基础内容。你可以在 Murphy 的 *Machine Learning: A Probabilistic Perspective* [24] 中找到更多的细节。在我们学习一些模型之前，让我们先讨论一个重要的概念：变量的“先验”。

## 12.2 先验

让我们来讨论在网站上测量的点击量。当你展示指向该网站其他部分的链接时，会将其称为该链接的曝光。当用户收到一个曝光时，他们可以点击该链接或者不点击该链接。一次点击会被认为是一次“成功”和一个用户喜欢该页面内容的粗略暗示。不点击将被视为“失败”和用户不喜欢该内容的暗示。点击量是一个人在收到曝光点击链接的概率 $p = P(C = 1 | I = 1)$。你可以通过计算 $\hat{p}$ = 点击次数 / 曝光次数来估算它。

如果你提供了链接的一次曝光，而用户未点击该链接，则你对 $\hat{p}$ 的估算将为 $0/1 = 0$。你以此猜测接下来的每个用户都绝对不会点击该链接！显然，这是病态的结论，可能会出问题。如果你的推荐系统旨在删除表现低于特定级别的链接，该怎么办？你在保留网站内容时会遇到一些麻烦。

幸运的是，不那么病态的学习点击率的方法也有一个。你可以得到点击量的先验值。为此，你需要查看所有历史点击率值的分布（最好使用 MCMC 为其拟合一个分布）。虽然没有关于点击率的数据，你至少知道它是从历史分布中得到的，如图 12-1 所示。

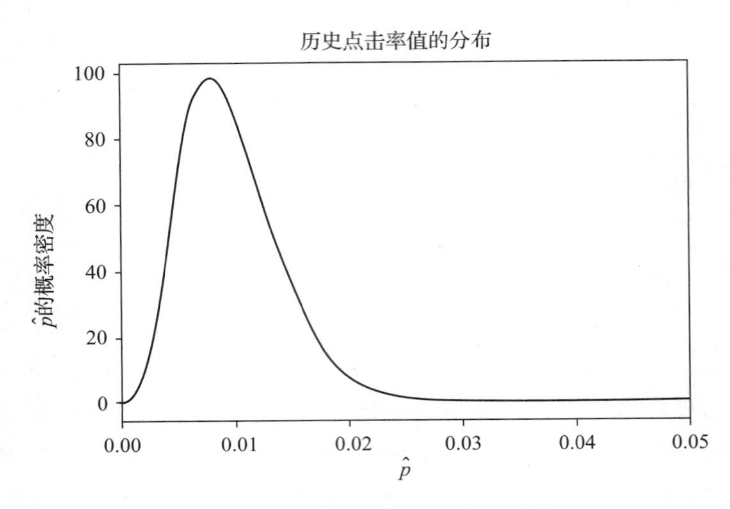


图 12-1　历史超链接点击率的分布

此分布代表了你对点击率的先验理解，因为其实你是在收集任何数据之前就知道的。例如，你知道你从未见过点击率高达 $p=0.5$ 的链接。那现在的链接也极不可能表现得这么好。

现在，在收集数据之前，你会想要用新的信息更新一下你的先验信息。得到的分布被称为 $p$ 的后验密度。假设真实值是 $p=0.2$，在 20 次曝光之后，你会得到一个如图 12-2 所示的后验。你可以看到分布很窄，因此你可以更确定真实值位于较小的范围内。分布也向右移动，更接近 $p=0.2$ 的真实值。其表示了你在从新数据中学到的知识与你从过去数据中了解到的内容相结合后的知识状态！

在数学上，这种方法之所以可行是你假设先验概率 $P(p)$ 服从你用历史数据拟合出来的某种分布。在这种情况下，其为一个 beta 分布，其参数的均值大约为 0.1，并且在它周围有一点浮动。你可以用 $pBeta(\alpha,\beta)$ 来表示，解读为“$p$ 服从于一个 beta 分布，参数为 $\alpha$ 和 $\beta$”。

接下来，你需要为数据找一个模型。你可以说一次曝光就是一次点击的机会，而点击代表了“成功”。这使得点击成了二值随机变量，成功概率为 $p$ 和 $I$ 次试验：每次曝光都有一次。你可以说其服从于分布 $P(C\mid p,I)$，即 $C\mid p,IBin(I,p)$。已知 $p$ 和 $I$，$C$ 服从于参数为 $I$ 和 $p$ 的二项分布。

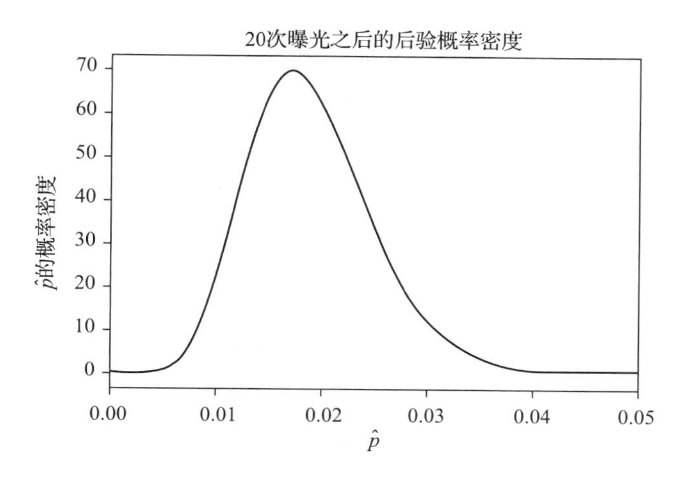


图 12-2　根据你对过去点击率以及新数据的了解，你对当前项目的点击率的信心

我们假设曝光是一个固定的参数 $I$。你可以说给定 $I$ 和 $C$（我们的数据），$p$ 的分布是 $P(p\mid I,C)=\dfrac{P(C\mid p,I)P(p)}{P(C)}=\dfrac{P(C\mid p,I)P(p)}{\int P(C\mid p,I)P(p)dp}$（基于贝叶斯理论和条件概率的链式规则）。你可以看到，数据 $C$ 和 $I$ 用来通过乘法更新先验 $P(p)$ 来得到 $P(C\mid p,I)$。

得出这个后验并看看它简化了什么分布是一个有趣的练习！

## 12.3　因子分析

因子分析尝试对 $N$ 个 $k$ 维向量 $x_i$ 进行建模，方法是用低一点的维度 $f<k$ 的未测量（隐）变量来描绘每个数据点。你将数据点表示为服从下列分布：

$$p(x_i\mid z_i,\theta)=N(\boldsymbol{W}z+\mu,\boldsymbol{\Psi})\tag{12.1}$$

其中 $\theta$ 表示所有参数 $\theta=(\boldsymbol{W},z,\mu)$。$\boldsymbol{W}$ 是一个 $k$ 乘 $f$ 的矩阵，其中有 $f$ 个隐变量。$\mu$ 是 $x_i$ 的全局均值，而 $\boldsymbol{\Psi}$ 是 $k$ 乘 $k$ 的协方差矩阵。

矩阵 $\boldsymbol{W}$ 描述了 $z$ 中的每个因子如何贡献 $x_i$ 的分量值。其描述了因子加载到 $x_i$ 分量上的多少，因此被称为*因子加载矩阵*。给定对应于数据点 $x$ 的隐变量值的向量，$\boldsymbol{W}$ 将 $z$ 变换为 $x$ 的（以平均为中心的）期望值。

这一点的关键是要使用比数据更简单的模型，因此你要做的主要简化假设就是矩阵 $\boldsymbol{\Psi}$ 是对角的。注意，这并不意味着 $x_i$ 的协方差矩阵是对角的！这是条件协方差矩阵，当你知道 $z_i$ 时，它才是对角线的。这意味着 $z_i$ 将考虑 $x_i$ 中的协方差结构。

重要的是，隐因子 $z$ 表征了每个数据点。其为数据中信息的浓缩表示。这是因子分析有用的地方。你可以从高维数据向下映射到更低维度的数据，并使用更少的信息解释大部分差异。

你为因子分解中的 $z$ 个变量使用了一个正态分布 $z_i \sim N(\mu_0, \Sigma_0)$ 的先验概率。这使得计算 $x_i$ 的后验概率很容易。你将用均值 $\mu$ 和协方差矩阵 $\mathbf{\Sigma}$ 的函数如 $N(x; \mu, \mathbf{\Sigma})$ 来表示正态分布的概率密度函数。然后你可以通过以下手段找到 $x_i$ 的后验概率：

$$\begin{aligned} p(x_i \mid \theta) &= \int p(x_i \mid z_i, \theta) p(z_i \mid \theta) \mathrm{d}z_i \\ &= \int N(x_i; \boldsymbol{W} z_i + \mu, \Psi) N(z_i; \mu_0, \Sigma_0) \\ &= N(x_i; \boldsymbol{W} \mu_0 + \mu, \Psi + \boldsymbol{W} \Sigma_0 \boldsymbol{W}^{\mathrm{T}}) \end{aligned} \tag{12.2}$$

实际上可以将 $\boldsymbol{W}_{\mu_0}$ 整合到拟合参数 $\mu$ 中消除它。你也可以将 $\Sigma_0$ 项转换为 $I$，因为可以通过定义 $\boldsymbol{W}' = \boldsymbol{W} \Sigma_0^{-1/2}$ 来将 $\Sigma_0$ 引入 $\boldsymbol{W}$ 中去。这就有了 $\boldsymbol{W} \Sigma_0 \boldsymbol{W}^{\mathrm{T}} = \boldsymbol{W}' \boldsymbol{W}'^{\mathrm{T}}$。

通过此分析，你可以看到使用此较低秩的矩阵 $\boldsymbol{W}$ 和对角矩阵 $\boldsymbol{\Psi}$ 来对 $\boldsymbol{x}_i$ 的协方差矩阵进行建模。你可以为 $x_i$ 写出近似的协方差矩阵，如下所示：

$$Cov(\boldsymbol{x}_i) \cong \boldsymbol{W} \boldsymbol{W}^{\mathrm{T}} + \boldsymbol{\Psi} \tag{12.3}$$

因子分析经常被应用于社会科学和金融领域。将复杂问题简化为更简单、更易于解释的问题会更有帮助。例如，$x_i$ 是资产的真实收益与预期收益之间的差，因子 $z_i$ 是风险因素，权重 $\boldsymbol{W}$ 确定了资产对风险因素的敏感度。其中一些因素可能包括通货膨胀风险和市场风险[25]。

## 12.4 主成分分析

主成分分析（PCA）是一种很好的降维算法。它实际上只是因子分析的一个特例。如果你约束 $\boldsymbol{\Psi} = \sigma^2 I$，让 $\boldsymbol{W}$ 是正交矩阵，并且让 $\sigma^2 \to 0$，那么这是 PCA。如果你让 $\sigma^2$ 不为零，那么这就是概率 PCA。

PCA 很有用，因为它将数据投影到数据集的主成分上。主成分是协方差矩阵的特征向量。第一主成分是对应于最大特征值的特征向量，第二主成分对应于第二大特征值，以此类推。

特征值具有良好的性质，因为它们是不相关的。这导致投影数据没有协方差，因此你可以在回归时将其用作预处理步骤来避免共线性问题。排列主成分，使得第一特征向量（主成分）占数据集中的最大方差，第二特征向量第二大，等等。对此的解释是你可以通过几个主成分查看数据集的映射，以捕获大部分方差（参见文献[26]的第 485-6 页）。

我们很容易生成一些多元正态数据来作为例子。

```
1 import numpy as np
2 import pandas as pd
3 X = pd.DataFrame(np.random.multivariate_normal
4                  ([2,2], [[1,.5], [.5,1]], size=5000),
5                  columns=['$x_1$', '$x_2$'])
```

你可以利用 sklearn 的实现来拟合 PCA。这里我们只想查看数据主成分，因此我们将使用与总维度一样多的成分。通常你会用少一些的成分。

```
1 from sklearn.decomposition import PCA
2
3 model = PCA(n_components=2)
4 model = model.fit(X)
```

你可以在 `model.components_` 中看到主成分。在数据上绘制结果如图 12-3 所示。

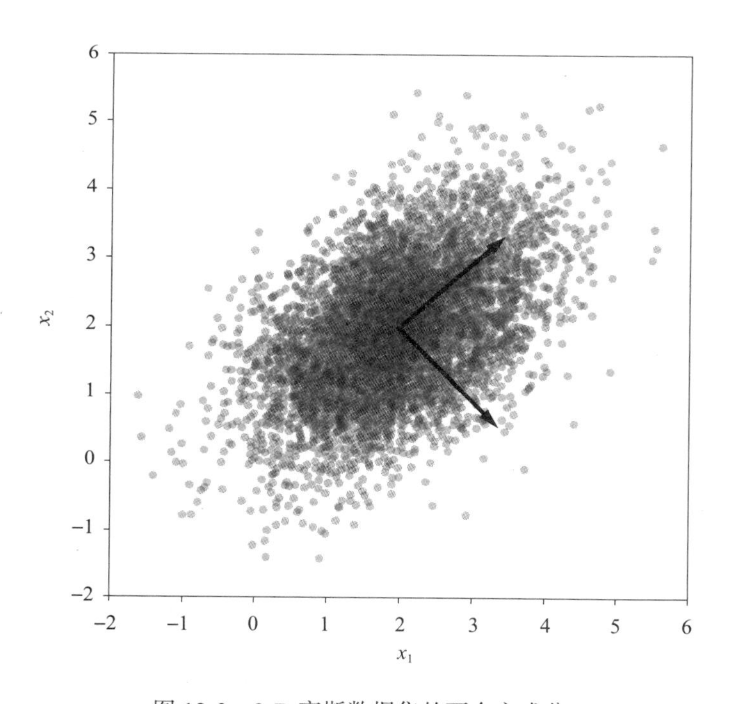


图 12-3　2-D 高斯数据集的两个主成分

你可以看到，当你通过将 $\boldsymbol{x}_i$ 投影到这些成分中找到 $z_i$ 时，应该是没有协方差的。如果查看原始数据，图 12-4 是它们的协方差矩阵。转换后，你可以在图 12-5 中看到相关性。

```
1 pd.DataFrame(model.transform(X), columns=['$z_1$', '$z_2$']).corr()
```

|  | $x_1$ | $x_2$ |
|---|---|---|
| $x_1$ | 1.000 000 | 0.491 874 |
| $x_2$ | 0.491 874 | 1.000 000 |

图 12-4　$\boldsymbol{x}_i$ 的相关性矩阵

|  | $z_1$ | $z_2$ |
|---|---|---|
| $z_1$ | 1.000 000 | −0.045 777 |
| $z_2$ | −0.045 777 | 1.000 000 |

图 12-5　$z_i$ 的相关性矩阵

可以看到相关性现已消失，你已经删除了数据中的共线性！

### 12.4.1　复杂度

PCA 的时间复杂度为 $O(\min(N^3, C^3))$ [27]。假设样本的数量大致和特征一样多，那就是 $O(N^2)$ [28, 29]。

### 12.4.2　内存注意事项

你应该有足够的内存来分解你的 ***CxN*** 矩阵并找到特征值分解。

### 12.4.3　工具

这是一种广泛实施的算法。sklearn 在 `sklearn.decomposition.PCA` 中提供了一个实现。你还可以通过 mlpack 库找到用 C++ 实现的 PCA。

## 12.5　独立成分分析

当一个数据集由许多混杂在一起的独立数据源产生时，独立成分分析（ICA）提供了一种将它们分开分析的技术，然后可以对最大的信号进行建模，忽略较小的信号作为噪声。类似地，如果在小信号上叠加了大量噪声，则可以将它们分开，使得小信号不会被重叠。

ICA 是一种类似于因子分析的模型。在这种情况下不使用 $z_i$ 的高斯先验，而是使用任何非高斯的先验。事实证明，因子分析会随着向量在空间中的旋转而有所差异。如果你想要一组唯一因子，就必须选择不同的先验。

让我们应用这些数据，试着从一些在线数据中找到五大人格特征，网址为 http://personality-testing.info/。

该数据中大约有 50 个问题、19 000 个回复。每个回答都是五分制。你可以在图 12-6 中看到此数据的相关性矩阵。在这些数据中，你会注意到沿着对角线有小方块。这是一个精心设计的调查问卷，基于选择和测试问题。该测试是通过因子分析方法开发的，以找出哪些问题给出了潜在因素的最佳测量。这些问题，即 $\boldsymbol{x}_i$ 数据，被用来衡量这些因素，$z_i$ 数据，被解释为人格特征。测量每个因素的问题如图 12-7 所示。

你可以使用 sklearn 的 FastICA 实现在此数据集上运行模型，将生成图 12-8。

```
from sklearn.decomposition import FastICA
model = FastICA(n_components=5)
model = model.fit(X[questions])
heatmap(model.components_, cmap='RdBu')
```

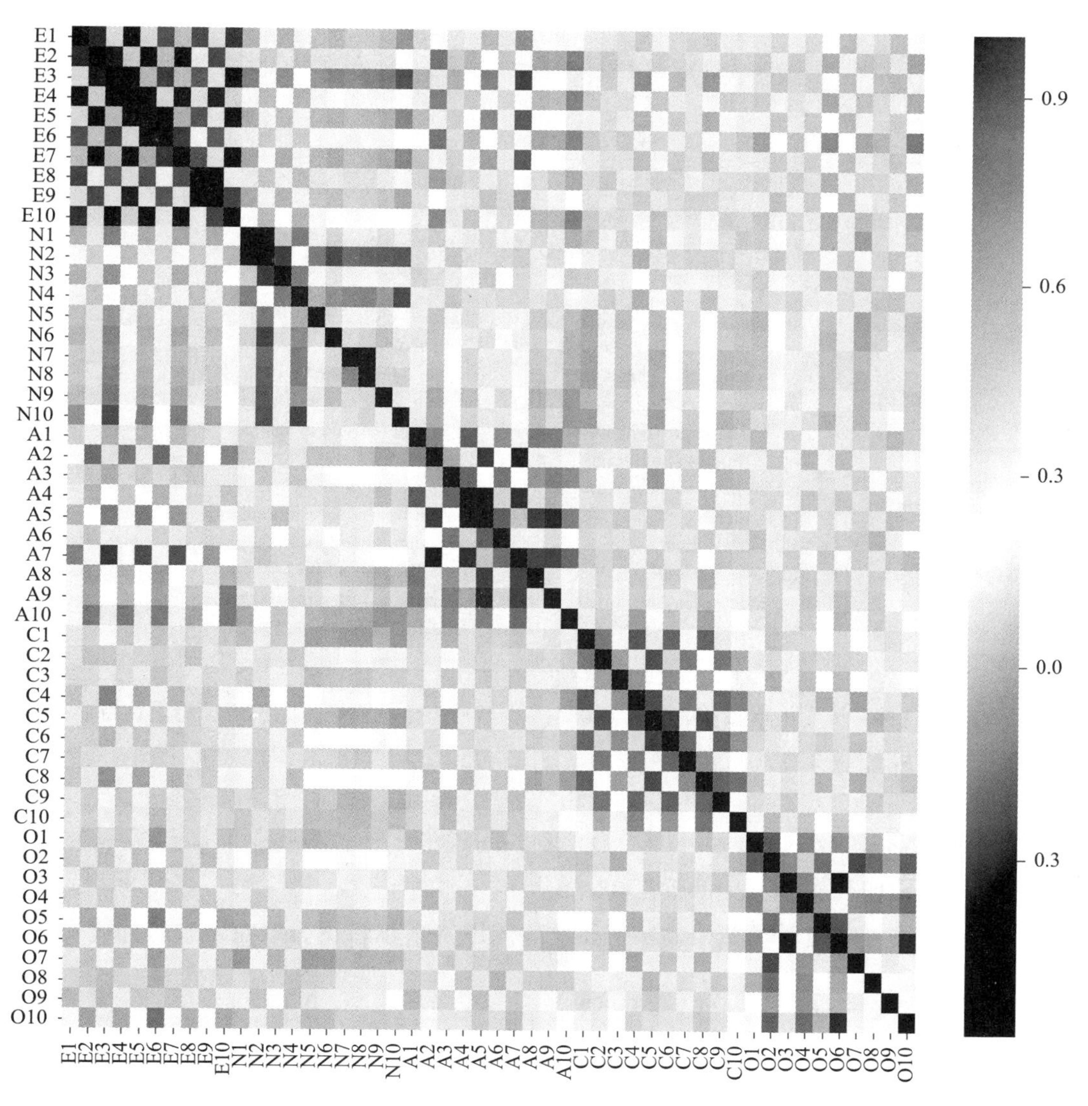


图 12-6　五大人格特质数据的相关性矩阵。注意高和低协方差的区块，形成了棋盘格图案

| Extraversion | Neuroticism | Agreeableness |
| --- | --- | --- |
| E1 I am the life of the party. | N1 I get stressed out easily. | A1 I feel little concern for others. |
| E2 I don't talk a lot. | N2 I am relaxed most of the time. | A2 I am interested in people. |
| E3 I feel comfortable around people. | N3 I worry about things. | A3 I insult people. |
| E4 I keep in the background. | N4 I seldom feel blue. | A4 I sympathize with others' feelings. |
| E5 I start conversations. | N5 I am easily disturbed. | A5 I am not interested in other people's problems. |
| E6 I have little to say. | N6 I get upset easily. | A6 I have a soft heart. |
| E7 I talk to a lot of different people at parties. | N7 I change my mood a lot. | A7 I am not really interested in others. |
| E8 I don't like to draw attention to myself. | N8 I have frequent mood swings. | A8 I take time out for others. |
| E9 I don't mind being the center of attention. | N9 I get irritated easily. | A9 I feel others' emotions. |
| E10 I am quiet around strangers. | N10 I often feel blue. | A10 I make people feel at ease. |

| Conscientiousness | Openness |
| --- | --- |
| C1 I am always prepared. | O1 I have a rich vocabulary. |
| C2 I leave my belongings around. | O2 I have a difficulty understanding abstract ideas. |
| C3 I pay attention to details. | O3 I have a vivid imagination. |
| C4 I make a mess of things. | O4 I am not interested in abstract ideas. |
| C5 I get chores done right away. | O5 I have excellent ideas. |
| C6 I often forget to put things back in their proper place. | O6 I do not have a good imagination. |
| C7 I like order. | O7 I am quick to understand things. |
| C8 I shirk my duties. | O8 I use difficult words. |
| C9 I follow a schedule. | O9 I spend time reflecting on things. |
| C10 I am exacting in my work. | O10 I am full of ideas. |

图 12-7 这些是五大人格特质的基本问题。每个特质有十个问题，它们可以与潜在特质正相关或负相关

在图 12-8 中你可以看到，因子沿 y 轴，问题沿 x 轴。当一个问题与某一个因子相关时，因子加载的值不是低就是高。

最后，你可以使用模型中的转换将这些问题答案集转化为潜在因素的分数。

```
1 | Z = model.transform(X[questions])
```

你可以对 ***Z*** 矩阵的列进行直方图分析，并查看个人分数的分布（例如，图 12-9 中的外倾型）！

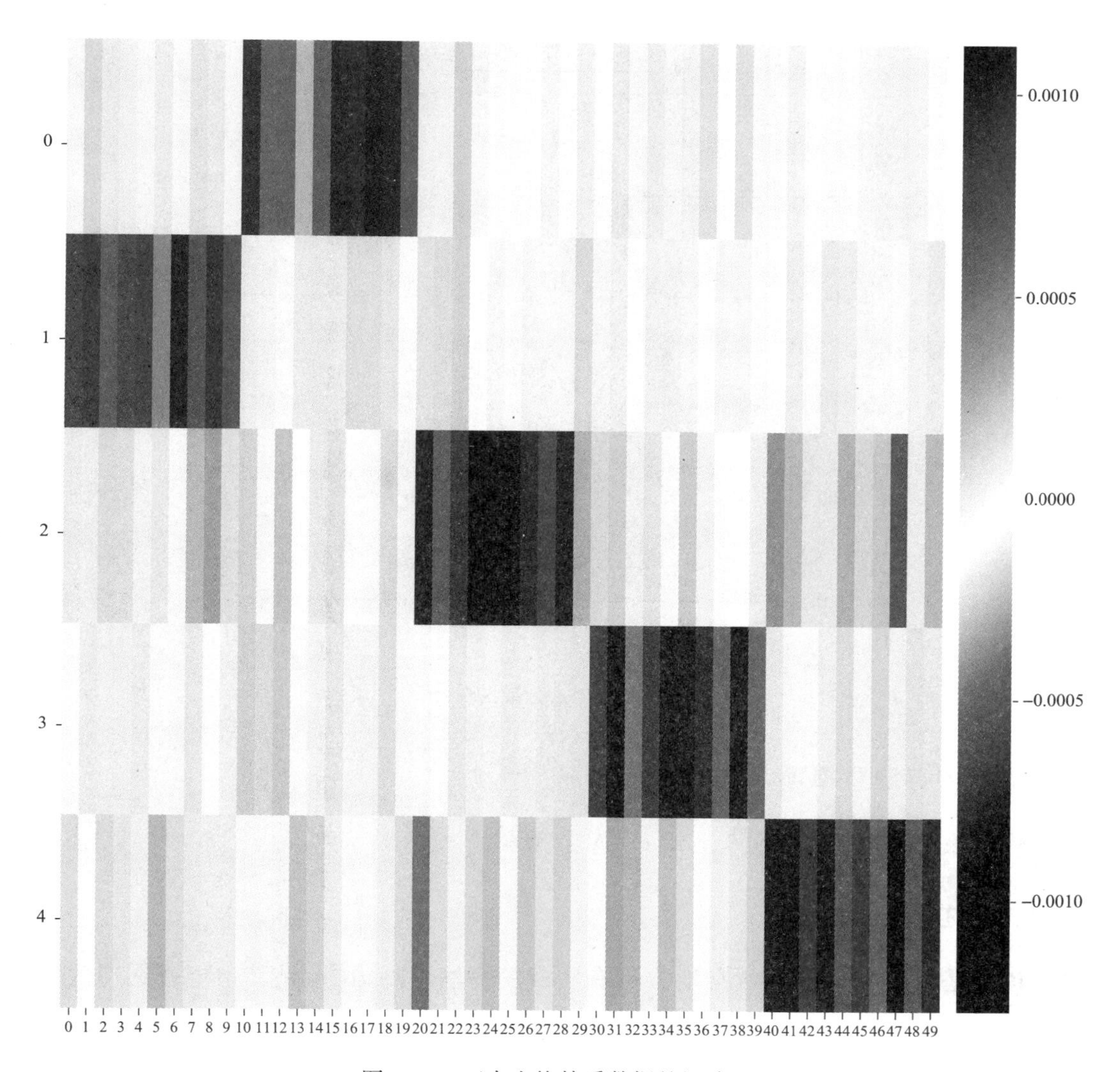


图 12-8　五大人格特质数据的矩阵 $\boldsymbol{W}$

## 12.5.1　假设

该技术的主要假设是信号源的独立性。另一个重要的考虑是希望有尽可能多的混合物作为信号（不总是完全必要的）。最后，提取的信号不能比原始信号更复杂（例如参见文献［30］的第 13-14 页）。

## 12.5.2　复杂度

有快速运行 ICA 的算法，包括一个用于 FastICA 的定点算法[31]在实际应用中运行速度很快，以及在 $N\log(N)$ 时间运行的非参数核密度估计方法[32]。

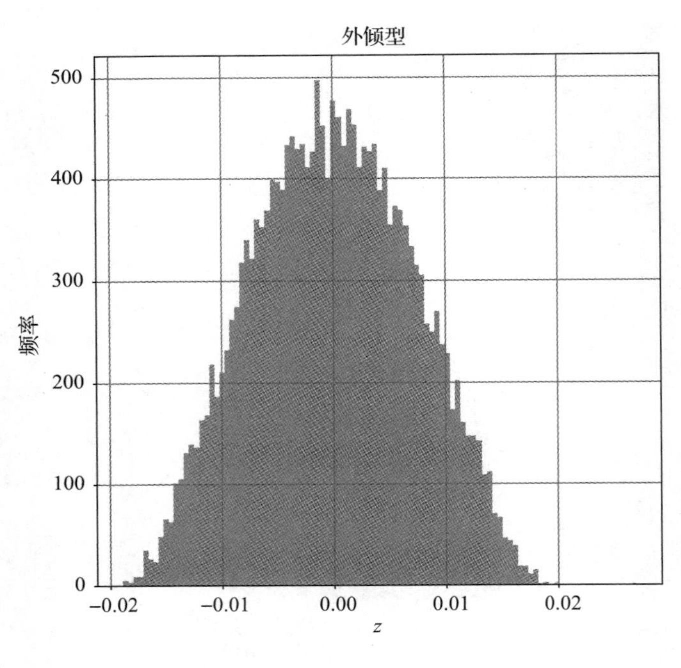


图 12-9　个人分数的分布

### 12.5.3　内存注意事项

你应该能够在内存中至少容纳 $C \times N$ 个元素。

### 12.5.4　工具

ICA 是另一种似乎在所有地方都有实现的算法。FastICA 是其中更受欢迎的实现之一。你可以在 scikit-learn 中找到它以及实现它的 C++ 库。更多信息详见 http://research.ics.aalto.fi/ica/fastica/。

## 12.6　LDA 主题模型

主题模型（Latent Dirichlet Allocation，LDA）很好地印证了贝叶斯方法的强大能力。问题来了，假设你有一组文本文档，你希望将它们组织成类别，但却没有很好的方法。文档太多以至于你无法全部阅读完，但你可以将它们放入算法中来完成这样的任务。

你将文件提炼成词袋表示，通常只是一个词性（例如，名词）。不同的名词在多样的主题中互相有不同程度的关联。例如，“足球”几乎肯定来自体育话题，而“码 / 院子”（yard）可能指的是足球比赛的距离度量或某人的房产。它可能属于“体育”主题和“房主”主题。现在，你只需要一个过程来生成此文本。

我们将描述一个映射到图模型的过程。这个过程会产生这样的一些词袋。接着，你就可以调整描述流程的参数以拟合数据集，并发现与我们文档相关的潜在主题。首先，我们要定义一些术语。我们需要将*主题*的概念形式化。

在我们的词汇表中，我们正式地将一个主题描述为离散概率分布。如果你知道文本属于某个特定的主题，则该分布将代表该文档的词汇分布（尽管在实践中，文档往往是多个主题的组合）。例如，在体育主题中，你可能会发现足球这个词的发生频率远高于其他主题。它仍然可能是不常见的，因此概率相对较低，但会比其他的概率大得多。在实践中，对主题中词汇被选中的概率进行排序是理解你发现的主题的好方法。

你还需要文档的正式定义。我们提到过，我们会将文档表示为词袋。我们将用主题的分布来表示文档的主题。如果一个文档有一个权重很高的主题，那么文章中特定的词汇都可能来自于此主题。现在我们准备描述我们生成这种结果的过程。

这个过程会如下一般进行：

- 绘制定义每个主题的词汇分布。
- 为每个文档绘制主题分布。
- 对于每个文档中的每个词汇位置，从文档的主题分布中找出一个主题，然后从这个主题中找出一个词汇。

这样，你就可以循环直到生成整个文档集。通过此过程，你可以拟合文档以发现生成文本的每个文档的主题分布，以及这些主题的词汇分布。首先，你必须将整个过程转换为图模型。为此，你还必须定义先验概率，如此一来你就可以绘制定义主题的词汇分布，并绘制描述文档的主题分布。

这些分布中的每一个都是标签化的：它是一组项（无论是主题还是词汇）的归一化概率分布。你需要一个概率分布用来画这些分布。让我们首先考虑一个更简单的例子：伯努利分布，或不公平抛硬币。

伯努利分布的参数是成功的概率。你想要为你的词汇分布做的事情是得到选择一个词汇的概率。你可以将其视为更高维度的抛硬币。要绘得到抛硬币的概率，你需要一个范围在 0 到 1 之间的分布，同时 beta 分布也是一个不错的候选。

beta 分布具有更高维的推广——狄利克雷分布。每个狄利克雷分布上的结果都是归一化的概率向量。你可以选择狄利克雷分布作为主题分布（文档）和词汇分布（主题）的先验概率。

通常人们会为狄利克雷分布选择均匀的先验概率，并使它们具有相对较高的方差。这允许你有不太相同的词汇和主题，但略微偏向于任何项都是等可能的。

由于已经定义了先验，你可以将流程更加正式化一点。对于 $M$ 个文档，$N$ 个主题和总词汇表中的 $V$ 个词，你可以将其描述如下：

- 对于每个 $i \in \{1,\cdots,N\}$，从 $Dir(\alpha)$ 中抽取一个词汇分布 $t_i$（即主题）。
- 对于每个 $j \in \{1,\cdots,M\}$，从 $Dir(\beta)$ 中抽取一个主题分布 $d_j$（即文档）。
- 对于文档 $j$ 中的第 $k$ 个词汇位，从 $d_j$ 中抽取主题 $t \in \{1,\cdots,N\}$，然后抽取 $t$ 中的词汇。

详细介绍拟合 LDA 的方法已经超出我们的范围。你应该查看文献［33］了解详情。

有一些重要的经验法则可以使主题建模表现得很好。我们总结如下：

- 对你的文本进行分词、词组化和 n-gram 操作并放入词袋。
- 只保留文本中的名词。
- 删除任何出现小于 5 次的词汇。
- 短文档（例如少于 10 个词）经常对于其主题有较大不确定性，以至于没有可用性。

现在，让我们查看 gensim[34]，看看如何拟合主题模型！我们将以 sklearn 中的 20-newsgroups 数据集为例。我们将使用 nltk 进行词干和词性标注，并使用 gensim 来完成繁重的拟合工作。你可能需要为 nltk 下载一些会提示你输入错误消息的模型。

首先，让我们看看词性标记器的输出是什么样的。

```
1 import nltk
2 phrase = "The quick gray fox jumps over the lazy dog"
3 text = nltk.word_tokenize(phrase)
4 nltk.pos_tag(text)
```

其产生了如下输出：

```
[('The', 'DT'),
 ('quick', 'JJ'),
 ('gray', 'JJ'),
 ('fox', 'NN'),
 ('jumps', 'NNS'),
 ('over', 'IN'),
 ('the', 'DT'),
 ('lazy', 'JJ'),
 ('dog', 'NN')]
```

你可以使用此类查询查找词性：

```
nltk.help.upenn_tagset('NN')
NN: noun, common, singular or mass
    common-carrier cabbage knuckle-duster Casino afghan shed thermostat
    investment slide humour falloff slick wind hyena override subhumanity
    machinist ...
```

你只想要名词，所以我们将保留“NN”的标签。专有名词有“NNP”的标签，你也会想要它们。请参阅 nltk 文档以获取完整的标记列表，以查看你可能希望包含的其他标记。这段代码可以解决问题：

```
desired_tags = ['NN', 'NNP']
nouns_only = []
for document in newsgroups_train['data']:
    tokenized = nltk.word_tokenize(document)
    tagged = nltk.pos_tag(tokenized)
    nouns_only.append([word for word, tag in tagged
                       if tag in desired_tags])
```

现在，你想要词干。你将使用特定于语言的词干提取器，因为它们做得更好。

```
from nltk.stem.snowball import SnowballStemmer

stemmer = SnowballStemmer("english")

for i, bag_of_words in enumerate(nouns_only):
    for j, word in enumerate(bag_of_words):
        nouns_only[i][j] = stemmer.stem(word)
```

现在，你想要对单词进行计数，并确保只保留五次及以上出现的单词。

```
word_counts = Counter()
for bag_of_words in nouns_only:
    for word in bag_of_words:
        word_counts[word] += 1

for i, bag_of_words in enumerate(nouns_only):
    for word in enumerate(bag_of_words):
        nouns_only[i] = [word for word in bag_of_words
                         if word_counts[word] >= 5]
```

如果记一下词干提取之前和之后的总词数，你会发现之前有 135 348 个词组而之后有 110 858 个词组。通过词干提取让你摆脱了大约 25 000 个词！最后，你需要将文档映射到 gensim 理解的词袋表示。它采用（单词，计数）元组的列表，其中计数是文档中单词出现的次数。为此，你需要将单词映射为一个对应的整数索引。你可以创建单词索引映射，并在创建元组时使用它。

```
dictionary = {i: word for i, word in enumerate(word_counts.keys())}
word_index = {v:k for k, v in dictionary.items()}

for bag_of_words in enumerate(nouns_only):
    counts = Counter(bag_of_words)
    nouns_only[i] = [(word_index[word], count) for
                     word, count in counts.items()]
```

现在，你终于可以运行该模型了。如果你传入了单词映射，那么可以使用一种很好的方法来打印你发现的主题中的顶级术语。

```
from gensim import models

model = models.LdaModel(nouns_only,
                        id2word=dictionary,
                        num_topics=20)
model.show_topics()
```

其产生了如下输出：

```
[(12,
  '0.031*"god" + 0.030*">" + 0.013*"jesus" + 0.010*"x" + 0.009*"@"
   + 0.008*"law" + 0.006*"encrypt" + 0.006*"time"
   + 0.006*"christian" + 0.006*"subject"'),
 (19,
  '0.011*"@" + 0.011*"stephanopoulo" + 0.010*"subject"
   + 0.009*"univers" + 0.008*"organ" + 0.005*"ripem"
   + 0.005*"inform" + 0.005*"greec" + 0.005*"church"
   + 0.005*"greek"'),
 (16,
  '0.022*"team" + 0.017*"@" + 0.016*"game" + 0.011*">"
   + 0.010*"season" + 0.010*"hockey" + 0.009*"year" + 0.009*"subject"
   + 0.009*"organ" + 0.008*"nhl"'),
 (18,
  '0.056*"@" + 0.045*">" + 0.016*"subject" + 0.015*"organ"
   + 0.011*"re" + 0.009*"articl" + 0.007*"<" + 0.007*"univers"
   + 0.006*"nntp-posting-host" + 0.004*"comput"'),
 (1,
  '0.075*"*" + 0.022*"@" + 0.016*"sale" + 0.013*"subject"
   + 0.013*"organ" + 0.011*"univers" + 0.008*"nntp-posting-host"
   + 0.006*"offer" + 0.005*"distribut" + 0.005*"tape"'),
 (11,
  '0.040*"q" + 0.021*"presid" + 0.014*"mr." + 0.006*"packag"
   + 0.006*"event" + 0.006*">" + 0.005*"handler" + 0.005*"@"
   + 0.004*"mack" + 0.004*"whaley"'),
 (13,
  '0.037*"@" + 0.020*"drive" + 0.018*"subject" + 0.017*"organ"
   + 0.011*"card" + 0.010*"univers" + 0.010*"problem" + 0.009*"disk"
   + 0.009*"system" + 0.008*"nntp-posting-host"'),
 (6,
  '0.065*">" + 0.055*"@" + 0.015*"organ" + 0.014*"subject"
   + 0.013*"re" + 0.012*"articl" + 0.007*"|" + 0.006*"univers"
   + 0.006*"<" + 0.006*"nntp-posting-host"'),
 (7,
  '0.053*">" + 0.039*"@" + 0.011*"subject" + 0.010*"organ"
   + 0.010*"re" + 0.009*"articl" + 0.006*"univers" + 0.006*"]"
   + 0.005*"<" + 0.004*"year"'),
 (17,
```

```
39  '0.160*"|" + 0.028*"@" + 0.015*"subject" + 0.014*"organ"
40   + 0.013*"/" + 0.008*"\\" + 0.008*"nntp-posting-host" + 0.008*">"
41   + 0.007*"+" + 0.007*"univers"')]
```

你可以从这些结果中发现一些东西。首先，文中还有很多额外的干扰，我们还没有过滤掉。在进行分词之前，你应该使用正则表达式来替换非单词字符、标点符号和记号。你还可以看到一些常见的术语，如 subject 和 nntp-posting-host 这样可以出现在任何主题中的术语。这些是我们应该过滤掉或使用术语加权来抑制的常见术语。gensim 在它们的网站上有一些很好的教程，我们建议去那里看看如何使用术语频率、逆文档频率（tfidf）加权来抑制常用术语，而不必从数据中删除。

你还可以发现，尽管存在着噪声，但数据中仍然存在某些内容。第一个主题包含了上帝（god）、耶稣（jesus）和基督教徒（christian），因此可能与宗教新闻组相对应。你可以自己看看哪些新闻组对这个主题有很高的权重。

删除不良字符的快捷方法是使用正则表达式过滤不是字符或数字的所有内容。你可以使用 Python 的 re 包执行此操作，替换它们为空格。当它们被分词的时候，将不再存在。

```
1 filtered = [re.sub('[^a-zA-Z0-9]+', ' ', document) for document
2             in newsgroups_train['data']]
```

如果你在过滤之后重新运行相同的程序，会得到如下结果：

```
1  [(3,
2    '0.002*"polygon" + 0.002*"simm" + 0.002*"vram" + 0.002*"lc"
3     + 0.001*"feustel" + 0.001*"dog" + 0.001*"coprocessor"
4     + 0.001*"nick" + 0.001*"lafayett" + 0.001*"csiro"'),
5   (9,
6    '0.002*"serdar" + 0.002*"argic" + 0.001*"brandei"
7     + 0.001*"turk" + 0.001*"he" + 0.001*"hab" + 0.001*"islam"
8     + 0.001*"tyre" + 0.001*"zuma" + 0.001*"ge"'),
9   (5,
10   '0.004*"msg" + 0.003*"god" + 0.002*"religion" + 0.002*"fbi"
11    + 0.002*"christian" + 0.002*"cult" + 0.002*"atheist"
12    + 0.002*"greec" + 0.001*"life" + 0.001*"robi"'),
13  (11,
14   '0.004*"pitt" + 0.004*"gordon" + 0.003*"bank"
15    + 0.002*"pittsburgh" + 0.002*"cadr" + 0.002*"geb"
16    + 0.002*"duo" + 0.001*"skeptic" + 0.001*"chastiti"
17    + 0.001*"talent"'),
18  (8,
19   '0.003*"access" + 0.003*"gun" + 0.002*"cs" + 0.002*"edu"
20    + 0.002*"x" + 0.002*"dos" + 0.002*"univers"
21    + 0.002*"colorado" + 0.002*"control" + 0.002*"printer"'),
22  (15,
```

```
23   '0.002*"athen" + 0.002*"georgia" + 0.002*"covington"
24    + 0.002*"drum" + 0.001*"aisun3" + 0.001*"rsa"
25    + 0.001*"arromde" + 0.001*"ai" + 0.001*"ham"
26    + 0.001*"missouri"'),
27  (16,
28   '0.002*"ranck" + 0.002*"magnus" + 0.002*"midi"
29    + 0.002*"alomar" + 0.002*"ohio" + 0.001*"skidmor"
30    + 0.001*"epa" + 0.001*"diablo" + 0.001*"viper"
31    + 0.001*"jbh55289"'),
32  (19,
33   '0.002*"islam" + 0.002*"stratus" + 0.002*"com"
34    + 0.002*"mot" + 0.002*"comet" + 0.001*"virginia"
35    + 0.001*"convex" + 0.001*"car" + 0.001*"jaeger"
36    + 0.001*"gov"'),
37  (0,
38   '0.005*"henri" + 0.003*"dyer" + 0.002*"zoo"
39    + 0.002*"spencer" + 0.002*"zoolog" + 0.002*"spdcc"
40    + 0.002*"prize" + 0.002*"outlet" + 0.001*"tempest"
41    + 0.001*"dresden"'),
42  (14,
43   '0.006*"god" + 0.005*"jesus" + 0.004*"church"
44    + 0.002*"christ" + 0.002*"sin" + 0.002*"bibl"
45    + 0.002*"templ" + 0.002*"mari" + 0.002*"cathol"
46    + 0.002*"jsc"')]
```

这些结果显然更好，但是仍然不够完美。像这样的算法有许多参数可以调整，所以这是一个很好的实验起点。

我们应该提到 gensim 一个强大的方面。它在项的生成器上工作，而不是一堆项。这允许你使用非常大的数据集而不需要将它们都加载到内存中。正如 gensim 的教程建议的那样，它适合在维基百科和其他大型语料库中对主题进行建模。

## 12.7　结论

在本章中，你了解了如何使用一些贝叶斯网络和其他方法来减少数据维度并发现数据中的潜在结构。我们看过了一些示例，它们用来分析调查反馈和其他分类数据很有效。我们用一个详细的例子学习了主题建模。理想状况下，你现在已经非常熟悉隐变量模型，并且可以自信地使用它们！

# 第13章
# 因果推断

## 13.1 引言

我们已经介绍了几种机器学习算法，并表明它们可以用来产生清晰、可解释的结果。你已经看到，逻辑回归系数可以用来说明一个结果与一个特征（对于二元特征）结合的可能性有多大，或者每单位变量的增加导致结果发生的可能性是多少（对于实值特征）。我们想做出更有力的发言。我们想说“如果你增加一个单位的变量，那么它将产生使结果更有可能的效应。”

对回归系数的这两种解释在表面上是如此的相似，以至于你可能不得不把它们读几遍才能弄清楚意思。关键是，在第一种情况下，我们描述的是我们观察到的系统中通常会发生什么。在第二种情况下，我们说的是，如果我们干预那个系统并干扰它的正常运行，将会发生什么。

在说明一个例子之后，我们将建立数学和概念机制来描述干预。我们将介绍如何从描述观测数据转变为描述干预效应的贝叶斯网络。我们将通过一些经典的方法来估计干预的效应，最后我们将解释如何使用机器学习估计器来估计干预的效应。

如果你想象一个二元结果，比如“我上班迟到了”，你可以想象一些可能随之而变化的特征。恶劣的天气会导致你上班迟到，恶劣的天气也会让你穿雨靴。那么你穿雨靴的日子是你更有可能上班迟到的日子。如果你看一下二元特征“穿雨靴”和结果“我上班迟到了”之间的相互关系，你会发现一个积极的关系。当然，说穿雨靴导致你上班迟到是无稽之谈，这只是坏天气的象征。你永远不会推荐“你不应该穿雨靴，这样你就不会经常上班迟到”的原则。只有“穿雨靴”与“上班迟到”有因果相关时，才是合理的。作为一种预防迟到的干预措施，不穿雨靴没有任何意义。

在本章中，你将了解相关（雨靴和迟到）与因果（下雨和迟到）关系之间的区别。我们将讨论建立因果关系的黄金原则：实验。我们还将介绍一些方法来发现在无法运行实验的情况下的因果关系，这种实验经常在真实的环境中发生。

## 13.2 实验

你可能熟悉的情况是 AB 测试。你对一个产品进行更改，并根据产品的原始版本对其进行测试。你可以通过将用户随机分为两组来完成此操作。分组成员由 $D$ 表示，其中 $D=1$ 是体验新变化的组（测试组），$D=0$ 是体验产品原始版本的组（对照组）。具体来说，让我们假设你正在观察推荐系统变化的效应，该系统在网站上做文章推荐。对照组体验原始算法，测试组体验新版本。你想看看这个变化对总页面浏览量 $Y$ 的影响。

你将通过观察一个叫作平均处理效应（Average Treatment Effect，ATE）的量来衡量这个效应。ATE 是测试组和对照组之间结果的平均差异：$E_{test}[Y]-E_{control}[Y]$，或 $\delta_{naive}=E[Y|D=1]-E[Y|D=0]$。这是 ATE 的“朴素”估计，因为在这里我们忽视了一切其他因素。对于实验，它是对真实效应的无偏估计。

一个估计它的好办法是进行回归。这样你可以同时测量误差范围，并包含你认为可能会降低 $Y$ 中噪声的其他协变量，以便获得更精确的结果。让我们继续这个例子。

```
1  import numpy as np
2  import pandas as pd
3
4  N = 1000
5
6  x = np.random.normal(size=N)
7  d = np.random.binomial(1., 0.5, size=N)
8  y = 3. * d + x + np.random.normal()
9
10 X = pd.DataFrame({'X': x, 'D': d, 'Y': y})
```

在这里，我们将 $D$ 随机分为一半测试组，一半对照组。$X$ 是导致 $Y$ 的其他协变量，$Y$ 是结果变量。我们为 $Y$ 添加了一些额外的噪声来让这个问题更复杂。

在给定协变量 $D$ 的情况下，可以使用回归模型 $Y=\beta_0+\beta_1 D$ 来估计 $Y$ 的期望值，即 $E[Y|D]=\beta_0+\beta_1 D$。对于 $D$ 的所有值（即 0 或 1），$\beta_0$ 都会被加到 $E[Y|D]$ 中。但仅当 $D=1$ 时才添加 $\beta_1$ 部分，因为当 $D=0$ 时，它会乘以零。这意味着当 $D=0$ 时 $E[Y|D=0]=\beta_0$，当 $D=1$ 时，$E[Y|D=1]=\beta_0+\beta_1$。因此，$\beta_1$ 系数能够衡量 $D=1$ 和 $D=0$ 组之间的平均 $Y$ 值的差异。因为 $E[Y|D=1]-E[Y|D=0]=\beta_1$！你可以使用该系数来估计此实验的效应。

当你用 $D$ 对 $Y$ 进行回归时，得到如图 13-1 所示的结果。

```
1 from statsmodels.api import OLS
2 X['intercept'] = 1.
3 model = OLS(X['Y'], X[['D', 'intercept']])
4 result = model.fit()
5 result.summary()
```

OLS Regression Results

| | | | |
|---|---|---|---|
| **Dep. Variable:** | Y | **R-squared:** | 0.560 |
| **Model:** | OLS | **Adj. R-squared:** | 0.555 |
| **Method:** | Least Squares | **F-statistic:** | 124.5 |
| **Date:** | Sun, 08 Apr 2018 | **Prob (F-statistic):** | 3.79e-19 |
| **Time:** | 22:28:01 | **Log-Likelihood:** | -180.93 |
| **No. Observations:** | 100 | **AIC:** | 365.9 |
| **Df Residuals:** | 98 | **BIC:** | 371.1 |
| **Df Model:** | 1 | | |
| **Covariance Type:** | nonrobust | | |

| | coef | std err | t | P>\|t\| | [0.025 | 0.975] |
|---|---|---|---|---|---|---|
| **D** | 3.3551 | 0.301 | 11.158 | 0.000 | 2.758 | 3.952 |
| **intercept** | -0.1640 | 0.225 | -0.729 | 0.468 | -0.611 | 0.283 |

| | | | |
|---|---|---|---|
| **Omnibus:** | 0.225 | **Durbin-Watson:** | 1.866 |
| **Prob(Omnibus):** | 0.894 | **Jarque-Bera (JB):** | 0.360 |
| **Skew:** | 0.098 | **Prob(JB):** | 0.835 |
| **Kurtosis:** | 2.780 | **Cond.No.** | 2.78 |

图 13-1 $Y=\beta_0+\beta_1 D$ 的回归

为什么可以这样做？为什么可以说实验的效应就是测试组和对照组结果之间的差异？这似乎是显而易见的，但是下一节将打破这种直觉。在继续下一节之前，我们先确保你能深入理解它。

每个人都可以被分配到测试组或对照组，但不能同时被分配到这两组中。对于被分配到测试组的人，你可以假设如果将他们分配给对照组，他们的结果会具有什么价值。你可以将此值设为 $Y^0$，因为它是 $D$ 为 0 时候的 $Y$ 值。同样，对于对照组，你可以假设一个 $Y^1$。你真正想要衡量的是每个人的结果差异 $\delta=Y^1-Y^0$。这是不可能的，因为每个人只能在一个组里面！因此，这些 $Y^1$ 和 $Y^0$ 变量称为潜在结果。

如果将某人分配到测试组，测量结果 $Y=Y^1$。如果将某人分配给对照组，测量

结果 $Y=Y^0$。由于你无法测量单个效应，因此你可以测量总体效应。我们试着看看 $E[Y^1]$ 和 $E[Y^0]$。我们希望 $E[Y^1]=E[Y|D=1]$，$E[Y^0]=E[Y|D=0]$，但我们不能保证这是真的。在推荐系统测试示例中，如果你将具有较高 $Y^0$ 页面浏览量的人员分配给测试组，会发生什么？你可能测量出了一个比真实效应更大的效应！

幸运的是，你随机化了 $D$ 以确保它独立于 $Y^0$ 和 $Y^1$。这样，你确定 $E[Y^1]=E[Y|D=1]$，$E[Y^0]=E[Y|D=0]$，所以你可以说 $\delta=E[Y^1-Y^0]=E[Y|D=1]-E[Y|D=0]$。但当其他因素影响对 $D$ 的分配时，你就不能再确定你做出了正确的估计！当你无法控制系统时这通常是正确的，你无法确保 $D$ 独立于所有其他因素。

在一般情况下，$D$ 不仅仅是二元变量。它可以是有序的、离散的或连续的。你可能想知道文章长度对分享率的影响，吸烟会患肺癌的概率，你出生的城市对未来收入的影响，等等。

为了好玩，在继续之前，让我们看看你可以在实验中做些什么来获得更精确的结果。由于我们有一个共同的变量 $X$，它也会导致 $Y$，因此我们可以解释更多 $Y$ 中的变化。这使我们的预测减少了噪声，因此我们对 $D$ 的效应估计会更精确！让我们来一起看看。我们现在在 $D$ 和 $X$ 上进行回归得到图 13-2。

| | | | |
|---|---|---|---|
| Dep. Variable: | Y | R-squared: | 0.754 |
| Model: | OLS | Adj. R-squared: | 0.749 |
| Method: | Least Squares | F-statistic: | 148.8 |
| Date: | Sun, 08 Apr 2018 | Prob (F-statistic): | 2.75e-30 |
| Time: | 22:59:08 | Log-Likelihood: | -151.76 |
| No. Observations: | 100 | AIC: | 309.5 |
| Df Residuals: | 97 | BIC: | 317.3 |
| Df Model: | 2 | | |
| Covariance Type: | nonrobust | | |

| | coef | std err | t | P>\|t\| | [0.025 | 0.975] |
|---|---|---|---|---|---|---|
| D | 3.2089 | 0.226 | 14.175 | 0.000 | 2.760 | 3.658 |
| X | 1.0237 | 0.117 | 8.766 | 0.000 | 0.792 | 1.256 |
| intercept | 0.0110 | 0.170 | 0.065 | 0.949 | -0.327 | 0.349 |

| | | | |
|---|---|---|---|
| Omnibus: | 2.540 | Durbin-Watson: | 1.648 |
| Prob(Omnibus): | 0.281 | Jarque-Bera (JB): | 2.362 |
| Skew: | -0.293 | Prob(JB): | 0.307 |
| Kurtosis: | 2.528 | Cond.No. | 2.81 |

图 13-2　$Y=\beta_0+\beta_1D+\beta_2X$ 的回归

注意这里 $R^2$ 要好得多。另外，注意 $D$ 的置信区间要窄得多！范围从 3.95－2.76=1.19 下降到了 3.66－2.76=0.9。简而言之，找到能影响结果的协变量可以提高实验的精确度！

## 13.3 观测值：一个实例

让我们看看当你没有让因独立于所有其他东西的时候会发生什么。我们将用它来展示如何建立一些直觉来说明观察与干预有什么不同。让我们看一个简单的模型，看看社群（$N$）中种族（$R$）、贫困（$P$）和犯罪（$C$）之间的相互关系。贫困减少了人们的生活选择，使犯罪更容易发生。这使贫困成为犯罪的一个原因。其次，社群内的种族构成会在一段时间内持续，所以社群关系是种族构成的一个原因。社群也决定了一些社会因素，如文化和教育（$E$），因此可以成为贫困的原因。这就是图 13-3 中的因果图。

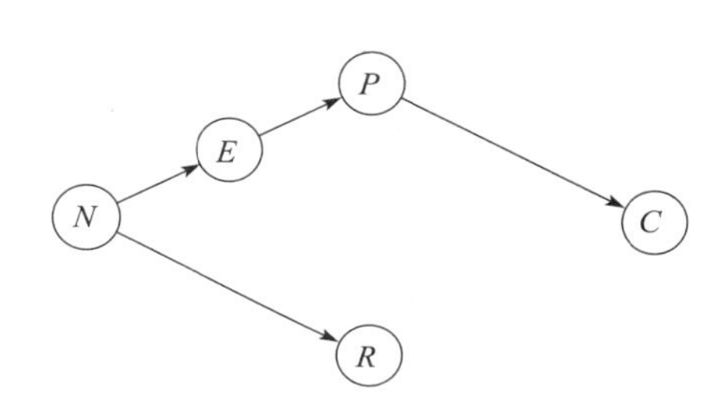


图 13-3　社群是种族构成和贫困等级的因。而贫困等级是犯罪的原因

在这里，种族和犯罪之间没有因果关系，但你会发现它们的观察数据是相关的。让我们模拟一些数据来检验这一点。

```
1  N = 10000
2
3  neighborhood = np.array(range(N))
4
5  industry = neighborhood % 3
6
7  race = ((neighborhood % 3
8
9          + np.random.binomial(3, p=0.2, size=N))) % 4
10
11 income = np.random.gamma(25, 1000*(industry + 1))
12
13 crime = np.random.gamma(100000. / income, 100, size=N)
14
15 X = pd.DataFrame({'$R$': race, '$I$': income, '$C$': crime,
16
17                   '$E$': industry, '$N$': neighborhood})
```

这其中，每个数据点都是一个社群。每个社区的种族构成和主导产业都有共同的历史遗留原因。该产业决定了社群的收入水平，而收入水平与犯罪量呈负相关。

如果你将此数据的相关矩阵绘制出来（参见图 13-4），你可以看到种族和犯罪是相关的，即使它们没有因果关系！

| | $C$ | $E$ | $I$ | $N$ | $R$ |
|---|---|---|---|---|---|
| $C$ | 1.000000 | −0.542328 | −0.567124 | 0.005518 | −0.492169 |
| $E$ | −0.542328 | 1.000000 | 0.880411 | 0.000071 | 0.897789 |
| $I$ | −0.567124 | 0.880411 | 1.000000 | −0.005650 | 0.793993 |
| $N$ | 0.005518 | 0.000071 | −0.005650 | 1.000000 | −0.003666 |
| $R$ | −0.492169 | 0.897789 | 0.793993 | −0.003666 | 1.000000 |

图 13-4　原始数据显示犯罪（$C$）、行业（$E$）、收入（$I$）、社群（$N$）和种族（$R$）之间的相关性

你可以采用回归方法，看看如何解释回归系数。由于我们知道要使用的模型，我们可以进行正确的回归，得到图 13-5 中的结果。

广义线性模型回归结果

| | | | |
|---|---|---|---|
| **Dep. Variable:** | $C$ | **No. Observations:** | 10000 |
| **Model:** | GLM | **Df Residuals:** | 9999 |
| **Model Family:** | Gamma | **Df Model:** | 0 |
| **Link Function:** | inverse_power | **Scale:** | 1.53451766278 |
| **Method:** | IRLS | **Long-Likelihood:** | −68812. |
| **Date:** | Sun, 06 Aug 2017 | **Deviance:** | 15138. |
| **Time:** | 22:43:02 | **Pearson chi2:** | 1.53e+04 |
| **No. Iterations:** | 7 | | |

| | **coef** | **std err** | **z** | **P>\|z\|** | **[0.025** | **0.975]** |
|---|---|---|---|---|---|---|
| $1/I$ | 123.0380 | 1.524 | 80.726 | 0.000 | 120.051 | 126.025 |

图 13-5　犯罪和收入逆向的回归

```
1 from statsmodels.api import GLM
2 import statsmodels.api as sm
3
4 X['$1/I$'] = 1. / X['$I$']
5 model = GLM(X['$C$'], X[['$1/I$']], family=sm.families.Gamma())
6 result = model.fit()
7 result.summary()
```

由此可以看出，当 $1/I$ 增加一个单位时，犯罪数量增加了 123 个单位。如果犯罪的单位是犯罪数每 10 000 个人的话，这意味着在 10 000 个人里增多了 123 个罪犯。

这是一个很好的结果，但是你真的想知道结果是不是有因果关系。如果具有因果关系，那么意味着你可以设计策略来干预这种关系。也就是说，你想知道其他一

切都是固定的时候，人们获得了更多的收入，犯罪是否会更少一些。如果这是一个因果结果，你可以说，如果你让收入更高一些（独立于其他一切），那么可以预见的是，对于 1/*I* 每减少一个单位，会有 123 个犯罪数的减少。那是什么阻碍着我们提出这样的声明呢？

你会发现回归结果不一定是因果关系。让我们来看看种族和犯罪之间的关系。我们将进行另外一次回归，如下所示：

```
from statsmodels.api import GLM
import statsmodels.api as sm

races = {0: 'african-american', 1: 'hispanic',
         2: 'asian', 3: 'white'}
X['race'] = X['$R$'].apply(lambda x: races[x])
race_dummies = pd.get_dummies(X['race'])
X[race_dummies.columns] = race_dummies
model = OLS(X['$C$'], race_dummies)
result = model.fit()
result.summary()
```

图 13-6 展示了运行结果。

| Dep. Variable: | C | R-squared: | 0.262 |
|---|---|---|---|
| Model: | OLS | Adj. R-squared: | 0.262 |
| Method: | Least Squares | F-statistic: | 1184. |
| Date: | Sun, 06 Aug 2017 | Prob (F-statistic): | 0.00 |
| Time: | 22:59:47 | Log-Likelihood: | -65878. |
| No. Observations: | 10000 | AIC: | 1.318e+05 |
| Df Residuals: | 9996 | BIC: | 1.318e+05 |
| Df Model: | 3 | | |
| Covariance Type: | nonrobust | | |

| | coef | std err | t | P>\|t\| | [0.025 | 0.975] |
|---|---|---|---|---|---|---|
| african-american | 411.9718 | 3.395 | 121.351 | 0.000 | 405.317 | 418.626 |
| asian | 155.0682 | 3.020 | 51.350 | 0.000 | 149.149 | 160.988 |
| hispanic | 248.8263 | 3.066 | 81.159 | 0.000 | 242.817 | 254.836 |
| white | 132.0232 | 6.909 | 19.108 | 0.000 | 118.479 | 145.567 |

| Omnibus: | 2545.693 | Durbin-Watson: | 1.985 |
|---|---|---|---|
| Prob(Omnibus): | 0.000 | Jarque-Bera (JB): | 7281.773 |
| Skew: | 1.335 | Prob(JB): | 0.00 |
| Kurtosis: | 6.217 | Cond. No. | 2.29 |

图 13-6 统计数据突出了种族与犯罪之间的关系

从中，你会发现种族和犯罪之间存在强烈的相关关系，即使它们并没有什么因果关系。你要知道，如果我们把很多白人迁移到一个黑人社区（其收入水平保持不变），应该不会对犯罪有影响。如果这种回归是因果关系，应该会有影响才对。为什么你会发现显著的回归系数，甚至其根本就没有因果关系呢？

在这个例子中，你错了，因为种族构成和收入水平是由每个社区的历史遗留的。这是两个变量共同的原因。如果你不控制该历史记录，那么你将在两个变量之间找到虚假的关联关系。你看到的是一般的规则：当两个变量共有一个相同的原因时，即使它们之间没有因果关系，它们也会相关（或者更一般地说，在统计上存在依赖）。

这个常见的因果问题的另一个很好的例子是，当柠檬水销售量很高的时候，犯罪率也很高。如果你对柠檬水销售量和犯罪数进行回归，你会发现柠檬水销售量每单位增加导致的犯罪率增加更显著！显然，解决方案不会是打击柠檬水的摊位。事实上，在炎热的天气时柠檬水更畅销。而在炎热的日子里，犯罪率也会更高。天气是犯罪率和柠檬水销量共享的原因。我们发现，即使它们之间没有因果关系，两者也是相关的。

柠檬水示例中的解决方案是控制天气因素。如果你关注天气晴朗并且温度在 95 华氏度左右的所有日子，天气对柠檬水销售的影响是固定的。在受限制的数据集中，天气对犯罪率的影响也是不变的。两者之间的任何差异都必然是因为其他因素。你会发现柠檬水销售量和犯罪率在这个受限制的数据集中不再有显著的相关性。这样的情况通常被称为混杂，而打破混杂的方法是控制混杂。

类似地，如果你只关注具有特定历史背景的社群（在此情况下，对应的变量是主导产业），那么你将打破种族和收入之间的关系，以及种族和犯罪之间的关系。

为了更加严格地说明这一点，让我们看一下图 13-3。我们可以看到依赖的来源，其中有从 $N$ 到 $R$ 的路径，以及从 $N$ 到 $E$ 和 $P$ 到 $C$ 的路径。如果你能够通过保持一个固定的变量来打破这条路径，你就可以破坏沿着其流动的依赖性。结果将与通常的观测结果不同。你会更改图中的依赖，所以你会改变所有这些变量的联合概率分布。

如果你以独立于主导行业的方式对特定的某个地区进行收入水平的干预，你将打破行业与收入之间的因果关系，从而产生图 13-7 中的图表。在这个系统中，你会发现在种族和犯罪率之间产生的依赖道路被截断了。两者应该是独立的。

如何仅使用观测数据进行控制？一种方法是限制数据的子集。例如，你可以仅仅查看行业 0 并看看最后一个回归表现如何。

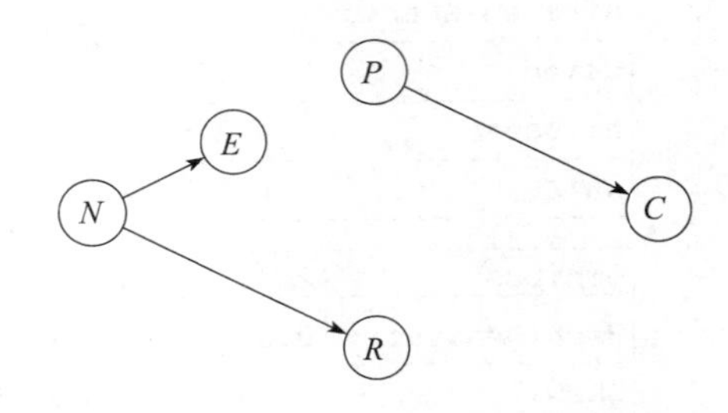


图 13-7　干预后的结果，你通过直接设定收入水平来干预，其方式独立于邻近的主导产业

```
X_restricted = X[X['$E$'] == 0]

races = {0: 'african-american', 1: 'hispanic',
         2: 'asian', 3: 'white'}
X_restricted['race'] = X_restricted['$R$'].apply(lambda x: races[x])
race_dummies = pd.get_dummies(X_restricted['race'])
X_restricted[race_dummies.columns] = race_dummies
model = OLS(X_restricted['$C$'], race_dummies)
result = model.fit()
result.summary()
```

这个程序的结果在图 13-8 中展示。

| Dep. Variable: | C | R-squared: | 0.001 |
|---|---|---|---|
| Model: | OLS | Adj. R-squared: | 0.000 |
| Method: | Least Squares | F-statistic: | 1.109 |
| Date: | Sun, 06 Aug 2017 | Prob (F-statistic): | 0.344 |
| Time: | 23:19:14 | Log-Likelihood: | -22708. |
| No. Observations: | 3334 | AIC: | 4.542e+04 |
| Df Residuals: | 3330 | BIC: | 4.545e+04 |
| Df Model: | 3 | | |
| Covariance Type: | nonrobust | | |

| | coef | std err | t | P>\|t\| | [0.025 | 0.975] |
|---|---|---|---|---|---|---|
| african-american | 415.1116 | 5.260 | 78.914 | 0.000 | 404.798 | 425.425 |
| asian | 421.3615 | 12.326 | 34.185 | 0.000 | 397.194 | 445.529 |
| hispanic | 421.3907 | 6.239 | 67.536 | 0.000 | 409.157 | 433.624 |
| white | 484.8838 | 40.816 | 11.880 | 0.000 | 404.856 | 564.911 |

| Omnibus: | 538.823 | Durbin-Watson: | 1.947 |
|---|---|---|---|
| Prob(Omnibus): | 0.000 | Jarque-Bera (JB): | 943.390 |
| Skew: | 1.038 | Prob(JB): | 1.40e-205 |
| Kurtosis: | 4.575 | Cond. No. | 7.76 |

图 13-8 关于种族指标变量的假设回归预测犯罪率，但使用的数据是控制了其当地产业这个因素的。预期的犯罪率在控制了当地产业这个因素之后是与结果相同的

现在你可以看到所有结果都在彼此的置信区间之内！种族和犯罪之间的依赖性通过该地区的产业得到了充分的解释。换句话说，在这个假设的数据集中，当你知道了该地区的主导产业是什么的时候，犯罪就与种族无关。你所做的与你以前做过的条件是一样的。

注意到新系数的置信区间与之前相比宽得多。这是因为你只限制了一小部分数据。也许通过使用更多的数据，你可以做得更好。事实证明，控制某些东西比限制

数据集要好一些。你可以回归一下你想要控制的变量！

```
from statsmodels.api import GLM
import statsmodels.api as sm

races = {0: 'african-american', 1: 'hispanic',
         2: 'asian', 3: 'white'}
X['race'] = X['$R$'].apply(lambda x: races[x])
race_dummies = pd.get_dummies(X['race'])
X[race_dummies.columns] = race_dummies

industries = {i: 'industry_{}'.format(i) for i in range(3)}
X['industry'] = X['$E$'].apply(lambda x: industries[x])
industry_dummies = pd.get_dummies(X['industry'])
X[industry_dummies.columns] = industry_dummies

x = list(industry_dummies.columns)[1:] + list(race_dummies.columns)

model = OLS(X['$C$'], X[x])
result = model.fit()
result.summary()
```

接着，你就可以得到如图 13-9 所示的结果。

| Dep. Variable: | C | R-squared: | 0.331 |
|---|---|---|---|
| Model: | OLS | Adj. R-squared: | 0.331 |
| Method: | Least Squares | F-statistic: | 988.5 |
| Date: | Sun, 06 Aug 2017 | Prob (F-statistic): | 0.00 |
| Time: | 23:29:24 | Log-Likelihood: | -65483. |
| No. Observations: | 10000 | AIC: | 1.310e+05 |
| Df Residuals: | 9994 | BIC: | 1.310e+05 |
| Df Model: | 5 | | |
| Covariance Type: | nonrobust | | |

| | coef | std err | t | P>\|t\| | [0.025 | 0.975] |
|---|---|---|---|---|---|---|
| industry_1 | -215.1618 | 4.931 | -43.638 | 0.000 | -224.827 | -205.497 |
| industry_2 | -278.9783 | 5.581 | -49.984 | 0.000 | -289.919 | -268.038 |
| african-american | 415.2042 | 3.799 | 109.306 | 0.000 | 407.758 | 422.650 |
| asian | 418.0980 | 5.203 | 80.361 | 0.000 | 407.900 | 428.296 |
| hispanic | 423.5622 | 4.216 | 100.464 | 0.000 | 415.298 | 431.827 |
| white | 422.1700 | 6.530 | 64.647 | 0.000 | 409.369 | 434.971 |

| Omnibus: | 2493.579 | Durbin-Watson: | 1.991 |
|---|---|---|---|
| Prob(Omnibus): | 0.000 | Jarque-Bera (JB): | 7156.219 |
| Skew: | 1.306 | Prob(JB): | 0.00 |
| Kurtosis: | 6.218 | Cond. No. | 4.56 |

图 13-9　统计数据突出了 OLS 与种族和行业之间的关系

这种情况下，置信区间要窄得多，你会发现种族和收入水平之间仍然没有显著的关联（系数大致相等）。这是一个因果回归结果。现在可以看到干预改变社区的种族构成对结果没有任何影响。这个简单的例子非常好，因为你可以看到要控制的内容，并且你已经测量了需要控制的因素。你怎么知道一般控制什么呢？你总是能做得很成功吗？事实证明这在实践中非常困难，但有时你做了就再好不过了。

## 13.4 非因果阻断控制法

你刚刚看到你可以通过控制正确的变量来获取相关结果并使其成为因果结果。你怎么知道要控制哪些变量？你怎么知道回归分析会控制它们？本节很大程度上依赖于第 11 章中的 d 分离。如果你不太熟悉的话，你可能现在想要复习一下它。

你在前一章中看到，条件作用可以打破统计依赖性。如果你对路径 $X \rightarrow Y \rightarrow Z$ 的中间变量进行调整，你将打破 $X$ 和 $Z$ 之间路径产生的依赖关系。如果你在混杂变量 $X \leftarrow Z \rightarrow Y$ 上进行调整，你也可以打破混杂变量引起的 $X$ 和 $Y$ 之间的依赖关系。值得注意的是，由 $X$ 和 $Y$ 之间的其他路径导致的统计依赖性不受此调整影响。例如，如果你在图 13-10 中的系统中对 $Z$ 进行调整，那么你将摆脱混杂但保留因果依赖性。

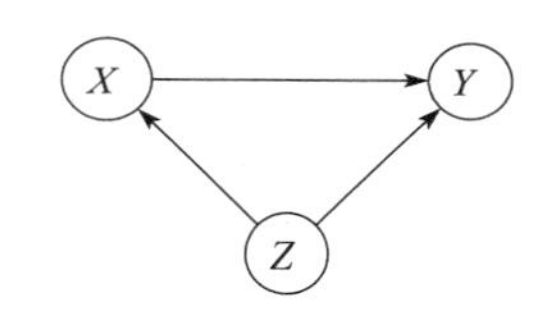

图 13-10 $Z$ 上的调整会破坏混杂，但 $X$ 和 $Y$ 之间的因果统计依赖性保持不变

如果有一个通用规则来选择阻断哪些路径，你就可以消除变量之间的所有非因果依赖性，保存因果依赖性。“后门”准则就是你正在寻找的规则。它告诉你应该控制哪些变量集 $Z$，以消除 $X_i$ 和 $X_j$ 之间的任何非因果统计依赖性。在引入标准之前，你应该注意到最后的细微差别。如果你想知道 $X_i$ 和 $X_j$ 之间的相关性是否是“因果关系”，你必须担心效应的指向。例如，“休假”和“放松”的相关性并不会让人感到困惑，但你其实想知道“正在度假”是否是导致你“放松”的原因。这会报告一条原则，即度假是为了放松。如果因果关系被逆转，你就无法采用这一原则。

考虑到这一点，后门标准是相对于有序变量 $(X_i, X_j)$ 定义的，其中 $X_i$ 是原因，$X_j$ 是效应。

**定义 13.1 后门调整**

控制一组变量 $Z$ 就足以消除因果图 $G$ 中 $X_i$ 对 $X_j$ 影响的非因果依赖性，如果：

- $Z$ 中没有变量是 $X_i$ 的后代
- $Z$ 阻断了 $X_i$ 和 $X_j$ 之间所有指向 $X_i$ 的路径。

我们不会证明这个定理，但让我们为它建立一些直觉。首先，让我们检查条件“$Z$中没有变量是$X_i$的后代。”你之前已经了解到，如果你对$X_i$和$X_j$的共同效应做出调整，那么这两个变量将是有条件依赖的，即使通常它们之间独立。如果你对任何共同效应的效应（以及路径往下）做出调整，其仍然是正确的。因此，你可以看到后门标准的第一部分阻止你在没有依赖的情况下引入额外的依赖性。

不止于此。如果有个像$X_i \to X_k \to X_j$这样的链，你发现$X_k$是$X_i$的后代。这在$Z$中是不允许的。这是因为如果你对$X_k$做调整，你就阻断了$X_i$和$X_j$之间的因果路径。因此，你会发现第一个条件也会阻止你对因果路径上的变量进行调整。

第二个条件是“$Z$阻断了$X_i$和$X_j$之间所有指向$X_i$的路径。”这部分告诉我们要控制混杂因素。怎么解释？让我们考虑一些情况，其中沿着$X_i$和$X_j$之间的路径存在一个或多个节点，并且路径箭头指向$X_i$。如果$X_i$和$X_j$之间的路径上有一个冲撞点，那么路径已经被阻断，所以你只是在空集上调整来阻断该路径。接下来，如果路径上有一个分岔，比如路径$X_i \leftarrow X_k \to X_j$，并且没有冲撞点，那么这就是典型的混杂。你可以在阻断它的路径上的任何节点上进行调整。在这种情况下，你将$X_k$添加到了集合$Z$。注意，由于存在着指向$X_i$的箭头，不能再有一个从$X_i$到$X_j$的因果路径指向$X_i$。

因此，你可以看到你阻断了$X_i$到$X_j$的所有非因果路径，剩下的统计依赖性将显示$X_j$对$X_i$的因果依赖性。有没有办法可以利用这种依赖来估计干预措施的效应？

## G 公式

让我们看一下干预的真正含义。你有一个如图 13-11 所示的图形。

你想估计$X_2$对$X_5$的影响。也就是说，你想说“如果我介入这个系统，将$X_2$的值设为$x_2$，那么$X_5$会怎样变化？要量化效应，你必须意识到所有这些变量的值不仅取决于它们的前代，还取决于系统中的噪声。因此，即使$X_2$对$X_5$有确定性影响（比如能将$X_5$的值提高一个单位），你也只能用值的分布来描述$X_5$的值。因此，当你估计$X_2$对$X_5$的影响时，你真正想要的是当你进行干预，固定$X_2$的值时$X_5$的分布。

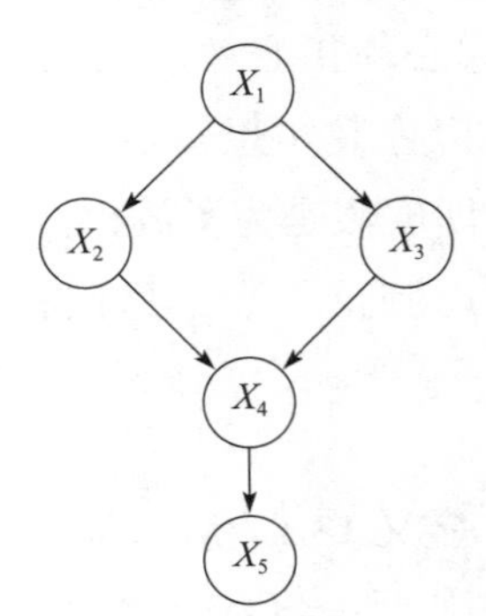


图 13-11　干预因果图。从这个系统收集的数据反映了我们观察时世界的运作方式

让我们来看看干预的意思。如果说我们想要忽略$X_1$对$X_2$通常的作用，我们通过对

$X_2$ 施加一些外力（我们的行为）来将 $X_2$ 的值固定为 $x_2$。这消除了 $X_2$ 和 $X_1$ 之间通常的依赖性，并且因为破坏了通过 $X_2$ 的路径，所以也破坏了 $X_1$ 对 $X_4$ 的下游作用。因此我们期望 $X_1$ 和 $X_4$ 的边缘分布 $P(X_1, X_4)$ 发生变化，$X_1$ 和 $X_5$ 的分布也一样！我们的干预可以影响其下游的每个变量，而不仅仅依赖于 $x_2$ 的值。我们实际上是破坏了其他依赖。

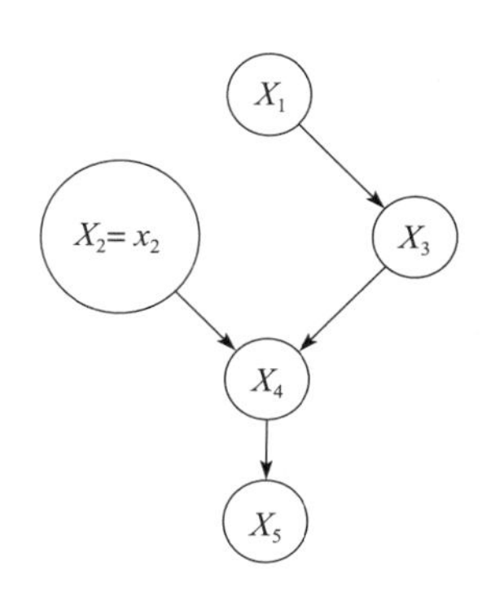


图 13-12 表示干预的图 $do(X_2 = x_2)$。该数据的统计信息与图 13-11 中的系统不同

你可以绘制一个代表此干预的新图。此时，你会看到这个操作，即只调整 $X_2 = x_2$，与观察到的 $X_2 = x_2$ 时的值非常不同。这是因为你破坏了图中的其他依赖性，你现在实际上在说图 13-12 中所描述的新系统。

你需要一些新的符号来讨论这种干预，所以你用 $do(X_2 = x_2)$ 表示执行此操作的干预。这为你提供了干预或 do 算子的定义。

**定义 13.2 do 算子**

我们在 DAG 系统中描述了一个名为 do 算子的干预，$G$ 是我们干预 $X_i$ 的操作：

- 删除所有 $G$ 中指向 $X_i$ 的边
- 将 $X_i$ 的值设置为 $x_i$。

这个新图的联合分布是什么样的？我们将其分解为下式：

$$P_{do(X_2=x_2)}(X_1,X_2,X_3,X_4,X_5) = P(X_5 \mid X_4)P(X_4 \mid X_2,X_3)P(X_3 \mid X_1)\delta(X_2,x_2)P(X_1) \qquad (13.1)$$

这里我们用 $\delta$ 函数表示 $P(X_2)$，所以如果 $X_2 \neq x_2$，则 $P(X_2)=0$，如果 $X_2 = x_2$，则 $P(X_2)=1$。基本上我们说干预使 $X_2 = x_2$ 时，我们确信它是有效的。我们可以在别的地方执行 $X_2 = x_2$，就像 $P(X_4 \mid X_2, X_3)$ 的分布一样，但只是用 $X_2 = x_2$ 代替 $X_2$，因为如果 $X_2 \neq x_2$，整个右边都是零。

最后，让我们调整 $X_2$ 的分布，来让这个公式右边不那么奇怪。我们写成下面这样：

$$P_{do(X_2=x_2)}(X_1,X_2,X_3,X_4,X_5 \mid X_2) = P(X_5 \mid X_4)P(X_4 \mid X_2 = x_2,X_3)P(X_3 \mid X_1)P(X_1) \qquad (13.2)$$

但是，除以 $P(X_2 \mid X_1)$，和原始公式是一样的！具体如下：

$$P_{do(X_2=x_2)}(X_1,X_2,X_3,X_4,X_5 \mid X_2 = x_2) = \frac{P(X_1, X_2 = x_2, X_3, X_4, X_5)}{P(X_2 = x_2 \mid X_1)} \qquad (13.3)$$

令人难以置信的是，这个公式很通用。我们可以写成下面这样：

$$P(X_1,\cdots,X_n \mid do(X_i=x_i))=\frac{P(X_1,\cdots,X_n)}{P(X_i \mid Pa(X_i))} \tag{13.4}$$

这引出了一个很好的通用规则：变量的“父母”总是满足后门标准！事实证明，我们甚至可以比这更通用。如果我们将除 $X_i$ 和 $X_j$ 之外的所有东西边缘化，我们会看到“父母”是控制混杂因素的一组变量。

$$P(X_j,Pa(X_i) \mid do(X_i=x_i))=\frac{P(X_j,X_i,Pa(X_i))}{P(X_i \mid Pa(X_i))} \tag{13.5}$$

事实证明（我们将在没有证据的情况下说明）你可以将“父母”推广到任何满足后门标准的集合 $Z$。

$$P(X_j,Z \mid do(X_i=x_i))=\frac{P(X_j,X_i,Z)}{P(X_i \mid Z)} \tag{13.6}$$

你可以将 $Z$ 边缘化，并使用条件概率的定义来写一个重要的公式，如定义 13.3 所示。

**定义 13.3 Robins G 公式**

$$P(X_j \mid do(X_i{=}x_i))=\sum_Z P(X_j \mid X_i,Z)P(Z)$$

这是在干预 $X_i$ 下估计 $X_j$ 分布的通用公式。注意，所有这些分布都来自干预之前的系统。这意味着你可以使用观测数据来估计 $X_j$ 在某些假设干预下的分布！

这里有一些重要的警告。首先，等式 13.4 的分母中的项 $P(X_i \mid Pa(X_i))$ 对于要定义的左侧的量必须是非零的。这意味着你必须观察 $X_i$ 接受你希望通过干预将其设置为的值。如果你从未见过它，你就不知道系统会如何响应它！

接下来，假设你有一个可以控制的集合 $Z$。实际上，很难知道你是否找到了一组好的变量。总会有一个你从没想过要测量的混杂因素。同样，你控制已知混杂因素的方式可能也不是很好。当你开始机器学习估计量时，你会更加了解这第二个警告。

有了这些警告，从观测数据中估计因果效应很难。你应该将调整方法得到的结果视为对因果效应的临时估计。如果你确定你没有违反后门标准的第一个条件，那么你可以预计你已经删除了一些虚假依赖。你不能肯定地说你减少了偏差。

想象一下，例如，$X_i$ 对 $X_j$ 的作用有两个偏差来源。假设你想去测量 $X_j$ 的均值 $E_{do(X_i=x_i)}[X_i]=\mu_j$。路径 $A$ 引入了 $-\delta$ 的偏差，路径 $B$ 引入了 $2\delta$ 的偏差。如果你估计总体均值的时候没有控制任何一条路径，你会发现 $\mu_j^{(biased)}=\mu_j+2\delta-\delta=\mu_j+\delta$。如果

你控制沿路径 $A$ 的混杂因素，那么你就移除了它对偏差的贡献，还剩下 $\mu_j^{(biased,A)} = \mu_j + 2\delta$。结果现在偏差是两倍大！当然，问题在于你校正的偏差实际上是在推动估计回到正确值。在实践中，更多的控制通常会有所帮助，但不能保证你不会发现这样的效应。

现在你对可观察的因果推断有了一些了解，那么现在来看看机器学习估算量如何在实践中给我们提供帮助！

## 13.5　机器学习估计量

一般来说，你不希望在有干扰的情况下进行完整的联合分布估计。你甚至可能对边缘并不感兴趣。通常来说，你只对平均效应的差异感兴趣。

在最简单的情况下，你想要估计某个结果的预期差异 $X_j$，你控制的变量中的每单位变化 $X_i$。举个例子说，你可能想要测量 $E[X_j \mid do(X_i = 1) - E[X_j \mid do(X_i = 0)]$。这个公式告诉你，当你把 $X_i$ 设置成 0 或者设置成 1 时，预计的平均 $X_j$ 的变化量。

让我们重新看看 G 公式，看看如何来测量这些量。

### 13.5.1　重新审视 G 公式

G 公式告诉了你如何使用观测数据和一组控制变量（基于我们对因果结构的了解）来对因果效应 $P(X_j \mid do(X_i = x_i))$ 进行估计。其描述了：

$$P(X_j \mid do(X_i = x_i)) = \sum_Z P(X_j \mid X_i, Z) P(Z) \tag{13.7}$$

如果你在每一侧都采用期望值（通过乘以 $X_j$ 并在 $X_j$ 上求和），那么你会发现：

$$E(X_j \mid do(X_i = x_i)) = \sum_Z E(X_j \mid X_i, Z) P(Z) \tag{13.8}$$

在实践中，很容易估计该公式右侧的第一个因子。如果使用均方误差损失拟合回归估计量，那么最佳拟合就是每个点 $(X_i, Z)$ 处 $X_j$ 的期望值。只要模型具有足够的自由度以确保准确描述预计值，你就可以使用标准的机器学习方法来估计第一个因子。

为了估计整个左侧，你需要处理 $P(Z)$ 项以及求和。事实证明这并不难。如果你的数据是服从观测值的联合分布的，那么你的 $Z$ 样本实际上就是服从 $P(Z)$ 的。接着，如果将 $P(Z)$ 项替换为 $1/N$（对于 $N$ 个样本）并求和，则为总和的估计量。也就是说，你可以按如下方式进行替换：

$$E_N(X_j \mid do(X_i = x_i)) = \frac{1}{N} \sum_{k=1}^{N} E(X_j \mid X_i^{(k)}, Z^{(k)}) \tag{13.9}$$

其中 $(k)$ 是数据点的索引，从 1 到 $N$。让我们看看这是怎么在例子中起效应的。

### 13.5.2 实例

让我们回顾一下图 13-11 的表。我们将使用 Judea Pearl 的书中的一个例子。假设现在我们关注人行道打滑，我们正在研究其原因。$X_5$ 可以是 1 或 0，分别对应滑或者不滑。你会发现人行道在潮湿的时候会很滑，现在用 $X_4$ 来表示人行道是否潮湿。接下来，你需要知道人行道被弄湿的原因。你会发现喷水器靠近人行道，如果洒水喷头打开，就会把人行道弄湿。$X_2$ 则代表洒水喷头是否是打开的。因此注意到下雨后人行道也是潮湿的，因此指出 $X_3$ 在下雨后为 1，否则为 0。最后，你注意到在阳光明媚的日子里，要打开洒水喷头。你将使用 $X_1$ 代表天气，如果是晴天，则 $X_1$ 为 1，否则为 0。

根据图，雨水和喷水器呈负相关。这种统计依赖性是由于它们对天气都具有互相依赖的关系。让我们模拟一些数据来探索这个系统。你将使用大量的数据来确保随机误差较小，这样你就可以专注在偏差上了。

```
1  import numpy as np
2  import pandas as pd
3  from scipy.special import expit
4  
5  N = 100000
6  inv_logit = expit
7  x1 = np.random.binomial(1, p=0.5, size=N)
8  x2 = np.random.binomial(1, p=inv_logit(-3.*x1))
9  x3 = np.random.binomial(1, p=inv_logit(3.*x1))
10 x4 = np.bitwise_or(x2, x3)
11 x5 = np.random.binomial(1, p=inv_logit(3.*x4))
12 
13 X = pd.DataFrame({'$x_1$': x1, '$x_2$': x2, '$x_3$': x3,
14                   '$x_4$': x4, '$x_5$': x5})
```

这里的每个变量都是二值的。你使用逻辑链函数来让逻辑回归合适。当你不了解数据生成过程时，你可能有更多的创意。你马上就会到这一步的！

让我们看一下相关性矩阵，如图 13-13 所示。天气好的时候喷水器开启。下雨的时候喷水器关闭。你可以看到由于这种关系，喷水器和雨水之间存在负相关。

有几种方法可以估算出 $X_2$ 对 $X_5$ 的影响。第一种是简单地通过 $X_2=1$ 或者 $X_2=0$ 的情况得到 $X_5=1$ 的概率。这两个概率的差告诉你，鉴于洒水喷头已经开启，人行道湿滑的可能性有多大。计算这些概率的一种简单方法是简单地对数据中的每个子集中的 $X_5$ 变量求平均值（$X_2=1$ 和 $X_2=0$ 的两种情况）。你可以运行接下来的代码，其会产生如图 13-14 所示的结果。

```
1 X.groupby('$x_2$').mean()[['$x_5$']]
```

|  | $x_1$ | $x_2$ | $x_3$ | $x_4$ | $x_5$ |
|---|---|---|---|---|---|
| $x_1$ | 1.000000 | −0.405063 | 0.420876 | 0.200738 | 0.068276 |
| $x_2$ | −0.405063 | 1.000000 | −0.172920 | 0.313897 | 0.102955 |
| $x_3$ | 0.420876 | −0.172920 | 1.000000 | 0.693363 | 0.255352 |
| $x_4$ | 0.200738 | 0.313897 | 0.693363 | 1.000000 | 0.362034 |
| $x_5$ | 0.068276 | 0.102955 | 0.255352 | 0.362034 | 1.000000 |

图 13-13 模拟数据集的相关性矩阵。注意到 $X_2$ 和 $X_3$ 由于拥有共同的原因 $X_1$，所以呈负相关

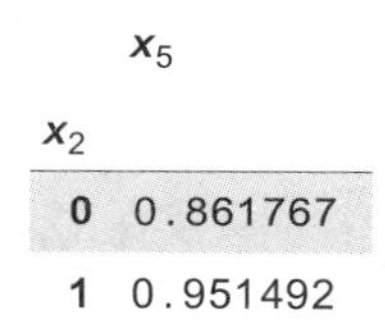

|  | $x_5$ |
|---|---|
| $x_2$ |  |
| 0 | 0.861767 |
| 1 | 0.951492 |

图 13-14 考虑洒水喷头打开的时候草地是否潮湿的朴素条件期望值 $E[X_5|X_2=x_2]$。这不是因果关系，因为你没有调整混杂因素

如果你看一下这其中的区别，你会发现人行道有 0.95 − 0.86 = 0.09 即 9% 的概率更容易打滑。你可以将其介入图中进行比较，以获得差的真实估计。你可以使用如下所示的过程生成数据：

```
1  N = 100000
2  inv_logit = expit
3  x1 = np.random.binomial(1, p=0.5, size=N)
4  x2 = np.random.binomial(1, p=0.5, size=N)
5  x3 = np.random.binomial(1, p=inv_logit(3.*x1))
6  x4 = np.bitwise_or(x2, x3)
7  x5 = np.random.binomial(1, p=inv_logit(3.*x4))
8
9  X = pd.DataFrame({'$x_1$': x1, '$x_2$': x2, '$x_3$': x3,
10                   '$x_4$': x4, '$x_5$': x5})
```

现在，$X_2$ 独立于 $X_1$ 和 $X_3$。如果你重复之前的计算（试一下吧！），则会得到 0.12 即 12 个百分点的差。这比朴素估计大了有 30%。

现在，你将使用一些机器学习方法来尝试使用观测数据对真实的影响进行更好地估计（0.12）。首先，你将尝试对第一个数据集执行逻辑回归。让我们重新创建朴素估计，以确保其能正常工作。

```
from sklearn.linear_model import LogisticRegression

# build our model, predicting $x_5$ using $x_2$
model = LogisticRegression()
model = model.fit(X[['$x_2$']], X['$x_5$'])


# what would have happened if $x_2$ was always 0:
X0 = X.copy()
X0['$x_2$'] = 0
y_pred_0 = model.predict_proba(X0[['$x_2$']])

# what would have happened if $x_2$ was always 1:
X1 = X.copy()
X1['$x_2$'] = 1
y_pred_1 = model.predict_proba(X1[['$x_2$']])

# now, let's check the difference in probabilities
y_pred_1[:, 1].mean() - y_pred_0[:,1].mean()
```

你首先使用$X_2$构建一个逻辑回归模型来预测$X_5$。你进行预测，并得到$X_5$在$X_2=0$和$X_2=1$状态下的概率。你在整个数据中都要执行此操作。这样做的原因是你经常会有更多有趣的数据集，还有更多变量会发生变化，你会想了解在整个数据集上$X_2$对$X_5$的平均影响。这个过程允许你这么做。最后，你可以找到两种状态概率均值的差，并获得与以前相同的结果 0.09！

现在，你希望控制相同的观测数据以获得因果结果（0.12）。你执行与以前相同的过程，但这次在回归中包含$X_1$。

```
model = LogisticRegression()
model = model.fit(X[['$x_2$', '$x_1$']], X['$x_5$'])

# what would have happened if $x_2$ was always 0:
X0 = X.copy()
X0['$x_2$'] = 0
y_pred_0 = model.predict_proba(X0[['$x_2$', '$x_1$']])

# what would have happened if $x_2$ was always 1:
X1 = X.copy()
X1['$x_2$'] = 1

# now, let's check the difference in probabilities
y_pred_1 = model.predict_proba(X1[['$x_2$', '$x_1$']])
y_pred_1[:, 1].mean() - y_pred_0[:,1].mean()
```

在这种情况下，你会得到 0.14 的结果。这已经被高估了！那什么地方出错了呢？实际上你并没有在建模过程中做错什么。问题很简单，逻辑回归不是这种情况下合适的模型。对各个变量的父级变量来说，它是正确的模型，但对这些变量来说则不起作用。我们能用更通用的模型做得更好吗？

这将会是你第一次看到神经网络在一般机器学习任务中的强大功能。你将在下一章中更详细地了解到如何构建它们。现在，让我们尝试使用 keras 的深度前馈神经网络。其被称为深度，因为不只是输入层和输出层。其为一个前馈网络，因为你将一些输入数据放入网络，并将它们传递到层中以输出结果。

深度前馈网络具有“通用函数逼近器”的特性，在某种意义上，在给定足够的神经元和层时它们可以近似成任何函数（尽管在实际中这样的学习不是总是那么容易的）。你可以这样构建网络：

```
1  from keras.layers import Dense, Input
2  from keras.models import Model
3
4  dense_size = 128
5  input_features = 2
6
7  x_in = Input(shape=(input_features,))
8  h1 = Dense(dense_size, activation='relu')(x_in)
9  h2 = Dense(dense_size, activation='relu')(h1)
10 h3 = Dense(dense_size, activation='relu')(h2)
11 y_out = Dense(1, activation='sigmoid')(h3)
12
13 model = Model(input=x_in, output=y_out)
14 model.compile(loss='binary_crossentropy', optimizer='adam')
15 model.fit(X[['$x_1$', '$x_2$']].values, X['$x_5$'])
```

现在如之前一般做预测程序，其将产生结果 0.129。

```
1 X_zero = X.copy()
2 X_zero['$x_2$'] = 0
3 x5_pred_0 = model.predict(X_zero[['$x_1$', '$x_2$']].values)
4
5 X_one = X.copy()
6 X_one['$x_2$'] = 1
7 x5_pred_1 = model.predict(X_one[['$x_1$', '$x_2$']].values)
8
9 x5_pred_1.mean() - x5_pred_0.mean()
```

这比之前的逻辑回归模型做得更好！这是一个比较特殊的情况。你可以使用二值数据来计算概率，并且只需直接使用 G 公式就可以获得最佳的效应。当你这样做时（试一下吧！），你可以从这个数据中计算出 0.127 的真实结果。你的神经网络模型结果非常逼近了！

现在，你想指定一种策略，使人行道更不易湿滑。你知道，如果不经常打开洒水喷头，应该就可以解决问题。你会发现制订了这个策略（已经干预以改变系统）之后，就可以预期人行道的湿滑程度会降低。当你设置洒水喷头 = 关闭的时候，你想比较一下干预前和干预后的湿滑概率结果。你可以轻易地使用我们的神经网络来这样做：

```
1 | X['$x_5$'].mean() - x5_pred_0.mean()
```

这就产生了 0.07 的结果。也就是说如果你指定了保持洒水喷头关闭的策略，那么人行道湿滑的可能性就会降低 7%。

## 13.6　结论

在本章中，你已经开发了用于进行因果推断的工具，了解到机器学习模型对于获得更通用的模型规范很有用，并且你发现使用机器学习模型预测结果越好，就越能从观察性因果效应估计中消除偏差。

应始终谨慎使用观察性因果效应估计。可能的话，你应该尝试进行随机对照实验，而不是使用观察估计。在这个例子中，你应该简单地使用随机控制：每天抛一个硬币来看喷水器是否打开。这样可以重建干预后系统，让你可以测量当洒水器关闭与打开时（或系统未进行干预时）人行道很滑的可能性。当你尝试估算某项政策的效应时，很难找到通过对照实验实际测试某项政策的替代品。

在设计机器学习系统时能够思考因果关系是特别有用的。如果你只是想说系统中通常会发生什么样的结果，那么标准的机器学习算法是合适的。你不是要尝试预测干预的结果，也不是在尝试建立一个对系统运行方式的变化具有鲁棒性的系统。你只想描述系统的联合分布（或它的期望值）。

如果你想了解政策变化、预测干预结果，或使系统对其上游变量的变化（即外部干预）具有鲁棒性，那么你将需要一个因果机器学习系统，你可以在其中控制合适的变量来衡量因果效应。

一个特别有趣的应用领域是你在逻辑回归中估计系数。之前，你看到逻辑回归系数在观测数据中有一个特定的解释：它们描述了某个自变量导致结果每单位增加的可能性。如果你控制正确的变量以获得因果逻辑回归估计（或者只是对控制生成的数据进行回归），那么你将获得一个新的，更强的解释：系数告诉你，当你干预一个独立变量的值增加一个单位时，结果发生的可能性有多大。你可以使用这些系数来了解政策！

第 14 章

# 高级机器学习

## 14.1 引言

我们已经介绍了机器学习的基础知识，但只涉及一些浅显内容。在本章中，我们将简要介绍其他内容。我们的目标是提供足够的信息以帮助你入门，并帮助你找到搜索关键字，以便你自己可以搜索了解更多信息。

神经网络是一个很好的例子。在特殊情况下，它们可以简化为如线性回归这样熟悉的模型。它们有许多参数可供调整，来展示当简单模型变得更复杂时会发生什么。这使你可以了解当模型从简单变为复杂时泛化性能会如何表现。你还可以看到简单模型在表示复杂函数时会遇到的问题。

神经网络的复杂性要求你引入正则化方法。这些方法可以让你保持复杂模型上的表达能力（因此能够拟合复杂函数)，也可以拥有较小模型的效率和泛化能力。这些方法也可用于简单模型，比如线性回归。

最后，神经网络可能需要大量的数据。为了拟合它们，你得采用可扩展到大型数据集的方法。

我们首先将机器学习问题框定为优化问题。然后，我们将介绍神经网络并探索容量、模型表达能力和泛化性能相关主题。最后，我们将提到这种方法可以扩展到大型数据集。

## 14.2 优化

你已经知道线性回归可以最小化线性模型的均方误差。在这种情况下，你有两个模型参数：$\beta$ 斜率和 $y$ 轴截距。你改变这些参数以最小化误差，从而找到最能拟合数据的参数值。

你可以进一步选择具有更多参数的更复杂的模型。可以采用类似的方式，将模型输出表示为模型参数的函数，并调整参数值以最大限度地减少“损失”，从而产生越来越好的输出结果。还有许多其他指标和损失值你可能希望最小化。这些损失可能具有复杂的形状，它们可以是平滑的或不规则的，如图 14-2 所示。当表面平滑时，如图 14-1 所示，很容易找到最小值。如果不规则就比较难了。我们来看看为什么你需要了解如何找到最小值。

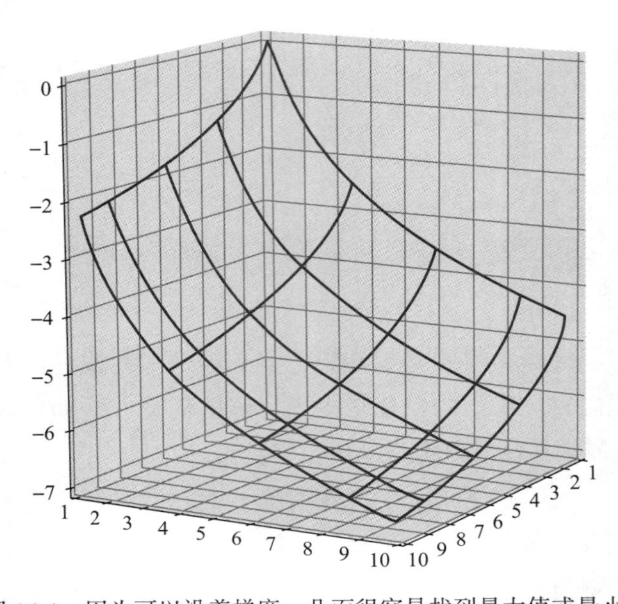


图 14-1 因为可以沿着梯度，凸面很容易找到最大值或最小值

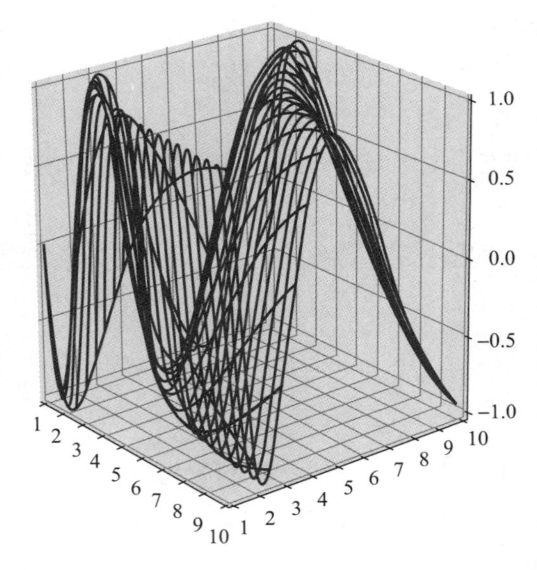


图 14-2 在非规则的表面上找到全局极值更难，因为可能有很多局部最小值和最大值

你可以使用梯度下降法找到这些曲面的最小值或最大值。要使用此方法找到最

小值，你可以从随机选择的一个点开始。沿着该点坡度向下走直到最小值。你可以往下坡方向迈一小步，然后重复这个过程。

要找到 $x_0$ 点处的一维损失函数 $f(x)$ 的下坡方向，你可以查看该点处的斜率。斜率由导数算出。要计算这一步你需要解：

$$\delta x = -\varepsilon \frac{\mathrm{d}f}{\mathrm{d}x}\Big|_{x=x_0} \tag{14.1}$$

其中 $\varepsilon$ 是可调参数。$\varepsilon$ 可以是 1 并且可以改变来微调这个优化模型的表现。要计算新的 $x$ 值，只需更新 $x_{new} = x_0 + \delta x$。重复此过程直到斜率变为零。当你处于最小值时，导数为 0，所以当接近时步长自然会趋近于零。

如果有很多最小值，这个过程可能会遇到麻烦。局部最小值是指无论你走向何方（小距离），该函数的值都会增加。但这并不意味着它是整体函数的最低值。你可以越过一座小山，然后进入更长的下坡路。真正的最低点称为*全局最小值*。

当这些函数是一维或二维的曲线或曲面时，很容易去可视化这些函数。当它们更高维时就比较难，但同样的基本概念也适用。你可以拥有局部极值或全局极值，并且可以应用相同的过程来查找局部极值。

如果你碰巧初始化到接近局部最小值但远离全局最小值的区域，你可能会在无意识的情况下走到局部最小值。有许多方法可以避免这种情况，但没有一种是可以完全通用的。有些问题具有很好的特性，即只有一个唯一的最小值，因此局部最小值保证是全局最小值。其他问题则更难。当你为神经网络拟合参数时，这是你必须处理的问题。一般来说有许多局部最小值，你希望从一个好的起始点开始，一开始就足够接近让你很容易找到通向它的路。

## 14.3 神经网络

神经网络在各种传统方法难以解决的任务中都表现出了最先进的性能。这些任务包括图像中的对象识别、文本翻译和音频转录。

神经网络非常强大，因为它们可以拟合一般类型的函数。在我们提到的示例中，这些函数可以将图像映射到某个对象的概率分布（对象识别的情况）。可以将英语句子映射到它的法语翻译中。也可以将口语单词的录音映射成一串文字。

在每种情况下，网络都不是完全通用的。它们的结构取决于它们要执行的任务。对于图像，它们在图像上应用一系列滤波器（称为*卷积*）。对于文本翻译和音频转录，它们具有序列结构，这个结构考虑其输入具有特定顺序的事实。限制这些功能的自由度使我们能够更有效地适应它们，并且可以使以前不易处理的任务易于处理。

关于神经网络整体生态完整的详细信息，已经超出了本书的范围。我们将在介绍深度前馈网络时，使用它们来说明神经网络如何适应一般函数以及神经网络的结构是如何关系到适应广泛函数的能力。

### 14.3.1　神经网络层

深度前馈网络由几层神经元组成。每个神经元是执行操作的单元。我们会考虑一些简单的神经元。我们将考虑神经元 $x$ 的输入向量。神经元的知识由权值向量 $w$ 表示。当传递一些输入时，神经元将计算一个激活值，它可以传递给下一个下一层中的神经元。这里的激活值将是权值向量和输入之间的乘积，加上一些偏置 $b$。这些都将被传递到一些函数 $f()$，它将产生激活值 $a$。总而言之，$a = f(wx + b)$。

一个输入可以同时激活好几个神经元。你可以通过在矩阵 $\boldsymbol{W}$ 中将它们的权值向量堆叠在一起来计算激活值的整个向量，并计算激活向量 $a = f(\boldsymbol{W}x + b)$，其中偏置项现在也是一个向量，现在函数正在逐个元素上执行。

你可以将这些层中的许多层堆叠在一起，其中一层的输出成为下一层的输入。这种堆叠为你提供了深层神经网络。深度神经网络只是一个在除了输入和输出层之外有一层或多层的网络。

如果你观察一下这个网络的最基本版本，可以让函数 $f()$ 只是一个身份函数，它将输入映射到它的输出。然后，你将只有一个输出神经元，其激活直接从输入数据计算为 $a = wx + b$。这应该看起来很熟悉：你在做线性回归！

让我们看看在输入和输出之间添加另一层时会发生什么。现在，你应该在中间层计算一个新的激活向量，并在最后一步照旧计算单个输出激活。然后从输入值 $h = \boldsymbol{W}_1 x + b_1$ 开始计算第一组激活，最终输出为 $a = w_2 h + b_2$。如果你将这些组合在一起，你会得到以下结果：

$$a = w_2 h + b_2 \tag{14.2}$$

$$= w_2(\boldsymbol{W}_1 x + b_1) + b_2 \tag{14.3}$$

$$= w_2 \boldsymbol{W}_1 x + w_2 b_1 + b_2 \tag{14.4}$$

这只是一个新的线性模型，其中新的权值向量是 $w_2\boldsymbol{W}_1$，新的截距是 $w_2 b_1 + b_2$。添加新的层数并没有给你任何新的表达能力，反而大大增加了参数的数量。这很糟糕，因为这个新模型比线性回归更差！我们哪里出了问题？

这里的问题是使用身份函数计算所使用的激活。通常，神经网络将使用像 `tanh` 这样的非线性函数来充当计算的激活函数。

这使得下一层不仅仅是对输入数据进行线性变换，而且可以获得新的表达能力。

### 14.3.2 神经网络容量

神经网络可以拟合非线性函数，但没有足够的表现力来高度拟合。让我们看一看函数 $y = \sin(2\pi x)\sin(3\pi x)$ 并生成一些数据。

```
1 import numpy as np
2 
3 N = 15000
4 X = np.random.uniform(-2 * np.pi, 2*np.pi, size=N)
5 Y = np.sin(2*np.pi*X)*np.sin(3*np.pi*X)
```

你可以在图 14-3 中绘制这些数据，可以看到它是非常非线性的！

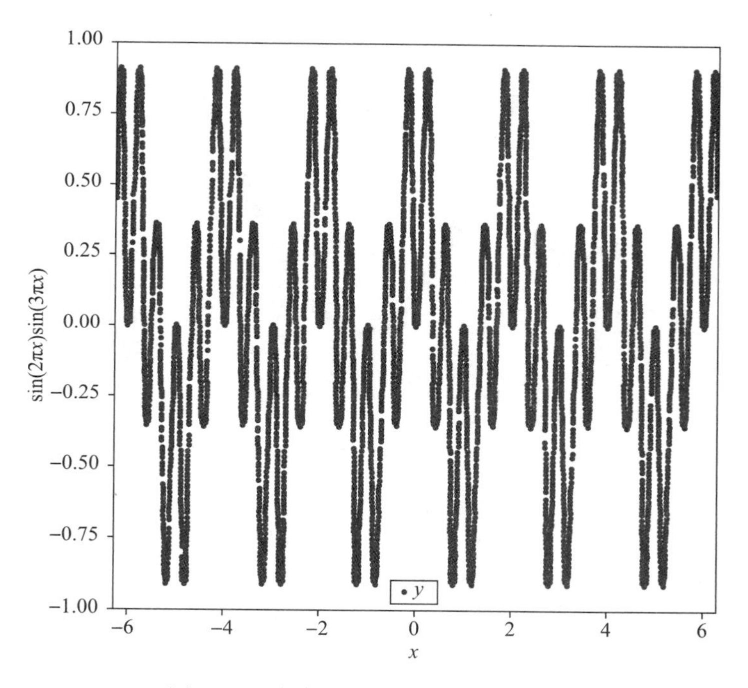


图 14-3 非线性函数 $y = \sin(2\pi x)\sin(3\pi x)$

让我们尝试用神经网络拟合它。Keras 实现了我们目前为止讨论的层。输入层读取数据，全连接层是我们之前说到的带有权值、偏置和激活函数的类型。

```
1 from keras.layers import Dense, Input
2 from keras.models import Model
3 
4 dense_size = 64
5 
6 x = Input(shape=(1,))
7 h = Dense(dense_size, activation='tanh')(x)
8 y = Dense(1, activation='linear')(h)
```

然后你通过最小化均方误差来训练模型：

```
1 model = Model(input=x, output=y)
2 model.compile(loss='mean_squared_error', optimizer='adam')
3 model.fit(X, Y, epochs=10)
```

当你拟合这个模型时，你会得到一个相当差的结果，如图 14-4 所示。

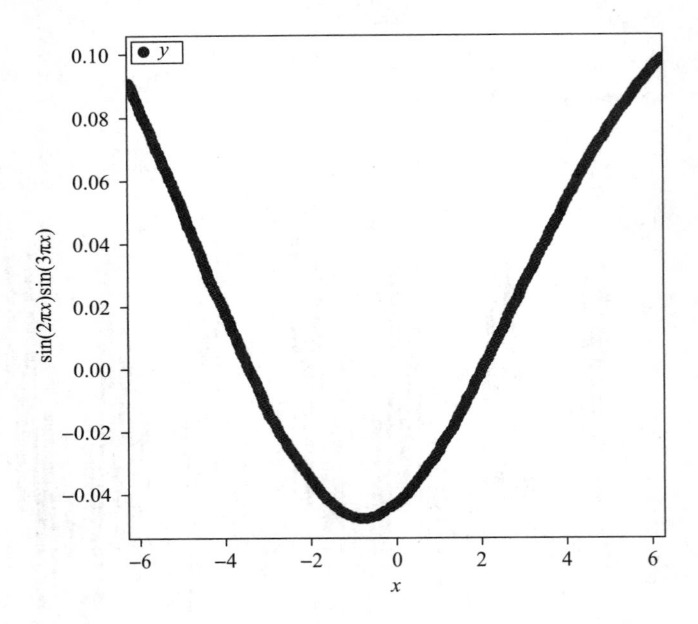


图 14-4　一个对 $y=\sin(2\pi x)\sin(3\pi x)$ 很差的拟合结果，使用了一个只有 64 个单元的隐藏层

这里的问题是这个网络并没有足够的表达能力来正确拟合这个函数。你可以通过添加额外的非线性元素来使其做得更好。依靠增加网络深度来实现这一目标会更容易，尝试在第一层中添加与创建第二层相同数量的神经元。你能达到类似的表达能力吗？如下所示添加第二层：

```
1 from keras.layers import Dense, Input
2 from keras.models import Model
3
4 dense_size = 64
5
6 x = Input(shape=(1,))
7 h1 = Dense(dense_size, activation='tanh')(x)
8 h2 = Dense(dense_size, activation='tanh')(h1)
9 y = Dense(1, activation='linear')(h2)
10
11 model = Model(input=x, output=y)
12 model.compile(loss='mean_squared_error', optimizer='adam')
13 model.fit(X, Y, epochs=100)
```

你运行了很多轮，你会发现它对数据拟合得更好了，如图 14-5 所示。你可以看到它与中间更精细的结构一致，但只能拟合外层结构的一个大概。不过这很不错！你可以看到它只是没有拟合所有这种结构的表达能力。尝试自己再添加一层，看看它能做些什么！

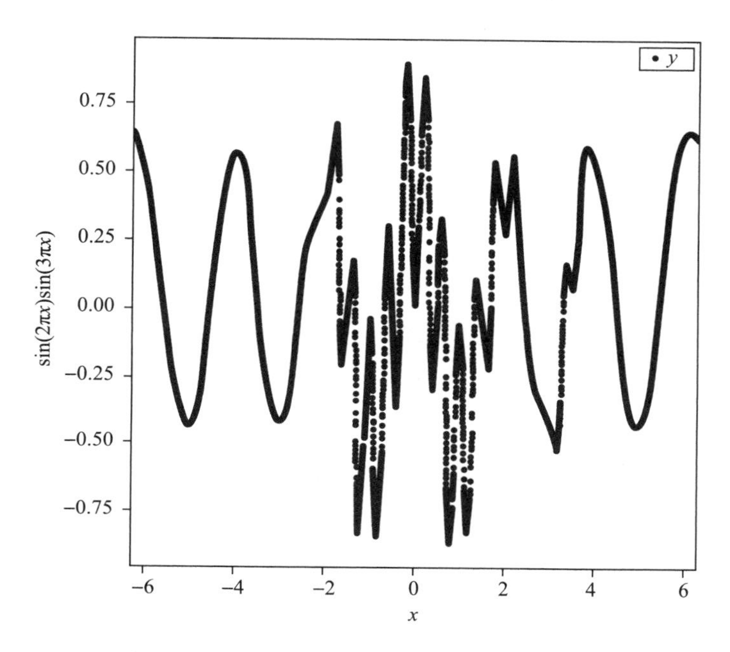


图 14-5　一个对 $y = \sin(2\pi x)\sin(3\pi x)$ 很差的拟合结果，使用了三个共 64 个单元的隐藏层

随着网络规模的增加，你会发现模型越来越好。但你不能无限制地增大规模。在某个时刻网络将具有太多容量，并将开始记忆特定数据点，而不是很好地估计函数。让我们来看看这个问题，它被称为过拟合。

### 14.3.3　过拟合

在最坏的情况下，当模型在训练数据中学习了某些特定数据点时会发生过拟合。如果你希望模型能够推广到从同一系统收集的新数据，那么过拟合模型就不太可能做得很好。

你可以让前面示例中的神经网络过拟合一下。你只需要将训练数据点的数量减少到 10，然后以很大的轮数，比如 2000，来运行模型。你这样做时，你会发现拟合结果如图 14-6 所示，拟合线（蓝色）看起来与图 14-3 中的原始函数完全不同。如果从原始函数中囊括更多数据点，你会发现它们离这个拟合线很远。

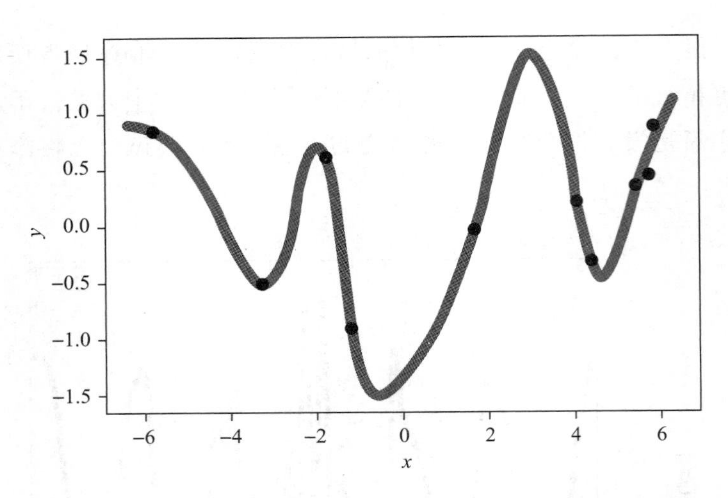


图 14-6 一个对 $y=\sin(2\pi x)\sin(3\pi x)$ 很差的拟合结果，使用了三个共 512 个单元的隐藏层。因为只有 10 个数据点（红色显示），因此该模型具有比从该数据集中学习到的更强大的表达能力！

在训练模型时如何检查是否过拟合？这是模型验证有用的地方。关键是如果模型过拟合，新数据将无法与你拟合的函数相匹配。如果有一些模型以前从未见过的数据（从某种意义上说它不用于训练），你可以检查这个额外数据的拟合情况，看看模型的效果如何。你可以在训练模型时定期执行此操作来查看它的泛化能力。查看损失函数可以做到这一点。如果在训练数据上损失很小，但验证数据的损失很大，那么你学习到的最小化损失的参数就不适用于新数据。这可能意味着参数是不正确的。

实际在训练模型时，你会将数据分成三组。最大的是“训练集”，包括 80% 到 90% 的数据。然后是验证集。这是模型从未直接看到的数据，但你可以用它来测试和调整参数（例如神经网络中的层数，或每层的神经元数量）。该模型通过参数的变化间接了解此数据。此数据将帮助你控制训练运行中的过拟合。你需要定期检查验证误差，并确保在训练误差减少时它也在继续减少。

最后还有一个测试数据集。完成参数调整后，你将在最终的数据集上测试你的模型。这可以让你了解模型在真实世界，以及从未见过的数据上的表现。当然，假设你在实际中遇到的数据统计上与测试数据相似，这是一个很好的假设，你应该尽可能地使测试数据集切实可行。这可能意味着需要跨时间拆分数据，测试集是最新的数据，你用过去的数据对模型进行了训练和验证。

让我们看看它在实际中是如何运作的。生成一个添加了噪声的新数据集。你将使用更简单的函数来生成数据——$f(x)=\sin(2\pi x)$。如果模型准确拟合函数，剩余的损失将仅来自噪声。噪声的方差为 $\sigma^2=0.25$，因此函数完美拟合时的均方误差为 0.25。如果模型开始拟合此函数周围的随机噪声，那么你将看到训练损失低于 0.25。

最好的情况，验证损失为 0.25（除了随机误差对我们有利），因此在过拟合的情况下，你会发现它最终高于 0.25。这是因为过拟合让模型偏离了原本的函数。该偏差将导致验证集上的误差。你可以像这样创建我们的数据集：

```
import numpy as np

N = 500
X = np.random.uniform(-np.pi, np.pi, size=N)
Y = np.sin(2*np.pi*X) + 0.5*np.random.normal(size=N)
X_valid = np.random.uniform(-np.pi, np.pi, size=1000)
Y_valid = np.sin(2 * np.pi * X_valid)
          + 0.5*np.random.normal(size=1000)

from keras.layers import Dense, Input
from keras.models import Model

dense_size = 512

x = Input(shape=(1,))
h1 = Dense(dense_size, activation='relu')(x)
h2 = Dense(dense_size, activation='relu')(h1)
h3 = Dense(dense_size, activation='relu')(h2)
h4 = Dense(dense_size, activation='relu')(h3)

y = Dense(1, activation='linear')(h4)

model = Model(input=x, output=y)
model.compile(loss='mean_squared_error', optimizer='adam')
model.fit(X, Y, epochs=500, batch_size=128,
          validation_data=(X_valid, Y_valid))
```

你可以在图 14-7 中看到，训练损失低于验证损失。在最后阶段，训练误差为 0.20，验证误差为 0.30。这和你预计的过拟合一致。你用模型拟合了数据集中的噪声，并且失去了一些模型未见到的数据的泛化能力。在第 340 轮附近，验证误差约为 0.26。这表明了一种策略，即尽管可以最大程度减少训练损失，但在泛化误差良好的情况下，你可以提前停止。你真正想要的是泛化能力。

有许多方法可以在不减少训练误差的情况下尝试减少泛化误差。这些方法通常称为正则化。如果你想尽可能地保留网络可以表达的函数类型，而不会让函数空间变得太大，你可以尝试约束参数。一种方法是惩罚那些过大的参数，你只需在损失函数中添加惩罚项即可。对于均方误差，损失函数是 $J(\boldsymbol{W},b)=\frac{1}{N}\sum_{i=1}^{N}(y_i-y_i^{(predicted)})^2$。如果你想惩罚过大的权重，你可以将权重的平方和加到这个损失上。对于单层神经网络的情况，这看起来是 $J_2(\boldsymbol{W},b)=\frac{1}{N}\sum_{i=1}^{N}(y_i-y_i^{(predicted)})^2+\alpha\sum_{k,l}\boldsymbol{W}_{kl}^2$。对于更深层次的网络有一种自然的泛化，你可以将每层权重的平方和相加。现在，权重越大，损失就越大。这被称为 $L^2$ 正则化，因为你使用了权重的平方和或者说 $L^2$ 范数。好处是你可以保持深度神经网络的优势，对非线性函数建模，同时不提供与权重不受约束时相同的容量。如果你将 $L^2$ 正则化添加到前一个示例中的权重，则可以在图 14-8 中找到损失。这里最终的训练误差约为 0.32，验证误差为 0.36，$\alpha = 0.002$。你可以尝试增加模型大小并微调正则化参数 $\alpha$ 以进一步降低验证误差。

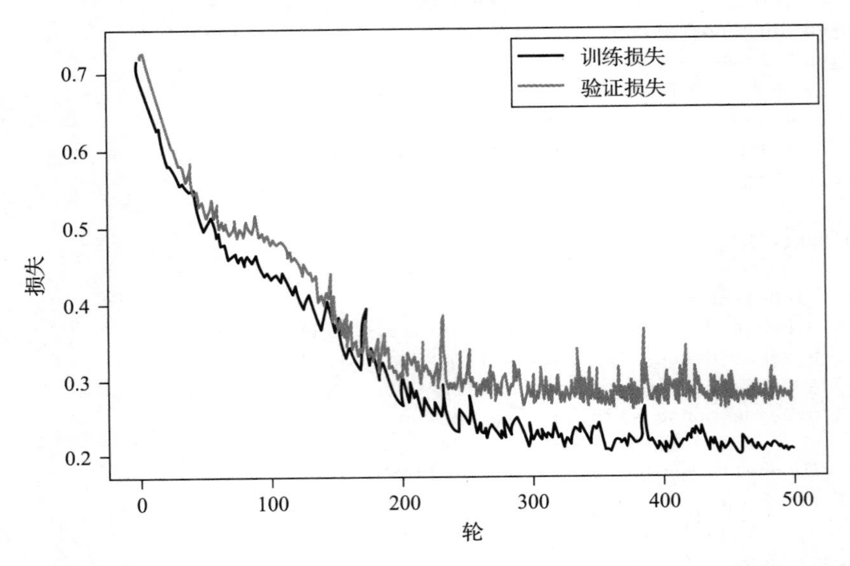


图 14-7 在一个容量很大但数据不足的网络中，可以以泛化误差为代价消除一些噪声

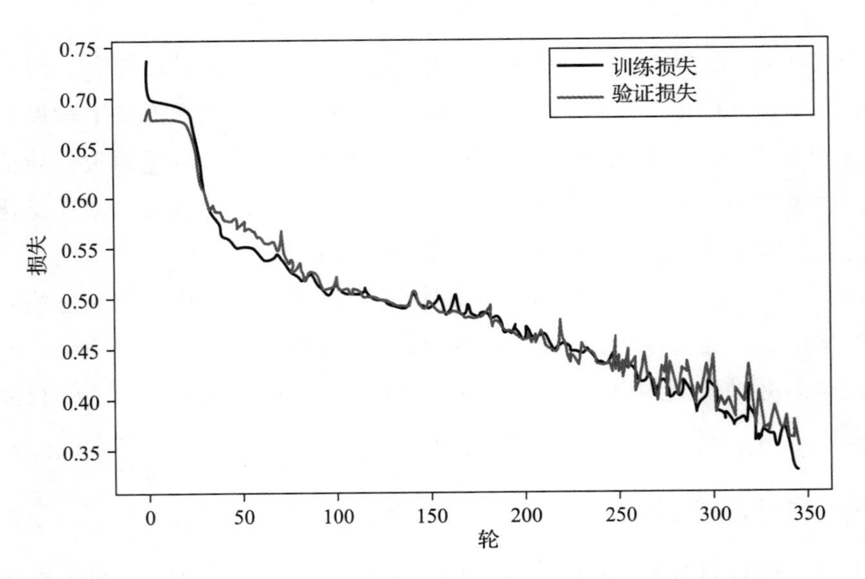


图 14-8 你正则化一个网络的时候，可以看到泛化差距缩小了一点

你可以找到类似的曲线，其中验证误差减少，变得平稳，然后随着模型容量的增加再次增加。验证误差正在减少的时候我们称为欠拟合。随着模型复杂度的增加，欠拟合越来越少。容量适当的时候达到底部。当你继续增加容量时，会开始过拟合，验证误差再次开始增长。一个重要的差别是，稳定的容量大小取决于数据集的大小。小型数据集会产生噪声，并且很容易在容量很大的模型上过拟合。随着数据集的增长，你可以引入越来越多的容量而不会过拟合。如果你遇到复杂问题，则可能需要大型数据集来拟合模型！

### 14.3.4　批拟合

如果需要将模型拟合到大型数据集，则可能无法将所有数据都放在一个单独计算机的内存中。你需要一个新的策略来适应这种模型。幸运的是，有一个很好的办法你可以试试。

如果你回到我们的优化模型，你通过一步步增长来最小化损失，如 $\delta x = -\varepsilon \frac{\mathrm{d}f}{\mathrm{d}x}|_{x=x_0}$。如果你只使用数据的子集来计算这些步长，那么你可以使用这样计算得到的步长，并寄希望于不使用整个数据集进行任何计算就可以尽可能接近最小值。

通常你的程序会取得数据的一部分样本，在这个样本上计算 $\frac{\mathrm{d}f}{\mathrm{d}x}$，然后计算步长。你采纳这个步长，并接着选择另一份样本重复这个过程。只要样本足够大来给出导数的合理近似值，那么你就可以寄希望于其正朝着正确的方向迈进。

事实上，你只参考数据的样本而不是整个数据集来估计相对不变参数的损失，这意味着你在整个数据集上对这些导数进行了噪声近似。这种“随机性”是随机梯度下降名字的由来。

这个过程也有一些其他好处。通过运行少量的数据，你可以获得更好的每步长计算速度。独立的步长可能会有噪声，因此如果损失函数式非凸的，那么你将更有可能从局部最小值转向更好的局部最小值。

当你在流数据上训练模型时，此方法也是适用的。数据一次只出现一个或几个点。你可以将点累积到批处理之中，然后计算步长来批拟合。

### 14.3.5　损失函数

在结束本章之前我们应该聊聊一些关于损失函数的事情。之前，我们选择均方误差（MSE）作为我们模型估计函数的一个很不错的距离度量，然后将其最小化，以使得我们的模型更好地拟合我们的函数。我们并不是一定要选择 MSE 的，我们可以选择具有相同定性行为的任何函数，比如平均绝对误差（MAE）。如果 $f(x_i)$ 是我们对点$x_i$的预测，那么我们可以将损失函数 MAE 写成：

$$\mathcal{L} = \sum_{i=1}^{N} | y_i - f(x_i) | \tag{14.5}$$

如果这些损失函数都能使我们的模型逼近我们的函数，那么改变损失函数会有什么效果呢？事实证明，当你有噪声数据时，这两个损失函数会拟合出非常不同的两个结果。

在 *Elements of Statistical Learning*（§2.4）中，Hastie 等人展示了最小化 MSE 损失的函数是条件期望，即$f(x_i) = E[Y | X = x_i]$！这意味着当我们的模型已经收敛以估计给定$X$的$Y$的条件期望值时，损失函数将被最小化。对上面的 MAE 损失函数使用相同的程序，你会发现最小化的损失是$f(x_i) = Median(Y | X = x_i)$，即条件中值！

当你的数据中包含了许多极值的时候，中位数特别有用。即使你将极值乘以十倍，中位数也不会因此改变。和能产生剧烈变化的均值产生鲜明对比。类似地，MSE 损失函数（在给定条件均值的估计时）对极值非常敏感，因为其平方依赖于模型$f(x_i)$和真实$y_i$之间的距离。与上面的 MSE 损失相比，MSE 损失仅仅极值线性相关。这使得 MAE 损失对极值没有那么敏感。

对极端值具有鲁棒性的坏处是 MAE 损失在统计上不那么奏效。有一个损失函数可以让你在 MSE 损失和 MAE 损失中间找到平衡，其被称为 Huber 损失。当偏差$a = | f(x_i) - y_i |$小于值$\delta$时，损失由

$$\mathcal{L}_\delta = \frac{1}{2}(f(x_i) - y_i)^2 \tag{14.6}$$

给出，其与 MSE 损失成正比。当偏差大于$\delta$时，损失由

$$\mathcal{L}_\delta = \frac{1}{2}\delta\left(| f(x_i) - y_i | - \frac{1}{2}\delta\right) \tag{14.7}$$

给出，其与 MAE 损失成正比。这样的实现对于小的偏差来说损失函数就如 MSE 一般，因此其保持了统计上的效果。对于比较大的偏差（大于$\delta$），我们希望摆脱平方损失的灵敏度，因此我们在这种偏差下使用 MAE 代替损失函数。我们保留了更多的统计能力，但也保留了对一些误差的鲁棒性。

参数$\delta$是可以自由变化的。当$\delta = 0$的时候，Huber 损失成为 MAE 损失。当$\delta$大于你的最大偏差时，Huber 损失将成为 MSE 损失，你可以选择适合你应用的$\delta$值。

## 14.4　结论

本章介绍了一些深度前馈神经网络所展示的机器学习的基本概念。你了解了如何优化像损失这样的目标，非凸和凸函数之间的差异。你还了解了如何在不过拟合的情况下平衡模型的泛化性能。这是放弃你不需要的容量（例如在 $L^2$ 正则化的情况下具有大权重的模型）来缩小训练误差和泛化误差之间的差距的问题。你需要大数据集来适应复杂的模型。

如果你的数据集太大，则必须使用迭代数据集的训练方法。它们执行与前面提到的相同的逐步最小化策略，但是只使用数据的子集来计算每个步骤。它们在 TensorFlow 和 scikit-learn 等机器学习库中实现，通常被称为批量拟合方法或部分拟合。

第三部分

# 瓶颈和优化

第 15 章介绍了硬件方面的基本瓶颈，并简要讨论了构成现代计算机的组件。

在第 16 章讨论了软件设计的一些基础知识，涉及快速可靠地处理数据。我们将了解 IO 效率以及与一致性相关的保证。

第 17 章是对分布式系统中使用的体系结构模式的更高级别的概述。

第 18 章涉及可用性、一致性和分区容差之间的权衡。

最后，第 19 章提供了一个工具包。它描述了你可以在网络中找到的各种节点，你可以使用它们来构建数据管道或推荐系统。

第 15 章

# 硬件基础

## 15.1 引言

为了充分利用你的机器，理解它们物理层面和抽象层面的承载力和局限性是重要的。在本章中，我们将介绍几个核心的硬件概念。通过充分了解这些概念，你可以尽可能有效地使用资源，避免常见（或不常见）的陷阱。

## 15.2 随机存取存储器

随机存取存储器（RAM）存在于绝大多数（如果非要说不是全部）的现代计算机中。其具有很高的访问速度，因此当处理器在执行任务的时候，其通常被用作草稿纸。在算法工作中，这通常被称为工作内存或者工作磁带。

从数据科学家或者工程师的角度来看，有两个重要的特征需要理解：访问和挥发性。

### 15.2.1 访问

RAM 的设想是，给定一个地址，访问内存中任何元素所需的时间与其他元素相同。无论内存是怎么存储数据的，或者说它是连续的还是分段的，都无关紧要。

实际上，在裸机上有一个内存的层次结构。存在许多类型的 RAM，尽管缩略词 RAM 通常用于指代它们所有。操作系统通常提供从最快到最慢的访问权限。这就会存在着阈值，在阈值处，当每种类型的 RAM 消耗完的时候，存储器执行得最快。

例如，CPU 高速缓存 / 寄存器使用的 RAM 将比应用程序通常使用的动态存储器更快。交换内存（实际是驻留在磁盘上的内存抽象）执行速度比两者都慢。

为工作进程分配和访问 RAM 并非没有其自身在重负载下降级的特性。malloc 函数的具体实现因库而异。但是，通常为了保护多线程应用程序中的访问，内存分配数据结构受互斥体的限制。当有多个 frees 和 mallocs 同时出现时，对这些互斥锁的争用会导致轻微地减速。

硬件内存管理单元（MMU）上的争用也可能成为访问共享内存的多线程应用程序的瓶颈。当两个线程请求相同的资源时，这些事件将被放入队列中。内存仲裁器决定首先允许哪个进程访问。如果许多进程请求相同的内存，则必须将所有这些事件附加到队列中，并且必须决定它们的顺序。

通常，内存管理硬件可以很好地解决这种类型的争用，最终等待易失性 IO 资源的总时间可以忽略不计。当许多线程访问相同的共享内存时，则会出现问题。

虽然不常见，但 RAM 完全有可能成为进程的瓶颈。

### 15.2.2 易失性

无论存储位置如何，在相同的性能环境下访问 RAM 的速度和可靠性都存在缺陷。这种缺陷就是内存的易失性。也就是说，当机器断电时，存储在 RAM 中的所有内容都将丢失。因此，任何必须长时间存储的内容都应写入磁盘。

有一些基本的电子元件用于在 RAM 中存储信息。最常见的是与晶体管结合的电容器。可以估计的是，晶体管进行控制，同时电容器保持可充电状态。当电源关闭时，电容器的电荷会被耗尽。

通常，你应该考虑在断电时存储在内存中的内容。

对于重要的数据，解决这种易失性问题需要一个二级存储机制。这种机制又被称为*持久化存储*、*非易失性存储*或*高鲁棒性存储*。

## 15.3 非易失性 / 持久化存储

当需要持久化存储时，有两种常见的解决方法。第一种是采用机械硬盘驱动器（HDD），也称为*旋转磁盘*。第二种是采用固态硬盘驱动器（SSD），其中信息存储在半导体上。旋转磁盘驱动器变得越来越不常见。在固态硬盘驱动器上存储数据有更高的性价比，并且在某些时候更不容易出错。

这两者通常都被称为磁盘。与 RAM 相比，磁盘的读取和写入非常慢。通常存在延迟问题，而且设备本身不能有效地检索数据。要了解这些因素是怎么发生的，你就必须对硬件本身有更多的了解。

### 15.3.1 机械硬盘或“旋转磁盘”

旋转磁盘驱动器由扁平的磁性碟片组成，该碟片在机械臂下方高速旋转，机械臂具有精细的尖端，能够读取和产生磁场。

当碟片旋转时，机械臂沿着碟片的半径移动尖端以感测许多微小区域中的每一个磁场的极性。每一个微小的区域中都具有一个方向向上或向下的磁场方向，代表一个信息位。

当信息被删除时，操作系统只会抹去已删除信息的地址。基本的物理结构仍然存在于其所写入的磁盘区域。当新的信息被分配到了旧的地址时，它们才会被彻底覆盖。

### 15.3.2　固态硬盘

固态硬盘没有会机械移动的部件。这使得其与 HDD 相比更加耐用，特别地当笔记本电脑被携带于背包之中时。SSD 相比 HDD 能提供更高的访问速度和更低的延迟。再加上低密度固态硬盘的廉价性，HDD 相对来说失去了一定的人气（尽管还不是绝对的）。

### 15.3.3　延迟

通常来说，延迟指的是存储介质从收到请求信息开始直到返回信息为止所需的时间量。这是影响磁盘读取和写入性能的因素之一。

SSD 的延迟往往非常低。这与嵌入式处理器用于解决存储的时间以及实现物理存储的底层晶体管和电容器的响应时间有关。

HDD 的延迟相当高。这很大程度是因为该设备的机械性质。HDD 与音乐磁带的存储信息的方式不同。当磁盘通过机械臂的尖端旋转时，位沿着磁盘的圆周以均匀或者不均匀的间隔写入。当两个位相距比较远时，磁盘必须要旋转更多才能检索到它们。当位存储于不同的轨道上时，机械臂则必须移动才能检索到它们。这些情况都增加了延迟时间。

正如你可能想象的那样，HDD 可以连续存储信息来保证最小的机械操作，因为它们可以连续读取所有信息。然而实际上，存在第二个原因，称为分页，用于连续存储信息，两种类型的存储介质都能从中受益。

### 15.3.4　分页

为了分隔访问内存的最底层语法，会有一个为应用程序提供的抽象层。磁盘由具有恒定大小的物理块组成，它们（通常）具有恒定大小的分页。

由于具有恒定的大小，因此对于给定数量的信息，分配整数的分页数是不常见的。最后一页数据通常不会完全填满。这就意味着两件事。首先由于整个页面被分配用于存储塞不满整页的信息，因此浪费了一些存储空间。其次，当该页面被分页到内存中时，即使大部分页面可能未被使用，也需要加载整页的信息。

### 15.3.5 颠簸

当RAM被填满的时候，必须从内存中释放某些分页以便让其他分页被加载。这被称为交换或者*颠簸*。CPU将花费大量时间来加载和卸载分页，占用可用的CPU来完成程序要完成的工作。交换可以防止内存错误，但是通常会导致性能严重下降。

## 15.4 吞吐量

对于信息传递来说，吞吐量是衡量信息从一个点移动到另一个点的多少的量。要使程序快速地执行，它必须能够快速读取和写入所需的信息，并能够快速处理该信息。在某些情况下，吞吐量尤其值得考虑。

### 15.4.1 局部性

关于磁盘的数据排布和连续存储的好处的讨论很好地引入了局部性的一般概念。简而言之，*局部性*是指将信息存储在一起好一起访问的概念。你已经了解了物理存储介质的工作原理和方式，但是还有其他通用的方式可以传输信息。

局部性，说得简单且抽象点可以被认为存在于层次结构之中。存储介质中存在局部性，单个应用程序空间中存在局部性，局域网存在局部性，广域网中也存在局部性。要理解以某种方式处理数据的好处，就必须至少逐一理解这些数据。由于我们已经讨论过存储介质上的局部性，因此我们将继续介绍应用程序的内存空间中的局部性。

### 15.4.2 执行层局部性

现代操作系统上的应用程序具有一定程度的抽象，称之为线程，其允许依照一定顺序分配CPU时间。Linux操作系统中常见的情况是，CPU为给定进程分配的时间量与该进程请求的时间量和已分配给它的时间量成正比。

默认情况下，许多进程在单线程（比如Python解释器）中运行，但如果实现了线程接口（如Posix线程），则可以在多个线程中运行。在两个线程之间，RAM可以共享，并由相同的地址空间引用。但是，在两个进程之间，存储空间是隔离的。

让两个线程访问相同的RAM提供的好处是：如果两个线程都需要给定内存分页，则需要仅从磁盘分页一次。但是，如果两个进程需要它，则必须将其分页两次。对于从一个进程传输到另一个进程的数据，则必须通过管道或者套接字来发送，最终写入磁盘。

### 15.4.3　网络局部性

LAN 上的两个节点存在与 RAM 或磁盘不同的瓶颈。在每个节点之间存在任意数量的路由器、交换机和总线。这些组件的速度增加了将数据从一个节点传输到下一个节点所需的总时间。

对于一个接一个的组件（串行方式），从网络的一端获取另一端信息的时间相当长。对于并联方式连接的组件，时间会随着连接数的增加而减少。这就解释了为什么广域网上数据传输的速率比局域网高。仅仅是因为它们之间会有更多的网络组件。

如果更多的时间是花费在处理一批数据上，而不是将数据分发到网络上，那么并行化处理是有意义的。当情况相反时（不需要考虑冗余）时，在单个节点上处理数据会更有益。

## 15.5　处理器

我们将讨论的最后一个硬件瓶颈是 CPU（处理器）。你很可能已经了解了，处理器负责发送指令以在工作存储器（RAM）和磁盘上加载和卸载数据，以及对该数据进行各种操作。能够以多快的速度执行这些操作取决于一些东西，其中就包括 CPU 时钟频率、线程和分支预测的有效性。

### 15.5.1　时钟频率

时钟频率通常被认为是处理器的速度，通常以千兆赫为测量单位。其主要用于营销，向消费者传达计算机的整体速度。这也并非完全不准确。

对于两个具有相同的其他功能的两个处理器，时钟频率 10% 的差异将使得 CPU 每秒处理的指令数量增加 10%。

时钟速率取决于 CPU 架构内置的振荡晶体的频率。其被用作 CPU 指令保持同步的计时器。如果你有一个更快的振荡晶体，你可以以更快的速度执行给定的指令。

更复杂的是指令集的概念。这是 CPU 用于工作的语言。两个指令集可能更复杂，因此需要更多指令来执行相同的工作。

寄存器和缓存可用性也在 CPU 吞吐量中起作用，但我们之前提到过。

### 15.5.2　核心

由于单个机器上需要的计算资源多于单独的 CPU 速度能提供的计算资源，我们可以通过增加执行线程数来扩展。这是在硬件层面上为CPU添加更多的核心。在最基本的情况下，计算机能够运行与核心数一样多的并发任务。但是，有一种情况其可以做得更多。

如果CPU支持超线程，则可以利用已经分配给另一个进程的CPU核心的空闲时间。这意味着CPU能够执行并发数量的进程数等于每个CPU核心的超线程数乘以CPU核心数。

如果你正在运行大量的进程，你可能想要投资于一个具有多个核心的CPU。如果该CPU也支持超线程，那就最好不过了。

现在我们已经讨论过在CPU上并行运行多个进程，但是有一种方法可以增加单个进程的并行数。

### 15.5.3 线程

默认情况下，一个进程在执行期间一次最多只能使用一个CPU。当我们之前讨论共享内存的时候，我们谈到了线程。线程还可用于增加正在运行的进程使用的CPU数量。

由于节省了内存分配和访问，并且线程之间的有较高的通信速度，因此线程通常优先于运行单独的进程。

这其中有一些陷阱。首先必须使用并发的技术。如果你正在使用诸如递增或递减的原子操作，则两个线程可以安全地修改单个变量而不考虑彼此。但是，如果你正在读取并设置一个值，则如图15-1所示，必须实现锁定（在RAM中发生时也称为锁存）以防止访问竞争的情况。

当每次线程必须等待锁定被释放才能完成它们的工作时，你就是在实现并行程序。这一定程度上抵消了并行执行的好处。出于这个原因，进程所需的并发管理越多，并行化作为候选者就越糟糕。

### 15.5.4 分支预测

最后，现代CPU实现了一个非常有趣的优化。当遇到控制语句的时候（例如，if或者else），CPU会尝试预测结果。然后其会计算出它想象的结果，以便在预测正确的时候使用。如果预测不正确，则恢复计算的值，并在正确的分支中执行。这需要一些额外的计算开销。

为了使这个想法更具体，可以考虑将数字列表分成大于特定值的数字和小于特定值的数字。

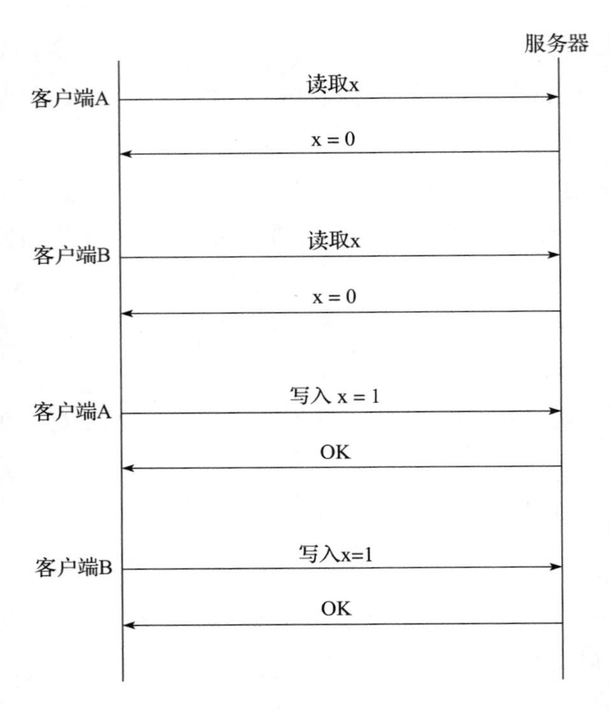


图 15-1　客户端 A 和客户端 B 都打算将 x 的值递增 1。由于它们都在其中任何一个写入之前读取，因此客户端 B 覆盖了客户端 A 的增量。结果是 x 的值偏离 1

对此列表进行排序时，达到阈值的第一个数字将落入第一个类别，而该值之后的数字将落入第二个类别。如果 `if` 代码块将数字放入第一个 bin 而 `else` 代码块将数字放入第二个 bin，那么 `if` 分支将连续多次用于阈值之前的数字，而 `else` 将被用于其余部分。由于这是可预测的，因此你可以充分利用分支预测。

现在考虑一下这个列表是完全随机的情况。每次遇到一个值（假设阈值是中位数），其将有 50% 的机会出现错误的分支预测。这会增加相当大的开销。我机器上的快速基准测试显示，在对列表进行排序时，性能提高了约 20%，并且对列表进行排序的开销仅有 10% 的性能损失。

当然，这取决于许多因素，包括列表的随机性和使用的排序算法，但它非常具有说明性。你可以考虑同时向多个进程发送相同列表以执行类似操作的情况。事先排序可以节省每个进程的开销。

## 15.6　结论

在这一章中，你了解到，同时访问大量线程的 RAM 可能会导致无法预料的速度下降。你还了解到，挥发性存储比持久化存储快得多，但其并不能在进程停止等事件中保存数据。我们从硬盘角度和网络角度审视了延迟的概念，并指出应该尽量减少从一块硬件到下一块硬件的“跳数”，以最大限度地减少延迟。对于访问频繁引用的元素，对分页的理解带来了有效但复杂的优化。颠簸是使用太多内存的负面结果，作为替代的易挥发的内存分页将会在持久性存储中被访问。我们讨论了并行计算和分支预测，作为一种通过将工作分解为小位来加速处理的方法以及向上游进程输出输入的方法。

通过这些概念，读者可以有效地设计本地和分布式应用程序。接下来，你将了解软件基础知识，以巩固你所学到的知识。

第 16 章

# 软件基础

## 16.1 引言

我们刚刚介绍了在处理应用程序和数据科学管道时应该考虑的许多硬件瓶颈。在本章中，我们将讨论软件级别的重要瓶颈，那就是数据的存储方式。

在设计数据管道时，需要考虑以下每个主题。查看与这些概念相关的用例将帮助你选择与你的特定用例相关的更优化的存储引擎。

## 16.2 分页

在第 15 章中，我们讨论了磁盘上信息的低效存储与数据检索开销之间的关系。但这对你的应用程序有何影响？在设计大多数应用程序时，分页 / 块的大小远远超出正常的考虑范围，这并不意味着你可以一点都不考虑它们，或没有人代你做过。

对于许多应用程序，例如数据库，主要关注的是存储和检索。这些应用程序在安排信息时通常会考虑分页和访问的效率。一个特殊的例子是图形项目 graphchi。

graphchi 在磁盘上相邻的网络图上排列相邻的节点，如图 16-1 所示。原因很简单：相邻的节点经常一起访问。如果查询一个节点及其邻居，graphchi 可以通过读取单个页面返回它们。

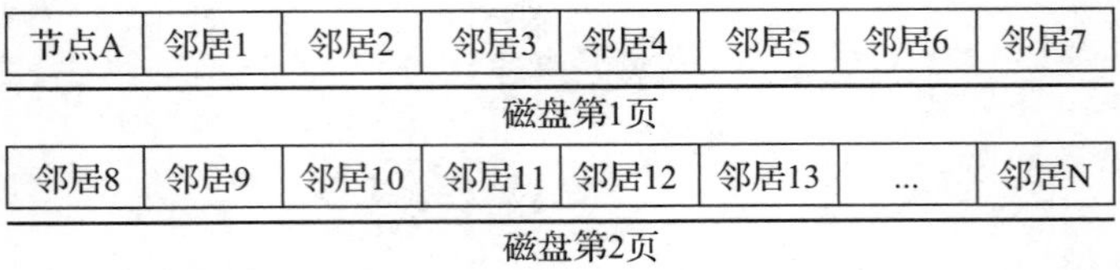

| 节点A | 邻居1 | 邻居2 | 邻居3 | 邻居4 | 邻居5 | 邻居6 | 邻居7 |
|---|---|---|---|---|---|---|---|

磁盘第1页

| 邻居8 | 邻居9 | 邻居10 | 邻居11 | 邻居12 | 邻居13 | ... | 邻居N |
|---|---|---|---|---|---|---|---|

磁盘第2页

图 16-1　每个节点都是磁盘上页面的一小部分。由于每个页面在其中的任何节点被调用时都被读取，因此邻居被从磁盘中有效分页

这在实现跨网络传播的遍历和操作方面取得了显著性能。

此次讨论的重点是鼓励你在选择数据库管理系统之前考虑如何访问数据，以及如何组织系统中的数据。

## 16.3　索引

将数据存储在磁盘上而不构建某种查询方式，则在查询时需要大量的扫描和分页。在大多数 RDBMS 中，从数据库读取数据的时间复杂度与所存储的记录数量呈线性关系。在大多数没有索引的数据库应用程序中，你将看到的第一个瓶颈与进程缺少索引有关。

你可以像考虑图书索引那样考虑数据库索引。它包含与你试图查找的记录位置相关联的搜索词。就像书籍的索引需要一个搜索词一样，大多数数据库索引都需要一个索引列名。该列的值与在图书索引中使用的搜索词类似。

当存在需要频繁查询的列时，你应该创建一个索引，以便更快地查询该列。有两种常见的类型：二叉树和哈希索引。

二叉树本质上是沿着树向下遍历，每次遍历将剩下的可能条目数除以大约 2。这将导致 $O(\log(N))$ 的时间复杂度。

哈希索引使用哈希函数将列值映射到偏移量。输入列值进行搜索，就可以重新计算偏移量，并以 $O(1)$ 的时间复杂度查找记录。

当索引提高读取性能时，它是以降低写入性能为代价的。每次向数据库中添加新条目时，都必须将其添加到索引中。索引的列越多对写入性能的损害就越大。

## 16.4　粒度

面向消费者的应用程序和那些生成粒度事件日志的应用程序能够生成大量数据。在财务应用程序中以其最高粒度存储每个记录可以通俗地称为分类账格式。单独计算统计信息并只存储那些摘要，称为聚合。

查询均值、总和和其他统计信息时，考虑存储的粒度非常重要。让我们依次看看两种方法。它们都有许多优点和缺点。其中许多缺点都有不错的解决方法。

如果报告事件数据只需要输出摘要统计信息，则聚合该数据，因为它提供了最高效的存储和查询方法。查询聚合数据的时间复杂度基本上是指向记录索引的时间复杂度。

存储聚合数据的一个缺点是，它需要一些除数据库管理系统本身之外的基础设施来处理。这是必要的开销。数据库管理系统通常具有计算汇总统计信息的内置功能。额外的基础设施意味着开发时间、计算资源和网络开销，这些至少部分是可以通过坚持单独使用数据库写入来避免的。

在线算法能够处理一个接一个事件来形成统计信息。但随着统计数据变得越来越复杂，只有近似值可用。因此，在许多情况下，聚合数据不能保证100%准确。对于许多应用程序来说，这可能是可以的，但是当在以后的计算中使用统计信息时，错误会复合。

当需要将新统计信息添加到报表时，在线方法会出现问题。不仅需要新的实现来计算在线部分（和查询机制），而且必须处理旧数据以回填过去报表的统计信息。如果应用程序已经存在一段时间，并且以前的报表仍然相关，则可能意味着在功能启动之前会需要一些额外的提前期（因为所有旧数据都需要重新处理）。

存储分类账式记录或事件日志允许以多种方式处理数据。当需要新的统计信息时，可以像添加新查询一样来轻松地将它们合并到一起。但是，在数据库中存储无限量的数据可能会变得相当昂贵。

某些数据库（如Amazon的RDS）对允许的存储量有限制。随着表的大小超过32位ID允许的范围，必须进行昂贵的数据迁移。将常用记录的工作集储存在RAM中的数据库会经历颠簸。因为一些原因而存储无限数据以快速访问或动态聚合可能会是一个问题。

与数据库相比，存储数据有更便宜的替代方法。例如，分布式文件系统允许快速处理大量数据并且提供了非常廉价的存储。MapReduce或基于这些文件系统构建的框架可加快生成这些查询的开发时间。如果你的用例不需要立即查看请求的数据，则分布式存储解决方案是一种很好的方法。

当计算大型数据集的统计信息时，计算统计信息的开销将成为查询开销的一部分。以这种方式查询大量统计信息意味着大量的计算开销。除了存储空间之外，这种开销是存储粒度事件数据的主要缺点。

## 16.5　鲁棒性

在选择如何存储需要处理的信息时，我们讨论的最后一个考虑因素是鲁棒性。这是一个即使在出现问题之后也能保留数据的一般概念。有两个因素有助于数据集的健壮性：持久性和冗余。

持久性意味着你的数据被写入磁盘。正如我们前面所讨论的，当数据写入磁盘时，即使数据库进程或计算机本身被杀死，数据也是安全的。为了数据的持久性，除了将数据写入 SSD 或旋转磁盘的缓慢操作之外别无选择。当持久性是一个需求时，应用程序必然会变慢。

例如，在断电的情况下，持久数据也是安全的，但如果它所在的磁盘无法恢复，它也就永远消失了。这就是为何冗余是鲁棒性的另一个重要概念。写入多个数据中心的多个备份磁盘可确保你的数据即使在数据中心中断的情况下也可使用。

通常，冗余不是持久性的替代。但是，如果你要检索的数据丢失成本并不高（例如，缓存的网页），通常实现冗余而非持久性。对于缓存的网页，它只是意味着原始服务器将做更多的工作。

## 16.6 提取、传输 / 转换、加载

结合最后几节概念的一类过程是提取、传输 / 转换和加载（ETL）。这是指这一过程的三个步骤。ETL 通常是特定的进程，因此它们通常不会被守护。它们通常由 `cron` 或其他任务调度程序等进程运行。

通常，这些过程从数据源获取一些粒度数据（提取），对其进行操作或以某种方式在网络中移动（传输 / 转换），然后将其加载到另一个数据存储（加载）中。存储更精细的粒度数据可以使 ETL 推导出更广泛的统计信息，而粒度较粗的数据可以使流程更快。

## 16.7 结论

在本章中，我们讨论了如何组织数据以便快速访问。我们也谈到了粒度的概念，因为它与聚合和分析的速度有关。最后，我们谈到了弹性地存储数据。

这些概念对于提取、传输 / 转换、加载过程尤其重要，即为我们熟知的 ETL 过程。ETL 是在分布式生态系统中运行的众多进程之一。接下来的章节我们将讨论其他类型的进程以及它们如何通过网络互相关联与通信。

# 第 17 章

# 软件架构

## 17.1 引言

如果你想要知道构建和运维一个给定的应用程序或者数据处理流程序的总成本，你会想到两个主要的因素。首先是研发成本。构建应用程序本身就是消耗人力的。第二个是托管应用程序的成本，即基础设施成本。存储数据需要多少费用？运维响应查询或构建模型的服务器需要多少费用？

你对第 15 章中的硬件瓶颈的理解有助于预测基础架构成本，因为避免不同的瓶颈会产生不同的影响。开发成本呢？除了人员管理、项目安排和程序实践外，软件架构还可以帮助减轻一些生产成本，并平衡代码的可读性和组织与硬件的瓶颈。

有许多软件架构可供选择，不同的选择将带来应用程序的粒度或模块化程度的不同。每个人都需要权衡利弊，平衡认知开销成本和基础设施成本的节流。以下各节将讨论其中几种架构。

## 17.2 客户端 – 服务器架构

在最基本的客户端 – 服务器架构的应用程序中，有两个组件：客户端和服务器。客户端向服务器发送请求，服务器监听并响应这些请求。

在绝大多数的应用程序中，客户端和服务器之间的通信都在套接字上进行。有许多类型的套接字，但是最常见的是 UNIX 域套接字和 Internet 套接字。

UNIX 套接字通过在单个节点上向操作系统缓冲区写入和读取信息来进行通信。Internet 套接字从网络接口读取和写入信息。套接字是底层的操作系统功能 API，其本身就是硬件功能的 API。

使用 Internet 套接字的客户端的例子有你最喜欢的 Web 浏览器、像 Napster 这样的点对点下载工具、用于登录远程计算机的 OpenSSL 客户端或者是用于和来自 API 主机的远程数据库交互的数据库客户端。

一些你可能比较熟悉的 Web 服务器有 nginx、apache 和 lighttpd。一些数据库服务器有 mysqld、postgresql 和 mongodb。当然还有很多其他的服务器，比如说 OpenVPN、openssh-server 和 nsqd，只是举几个例子。

你可能会注意到，许多服务器都以 d 结尾。这是守护进程（daemon）的缩写，守护进程是一个长时间运行的进程，只要应用程序在运行，该进程就（几乎）永远不会停止。例外的情况一般与维护有关，比如说服务器软件的更新、主机硬件的更新或配置更改后的重新加载。一般来说，大多数（即使不是全部）服务器都是守护进程。

另一方面，客户端通常是短生命周期的进程。它们打开与服务器的套接字连接，监听并完成后关闭这些连接。以你的浏览器为例，当你向 Web 服务器请求网页时，浏览器在端口 80（HTTP）或者拥有加密信道的端口 443（HTTPS）上建立连接。其向服务器发送请求，这个请求取得组成网页的数据，并将其给你展示出来。关闭浏览器时，客户端将关闭，但是服务器仍继续运行。

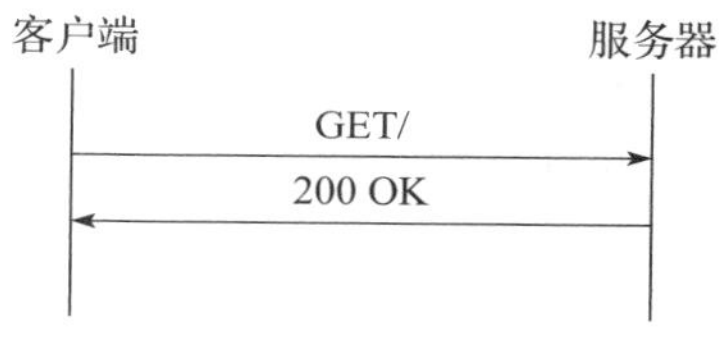


图 17-1 一个简单的客户端 – 服务器交互过程

要完成请求，客户端就必须首先将其发送到服务器上。服务器收到请求后，必须对其进行处理，然后发送响应。如图 17-1 所示。请求到达服务器并返回的时间量称为*延迟*。

由于客户端和服务器倾向于使用套接字，因此它们会受到影响延迟的硬件和 / 或网络瓶颈的影响，正如我们在前一章中所讨论的那样。

## 17.3 n 层架构 / 面向服务的架构

基本服务器 – 客户端架构的更复杂版本是 n 层架构或面向服务的架构。层的概念旨在表明存在多个级别的服务器和客户端，每个级别都可能起到发送请求的作用。层可以是第三方服务，也可以是在本地网络中运行的服务。

典型的 Web 应用程序是一个示例，浏览器向 Web 服务器发送请求，底层数据库客户端向数据库服务器发送请求以满足该请求。这添加了必须连续完成的交互层，使得基本的服务器 – 客户端交互变得复杂。现在，你不仅仅是从客户端到服务器进行往返（以及由此产生的延迟），在客户端群和服务器群之间也进行往返。

由于数据库结果需要满足客户端请求，因此通常必须在服务器开始响应请求之前进行。如图 17-2 所示。

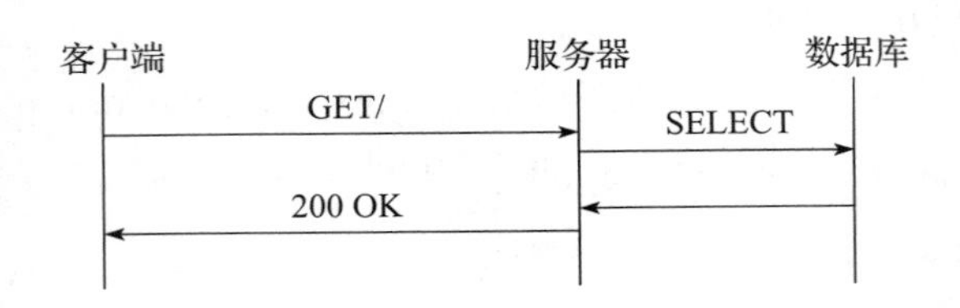


图 17-2　一个数据库支撑的客户端 – 服务器交互过程

如你所见，由于请求是串行发生的，因此每层的客户端和服务器之间的延迟都会给应用程序增加一层延迟。尤其是当有很多依赖请求串行发生时，这可能是面向服务的架构的主要缺点。

通常，服务是根据某些考虑划分的。例如，你可能有一个服务负责与用户数据（名称、地址、电子邮件等）的基本交互，而另一个第三方服务可能负责提供有关这些用户的人口统计信息。

如果你想要使用该用户及其人口统计信息填充网页，则你的网络应用程序必须同时查询用户服务和人口统计服务。由于人口统计信息服务是第三方服务，因此它使用与应用程序存储的不同的查找键。因此，你必须在查询第三方之前查找用户的记录。

由于你的应用程序可能使用许多第三方服务，因此更新应用程序以使用第三方用户 ID 通常不是合理的解决方案。但仍然有几种方法可以使这个过程变得更快。

考虑到应用程序中的大部分延迟等待时间花在读取套接字上，你可以实现对用户和人口统计数据的异步请求。那么总延迟大约会变成是两者中的较大者，而不是总和。

提高速度的第二种方法是将两种服务分解为一种。你可以为所有用户提供一次该请求，并将其与数据库中的用户记录一起查询，而不是向第三方查询人口统计数据。这使得两个请求合二为一，不过带来了额外存储的开销（见图 17-4）。

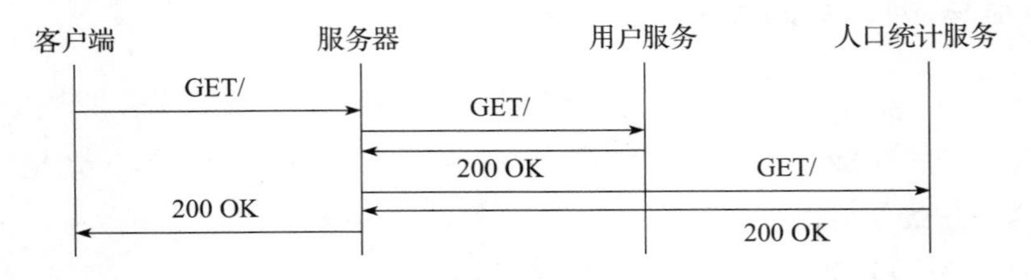


图 17-3　一个多层服务支撑的客户端 – 服务器交互过程

## 17.4　微服务架构

微服务架构和 n 层架构类似，但是它们并不是严格分层的。服务可以与它们需要的任何服务之间进行交互，不再受限于相互依赖性。图 17-4 描绘了一个示例的网络结构图。

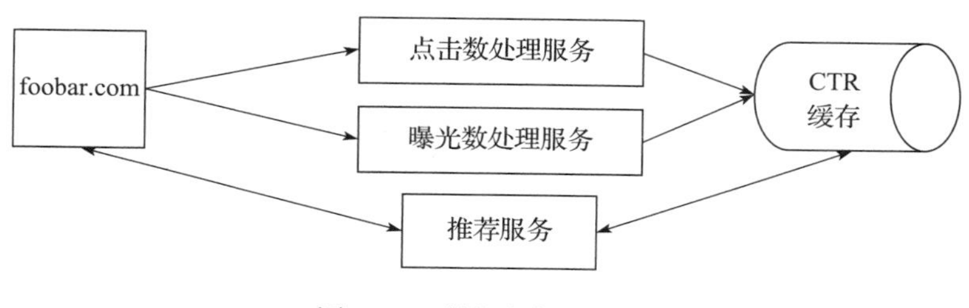


图 17-4　微服务架构示例

微服务软件架构通常被组织为一组大的单独应用程序，每个应用程序尽可能独立地运行。代码在所有应用程序的根目录中（当代码库不是非常大时）或者根据产品进行划分。

由于有数百甚至数千个小型应用程序，微服务软件架构最常见的抱怨点是可维护性和可读性。这种代码组织方法与整体架构形成鲜明的对比。

## 17.5　整体架构

如果微服务是应用程序越小越好，为了将业务问题彼此分开而拆分，那么整体架构就组织而言正好相反。

当在支持现有代码库中实现新功能而避免样板代码或重复代码时，开发就变得容易了。这是整体架构如此受欢迎的一个原因，也是它们被采用的自然原因。

当深度嵌套的依赖项需要更改其函数签名时，就出现了整体架构的一大问题。要么更新实现该功能的所有代码以匹配新的签名，要么必须构建桥接器来保证遗留代码的兼容性。这些结果都不是开发者想看到的。

一方面，可以根据对象和功能实用程序（例如，用户对象、认证和数据库路由）来组织整体架构中的代码，使其易于查找和扩展。另一方面，在外层维护你可能需要的所有工具可能会导致“溜溜球”问题，即不得不“爬上爬下”调用堆栈来找出错误或添加新功能，这会增加大量的认知开销。

## 17.6　实际案例（混合架构）

根据你正在构建的应用程序，总有一个架构可能最适合你。

如果你的代码库有明确的产品业务逻辑分离，那么微服务架构可能是最好的。

如果你的应用程序需要重用许多常见的数据访问组件以实现通用、复杂的产品目的，那么你可以选择整体架构。

如果这两种情况都发生，你可以选择两者的组合，如图 17-5 所示。在左侧，你可以看到网页的组件，右侧是为这些组件提供服务的图表。

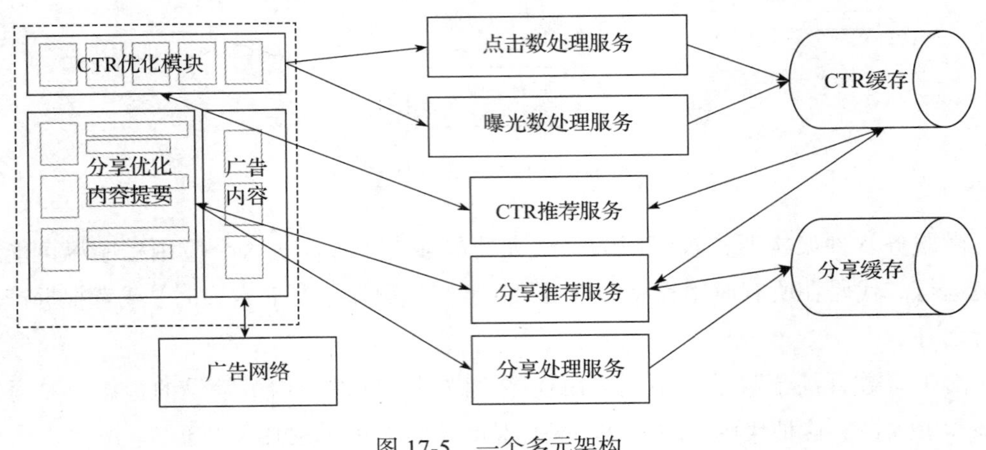


图 17-5 一个多元架构

## 17.7 结论

在本章中，我们讨论了几种软件架构，这些架构可以帮助你在应用程序规模增长时组织代码。每种架构都有其好处和缺点。无论你怎么纠结选择哪种架构，都要做出选择。默认情况下通常是整体架构，但它不适合在所有场合中使用。

了解了 n 层、微服务、整体和基本的客户端 - 服务架构应用之间的差异，你对架构的选择肯定有了充分的把握。

第 18 章

# CAP 定理

## 18.1 引言

目前我们已经讨论了一些关于软件架构和硬件瓶颈的问题，现在可以谈谈在构建分布式系统时可能遇到的更高级的问题。

任何分布式系统都有三个属性，其中任意两个都排除剩下的第三个属性。这些属性是一致性（consistency）、可用性（availability）和分区容错性（partition tolerance）。这三个属性通常被称为 CAP 定理，同时也被称为布鲁尔定理。

幸运的是，大多数技术都会针对这些问题做出默认选择。因此，在构建分布式系统时，你应选择满足你自己的 CAP 需求的技术，或者从其默认值“调优”技术。

下面我们将介绍实现每一个属性的机制，以及一个可能需要特定属性的常见用例。

## 18.2 一致性 / 并发

适当的一致性可以确保从生态系统所有部分的角度对数据进行一致更新。一致性问题是你在任何实际应用程序开发过程中会遇到的最常见问题。

这里有一个经典的例子。假设你在 SQL 数据库中有一条记录。更具体化一点，假设它是 MySQL。你的记录有两列：第一列是查找记录的主键，第二列是常规地从当前值递增的值。

一种常见的方法是读取该值，在内存中递增它，然后将结果写入数据库。

当这个进程被分发时，问题就出现了。一旦第二个进程发挥作用，就会引入竞态条件。这两个进程大约在同一时间从数据库读取值。两个进程都会增加内存中的值，然后会依次将更新后的值写回数据库。最终结果将是忽略任何首先写入的进程的增量，如图 18-1 所示。

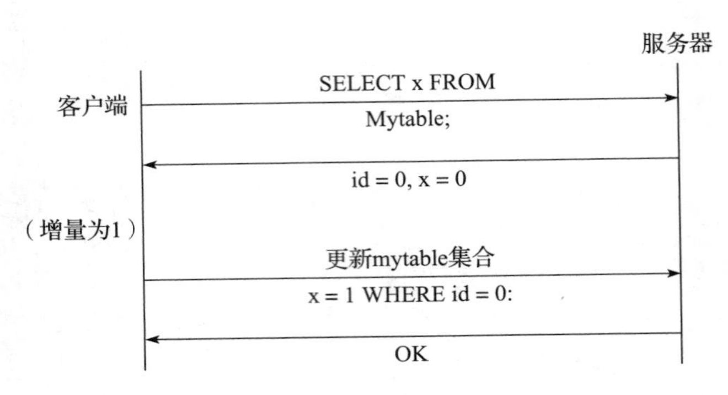


图 18-1 不要这样做，这是以错误的方式增加记录

MySQL 提供了两种方法来解决这个问题。首先是使用 SELECT FOR UPDATE。这会锁定记录，使其他进程无法更新它。当发出 SELECT FOR UPDATE 命令的连接完成时，其他进程才被允许修改。

MySQL 提供的第二种解决这个问题的方法是发出一个包含当前值增量的 UPDATE 语句。在更新过程中，MySQL 将以对客户端不可见的方式锁定，从而确保所涉及的所有客户端的一致性。

此语法的示例如下：

```
UPDATE record SET value = value + 1 WHERE id = 1;
```

当单个值以极高的速度更新时，此方法会出现一个问题。之所以会争用记录，是因为许多客户端排队等待更新资源。出于这个原因，MySQL 对于高度争用的聚合来说是一个糟糕的现成选择。

现在你已经看到了锁定一致性的缺点。但锁定不是唯一的方法！确保数据争用激烈的环境中记录一致性的第二种方法是实现无冲突的数据类型。这是最终一致性的一种形式。

## 无冲突的数据副本

无冲突数据类型是可以以完全可重现的方式在多个节点上一致更新的数据类型。有了如图 18-1 所示的解决冲突的规则，这种一致性方法使我们可以“越过限制乱写”。“将当前值增加 1”或“将当前值递减 2”的写入操作很简单。递增和递减规则很容易解决，且无须节点之间的协调。

在非常低的级别，很容易认为“无冲突”意味着零锁定。锁定通常仍用于简单的递增 / 递减操作。这里的问题是，在整数的访问 / 修改过程中可能会遇到中断之类的事件。这可能会导致两个线程之间出现争用条件。例如，虽然 C 语言表明 int 数据类型通常是原子性修改，但这并不能被保证。有关特定实现的更多细节，请查看

`__atomic_add_fetch` 和 `__sync_add_fetch` `built-ins`。

由于单独锁定会产生大量开销，并且由于锁定可以有效地序列化写入，所以在某些情况下，在单个执行线程中进行写入操作是有意义的。这是 Redis 数据存储在单个节点上操作时所采用的方法。每次写入都是按顺序应用的，性能非常高。Redis 还在集群环境中实现 CRDT。

## 18.3 可用性

可用性是一个一般概念，当一项服务发出请求时，该服务可用于生成和发送响应。至少作为代理来说，有许多服务可用性度量可用，如正常运行时间、特定错误率（例如超时和连接错误）以及“健康检查”。你可能会听到实现“4 个 9”的谈论。这表明服务具有 99.99%的可用性。

一个高度可用的系统有许多组件。下面将讨论其中一些内容。

### 18.3.1 冗余

在单个节点上运行是禁忌。这是一个常见的陷阱，理由通常是有人相信“服务器很少发生故障”。除非在该机器上使用多租户技术，否则无法在没有停机的情况下进行部署。仅此一项就是提供冗余的一个令人信服的理由，特别是在应用层中。

冗余允许避免单点故障，即单个组件的终止会导致整个系统的终止。有几种方法可以解决这个问题，它们取决于节点在网络中的特定角色。

### 18.3.2 前端和负载均衡器

当你拥有冗余主机时，必须以合理的方式将请求导向它们，以免使单个主机过载。这是负载均衡变得重要的原因。客户端向负载均衡器发送一个查询，负载均衡器将该请求转发给许多可用主机之一。有两种最常用于路线请求的技术：第一个是利用域名系统（Domain Name System，DNS），它被戏称为“穷人的负载均衡器”；第二个是使用专门处理此问题的应用服务器，例如 nginx。

任何通过互联网提供的面向公众的服务都可以通过注册提供商（例如亚马逊的 Route 53、GoDaddy 等）使用公共域名系统。只需针对每个主机将 IP 地址注册到一个“at”记录。当客户端应用程序查询你的域名时，将返回已注册 IP 地址的随机列表。图 18-2 显示了此设置下的网络图。

如果你的某个主机变得不健康，则会出现问题。客户端可以请求到不健康的主机，并出现连接错误或其他问题。你可以在客户端上实现重试，但期望服务使用者执行此操作通常是不可取的。Route 53 提供健康检查，以确定何时应从域配置中删除主机。当主机的健康检查失败时，将从返回给客户端的随机 IP 地址列表中删除，直到检查再次通过为止。以下是域名 `titfortat.io` 的子域 `foo` 上的 `dig` 请求。

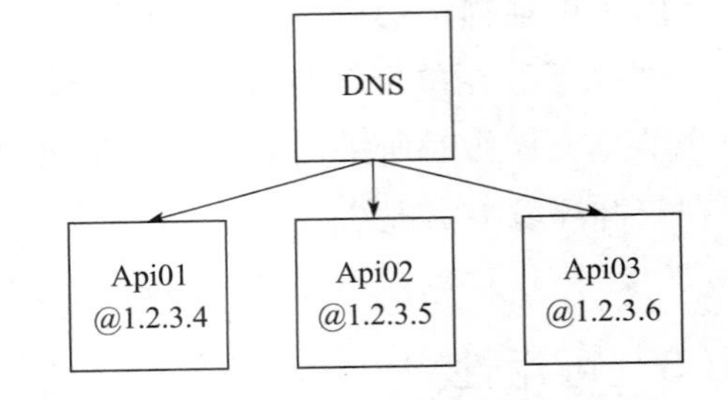


图 18-2　使用 DNS 进行负载均衡。域名服务器指向三个 API 节点中的每一个。每个节点都有自己的 IP 地址，即 1.2.3.4-6

注意，在 `ANSWER` 部分中，域名列出了两次，最右侧是 IP 地址。下面是两个 API 主机的 IP 地址：

```
$ dig foo.titfortat.io

; <<>> DiG 9.8.3-P1 <<>> foo.titfortat.io
;; global options: +cmd
;; Got answer:
;; ->>HEADER<<- opcode: QUERY, status: NOERROR, id: 7144
;; flags: qr rd ra; QUERY: 1, ANSWER: 2, AUTHORITY: 0, ADDITIONAL: 0

;; QUESTION SECTION:
;foo.titfortat.io.  IN  A

;; ANSWER SECTION:
foo.titfortat.io.  300 IN A 54.213.178.5
foo.titfortat.io.  300 IN A 54.201.109.161

;; Query time: 56 msec
;; SERVER: 209.18.47.62#53(209.18.47.62)
;; WHEN: Thu May  3 06:44:03 2018
;; MSG SIZE  rcvd: 66
```

亚马逊可以通过 Route 53 轻松配置。图 18-3 显示了 Route 53 控制台。

当只使用主动的健康检查时，仍然会有停机时间。因为健康检查不会持续进行。再加上 DNS 响应被大量缓存，如果你想有尽可能接近 100% 的可用性，那么 DNS 将成为一种不受欢迎的技术。这使得使用应用服务器进行负载均衡成了一个好主意。

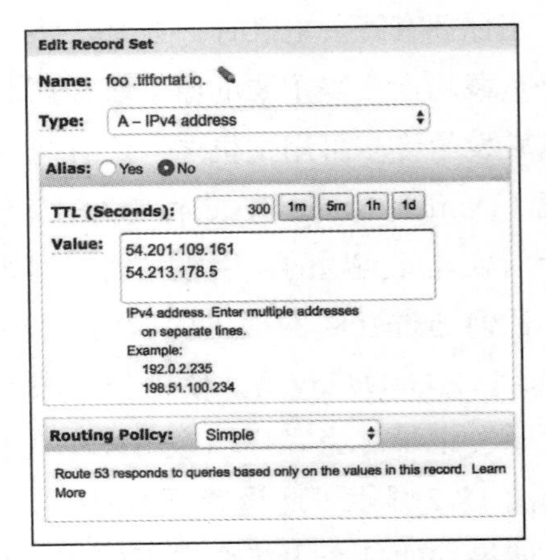


图 18-3　亚马逊 Route 53 控制台，用于为域 foo.titfortat.io 配置两个 AT 记录

nginx 也实现了被动健康检查和主动健康检查来决定是否停止向主机转发请求。nginx 监视器中的被动检查在负载均衡主机与其路由请求的上游服务器之间发生。如果转发失败了多次，如其配置所指定的，负载均衡器会停止在那里转发请求。图 18-4 显示了在 nginx 背后负载均衡的 API 的基本示意图。

如果我们没有解决负载均衡器本身可以作为单点故障的事实，那么从负载均衡器的角度讨论冗余将是不完整的。为解决此问题，通用地址冗余协议（Common Address Redundancy Protocol，CARP）由诸如 uCARP 之类的代理实现，以跨主机（例如一个用作负载均衡器）共享 IP 地址。如果是单个主机变得不健康，共享 IP 则被分配给健康的主机，如图 18-5 所示。

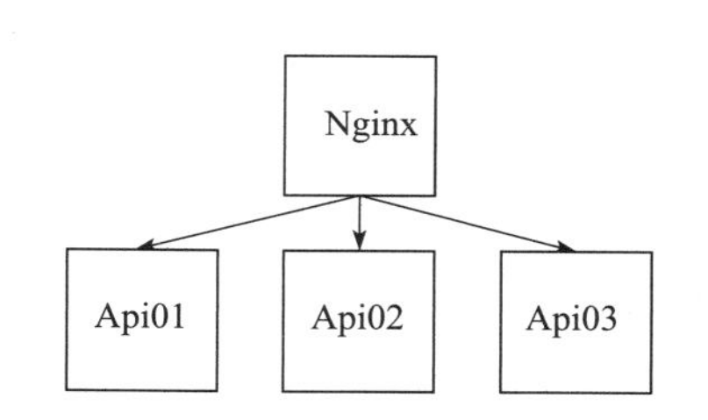


图 18-4 使用 nginx 进行负载均衡

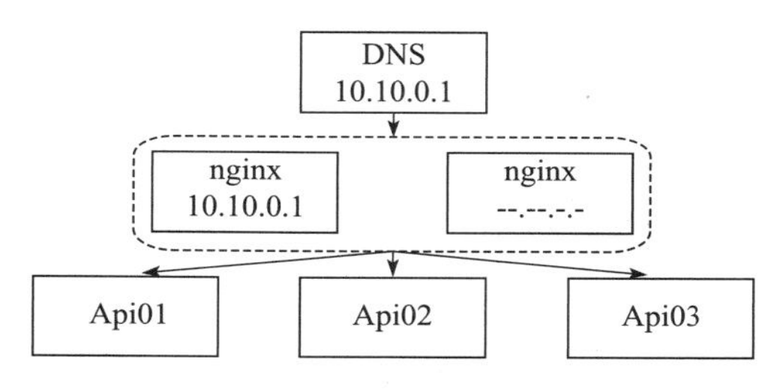


图 18-5 例如，使用 CARP 对 nginx 和 IP 虚拟化进行负载均衡

### 18.3.3 客户端的负载均衡

另一方面，你可以为你的服务实现客户端负载均衡。在客户端的配置中，指定可能可用主机的完整列表。然后，客户端可以实现随机或循环选择一个主机的逻辑。在发生某些故障时，它可以将主机从其轮换队列中移除一段时间并尝试其他主机。

更高级的客户端负载均衡允许客户端查询可用主机的域名。弹性搜索就是一个例子。弹性搜索服务为客户端提供了一个端点，用于在网格网络中查找节点。客户端可以（在官方 Python 驱动程序中）建立到这些节点的连接池，并依次向它们发送请求。不健康的节点被从 ElastiCache 服务发现端点中删除。

### 18.3.4 数据层

在应用程序的数据层中，最常见的冗余方法是主 / 副本（也称为主从配置），如图 18-6 所示。在这种操作模式中，一个节点负责接收来自客户端的写入和读取，而第二个节点仅负责读取。对于 MySQL 和 PostgreSQL，副本（也称为辅

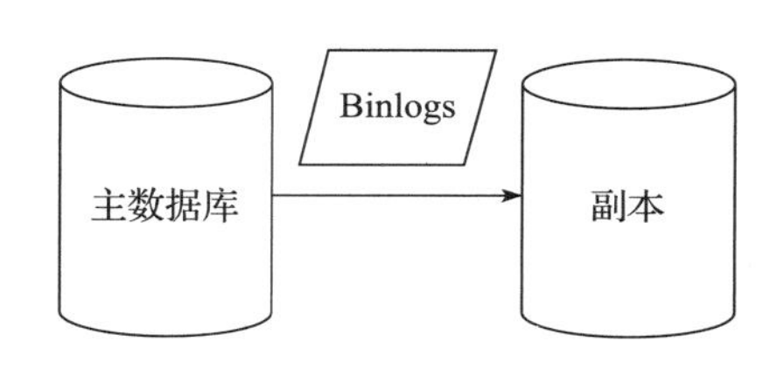


图 18-6 基本主 / 从复制

助副本）以压缩二进制格式从主数据库接收数据。

通常，对副本的写入会略微落后于主节点。这称为复制滞后。对于最新数据需要100%准确的用例，主节点将被读取和写入。否则，在副本上进行尽可能多的读取通常更节省资源。读取是通过添加副本进行扩展的（见图18-7）。

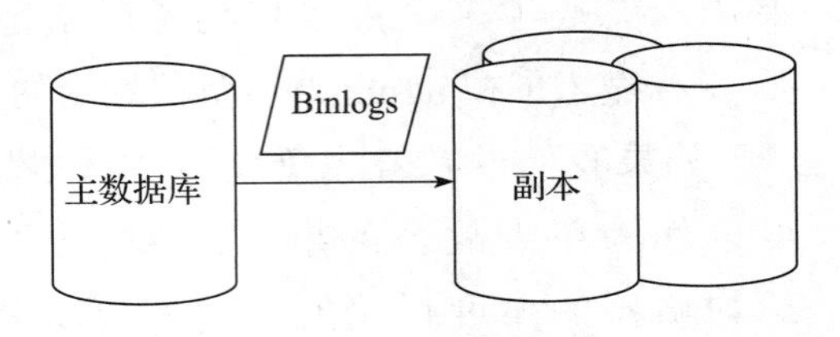


图18-7　复制多个辅助节点

在垂直缩放不再可行并且单个集群已达到最大容量的情况下，最好使用多个主节点。多主机配置允许水平扩展写入。缺点是这需要对数据进行分区。为了实现有效的分布式写入，应该将一些数据发送到一个主节点，而其余的发送到另一个主节点。这通常由应用程序处理，至少采用隐式分片方法。

如图18-8所示，分片是一个一般的抽象，它允许将数据按具有所需特征的块分别处理。如果你想通过避免复制开销来节省基础设施成本，可以通过将数据放在单个分片上进行复制，该分片在多个主机上进行复制。图18-9显示了实现此目的的常见方案。如果将数据划分为不相交的分片0、1和2，则通过在主机A上托管0和1，在主机B上托管1和2以及在主机C上托管2和0来复制这些分片。这通常称为A/B复制。

分片数据结构为维护一组数据的事实提供了一个有用的机制。分片的属性可以包括主机名、索引范围、索引列和分片状态（例如操作、迁移等）。

选择分片方法时需要考虑很多因素。一个好的索引或分片键的选择是很重要的，因为这最终决定了每个分片（以及主机）的负载。复杂的分片方法允许在分片变得不均匀的情况下在分片之间重新平衡索引范围。但是，通常情况下，你会手动迁移随时间变得不平衡的分片。

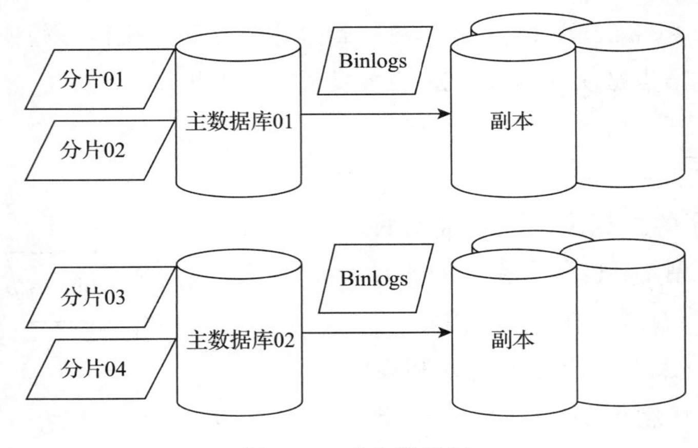


图18-8　多主机复制

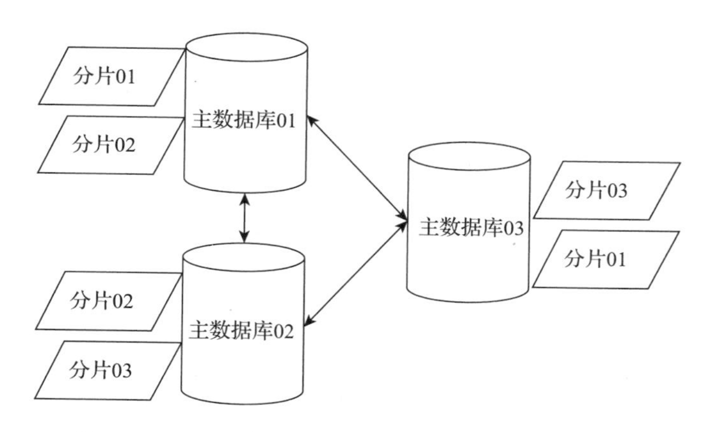


图 18-9　A/B 复制，在主机之间共享分片以实现冗余

### 18.3.5　任务和 Taskworker

作业和任务调度流程中的冗余很简单。你只需创建更多进程，在更多的机器上运行它们，并在出现故障时进行重试。

### 18.3.6　故障转移

在任何冗余配置中，必须有一个计划来应对出现故障时的情况。如果负载均衡器出现故障，它将执行主动健康检查和被动健康检查的过程，然后停止发送数据到该节点。这意味着备份或故障转移的方法只简单依赖于网络的其他部分。

对于数据库，还有其他的故障转移方法。一个更简单的情况是，MySQL 中的副本或主节点出现故障时，次要节点被简单地提升为主节点，且与数据库的交互正常进行。

例如，在 ElastiCache 中，来自故障节点的分片被发送到集群中的其他节点，并继续支持读写。

## 18.4　分区容错性

网络的最后一个特点是网络分区。这意味着网络中的一部分数据节点集群无法到达网络的另一部分。这也被称为脑裂。让我们看一下 RabbitMQ，看看在这种情况下会发生什么。

#### 脑裂

假设在一个 RabbitMQ 服务器网络中有两个节点，如图 18-10 所示，一个在东海岸，一个在西海岸。让我们想象一下，你有两个客户端，一个在东海岸，一个在西海岸。每个节点都从客户端接收有序消息，从 0 开始到 $n$。为了方便讨论，假设消息是按顺序到达的。图 18-11 显示了网络。

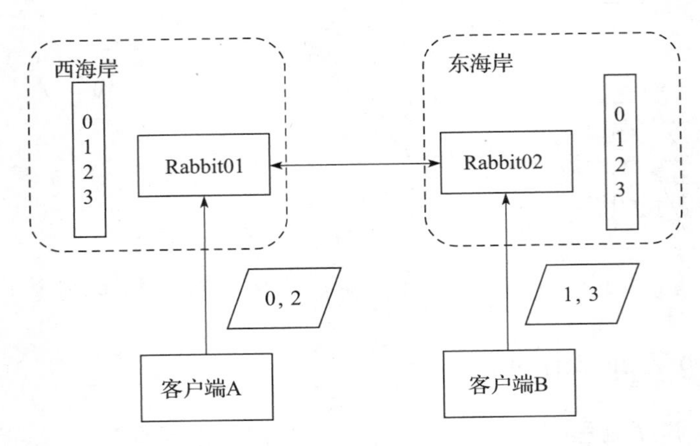


图 18-10　一个同步的双节点 RabbitMQ 集群

因此，现在西海岸客户端将消息 0 发送到西海岸 RabbitMQ 节点。它接收该消息并将其复制到东海岸的节点。现在，东海岸节点接收来自东海岸客户端的消息 1，并在西海岸复制消息 1。每个海岸上的用户都可以从各自的 RabbitMQ 主机接收消息 0 和 1。

现在让我们想象一下网络出现了故障。东海岸和西海岸的节点不再相互可达。RabbitMQ 处理这种情况的方法实际上是分别处理网络两边的序列。这意味着东海岸的用户会收到消息 0 和 1，而西海岸的用户也会收到消息 0 和 1。在完成处理之后，0 和 1 将被处理两次，如图 18-11 所示。

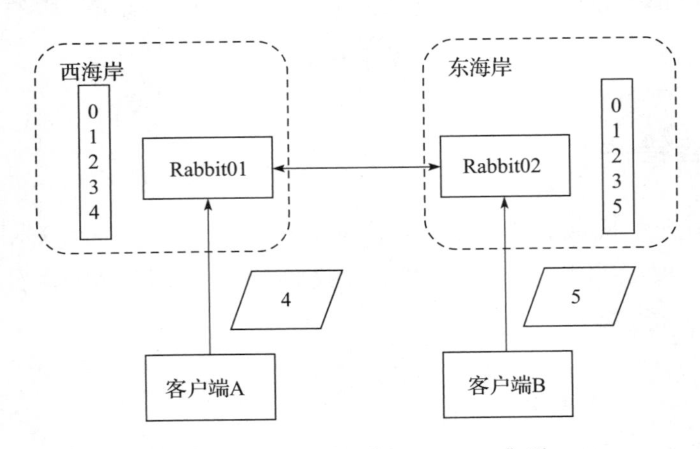


图 18-11　一个脑裂 RabbitMQ 集群

如果发布者在东海岸写入一条新消息，该消息将只写入东海岸节点，在西海岸写入的一条新消息将只写入西海岸节点。这种方法对分区不是很宽容，但是根据应用程序的不同，这也是可以的。只要用户能够删除重复的消息或重复处理是无关紧要的，就没有问题。

为了使网络分区具有容错性，可以在进程阻塞新请求之前牺牲可用性，直到网络问题得到解决，或者以牺牲一致性为代价，如前面的示例所示。

## 18.5　结论

现在，我们已经讨论了平衡 CAP 定理的 C、A 和 P 的几种方法。大多数现代系统都提供一些选项来平衡各种权衡，以满足应用程序的需要。通过这些夸张的实际问题的例子，你可以从最终用户和项目维护人员的角度来决定应用程序的需求。

第 19 章

# 逻辑网络拓扑节点

## 19.1 引言

本章介绍网络拓扑节点。我们不会涉及特定的网络硬件组件，如路由器和交换机，但会关注与设计和构建丰富的应用层更相关的部分。

## 19.2 网络图

网络图是向同事阐明架构设计的有用方式。通过草稿画板上的组件，你可以清晰、简洁、高效地汇总复杂的网络。

一些应用程序支持绘制网络图。边和节点有很多种，但它们有相通之处。对于本章的目标，我们将选择一些图标来表示我们将要讨论的组件。Google 云端硬盘提供了许多图标来基于绘图对话框使用。

主机、计算实例和工作节点机器都是网络上的计算机的术语。它们可以托管服务器应用程序、实现 MapReduce、主机守护进程（如 crond）或托管队列侦听器（如 nsq 或 kafka 客户端）以及任意数量的其他任务。我们将使用如图 19-1 所示的图标来表示这些图标，其中“ Hostname”表示主机在网络中的名称。

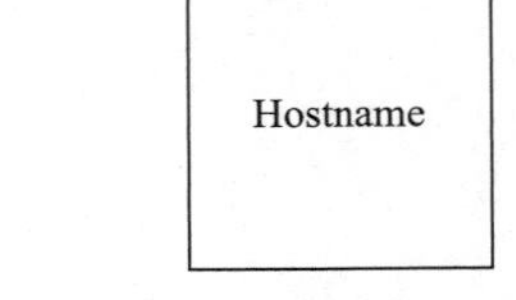


图 19-1　一个网络中的单个计算机主机的一般表示方式

Internet 通常用云图标表示，如图 19-2 所示。它代表任何类型的可能流量。这有很多含义。第一点，任何类型的请求都可以通过。如果你想要接受或拒绝某些流量类型，则 Internet 图标需要提醒输入应仅过滤到所需的流量类型。此外，它

图 19-2　一个网络的一般表示方式

还可能遇到带有潜在危险的恶意流量，因此应对输入进行清理。这是两个基本构建块，是完全面向公众的应用程序所需的最低要求（尽管应用程序不会非常有弹性）。接下来让我们深入了解一些能提供更强大功能的组件吧。

## 19.3 负载均衡

之前我们讨论过使用负载均衡器来实现冗余并将频繁使用的应用程序的负载分配给多个主机。我们之前描述的情况是对 API 请求的负载均衡。图 19-3 描绘了一个简单的网络。

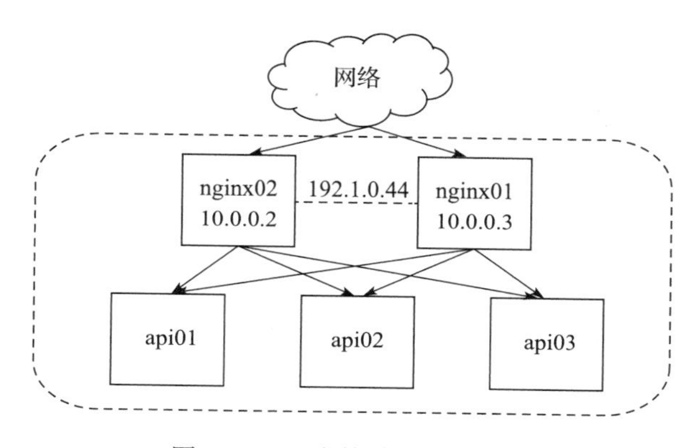


图 19-3 一个简单网络的表示

这里有几点需要注意。首先，nginx 和 API 节点周围的边表示它们位于同一网络上或同一网关后面，这是互联网的大门。如图 19-3 所示，该网关没有图示，因为它超出了我们的讨论范围。出于演示目的，你可以将此边界视为对网络中的节点进行分组的快捷方式。

接下来，你应该注意到有两个 nginx 主机接收来自 Internet 的请求。这之中的每一个都有自己的 IP，但它们也有一个虚拟 IP，由 CARP 来进行共享。这允许在节点发生故障的情况下由另一个节点接管。

最后，有三个 API 节点，每个节点都可以接收来自每个 nginx 节点的请求。这些都被绘制成双向的网状结构，但值得注意的是，很多人更喜欢对繁多的细节绘制一个 API 层，比如使用大量的箭头。

大多数云服务提供商为你提供了可靠的负载均衡器。他们会管理这些小小的细节，所以你不必自己来做。但是知道自己如何来实现仍然是一个好主意。

负载均衡器有一些很好的实用用例。最常见的是如图 19-3 所示的图。第二常见的是让其作为实现多租户的手段。许多应用程序都是单线程的（如 Python 和 Redis）。

为了在大型计算机上充分利用 CPU 核心，通常会同时运行其中的几个进程，每个进程都会监听一个不同的端口。

图 19-4 显示了如何在单个 API 节点上实现多租户架构。

冒号表示每个进程在该主机上监听的端口。从上下文可以了解，nginx 正在向这台机器上的 API 进程执行路由请求。但是，如果通过绘制箭头，你可以将之更清晰地表达。

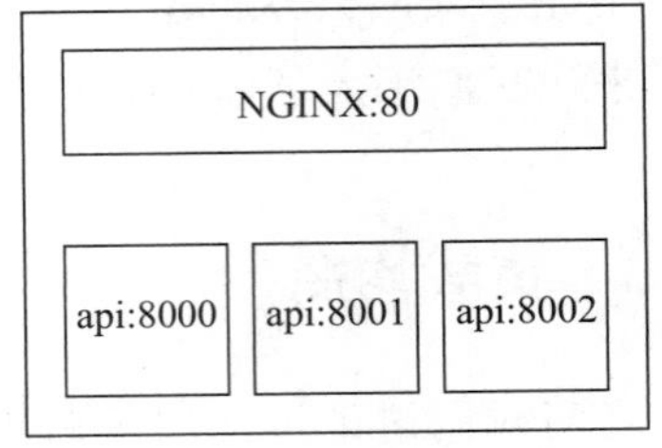


图 19-4　一个 API 节点上的多租户架构

## 19.4　缓存

缓存有一些共同的用途。有许多类型的缓存和许多方法来使用每种缓存。我们接下来会讨论几种缓存。

### 19.4.1　应用程序级缓存

什么使得缓存如此之快？简而言之：它通常将所有数据存储在 RAM 中。RAM 很快！

有时候在应用程序中进行缓存会很有吸引力，特别是当应用程序很小时。但是，一般来说，如果你想严格一点，这就违反了进程的分离原则。你应该有一个用于缓存的进程和另一个用于处理请求的进程。应用程序开发的 12 要素标准支持这一点，状态不应该在符合 12 要素的应用程序中维护。位于缓存中的内容代表了当时缓存对象的状态。

如果你坚持应用程序级缓存，请注意一些重要的警告：进程通常不共享内存。这意味着一个进程的缓存对另一个进程不可见。因此，使该缓存中的写入对象无效不会使其在其他应用程序缓存中无效。有效缓存需要内存的管理、释放策略。如果没有用于从缓存中删除元素的进程，则显然制造了内存泄漏。每次你的应用程序重新启动（例如，正常部署）时，缓存资源的地方都会出现爆发式的流量。随着你的应用程序变得受欢迎之后，这可能是个大问题。在请求之间共享资源，特别是需要身份验证的请求，是一个很大的危险信号。在请求之间共享状态可能会使应用程序面临许多危险，例如一个用户偶然向另一个用户泄露访问令牌（甚至更糟）。

现在，如果你仍然坚持应用程序级缓存，请允许我们提供两个用例，其中一个非常实用，另一个则可能会导致严重的问题。

#### 1. 静态内容的情况

第一种情况是，你只有几个接收 API 请求的进程，这些进程通常用于将 ID 转换为静态内容。假设你构建了一个推荐系统，该系统在账户层面将 ID 映射到它的内容特征。当推荐者为用户生成一些推荐结果时，其最终会得到这些结果内容 ID 的列表。现在它面临着向客户端发送回内容本身的任务。

这通常通过另一个 API 对内容进行数据库调用，将这些结果与推荐者结果相结合，并将整个包发送回用户来完成。如果你使用应用程序级缓存，则可以存储映射到每个 ID 的内容，并避免必须进行的请求。这将节省大量时间。由于内容非常静态，如果一个应用程序的版本过时一段时间也没什么大不了的。

你可能会注意到，在这种情况下，目前流行的内容会保持流行一段时间，然后为新的流行内容让路。在这种情况下，“最近最少使用的”缓存释放策略是比较合适的。随着内容变得越来越少使用，它将从缓存的末尾被释放掉。这确保了静态内容的外部 API 调用数量尽可能的最少。

#### 2. 避免本地缓存敏感信息的案例

假设你有一个复杂的程序，即根据多个子程序检查用户 ID，以验证其是否有资格使用特定功能。由于每个子程序都是封装良好的，并且都需要完整的用户记录，因此将用户账户信息存储在应用程序缓存中可能具有比较大的吸引力。你可能会认为，如果你为每个请求封装了所有缓存数据，则其他用户将无法看到它，因为它将在当前用户被提供后消失。

这看起来理所当然。但是，这假定了请求之间没有共享状态。在支持协同程序和其他异步代码的应用程序服务器中，这些对象仍然可以在提供其他请求时保留住，因为在等待 IO 并且另一个请求恢复时可以暂停一个请求。如果在子进程中使用全局定义的方法来引用请求，则不可避免地会在请求中引入错误的用户信息。

### 19.4.2 缓存服务

其中最常见的是 memcached 和 Redis。出于一些原因，Redis 似乎正使得 memcached 黯然失色。Redis 提供类型，并且实现正确的情况下（使用多租户或多个主节点）它会更快。

如图 19-5 所示，你可以看到 API 层、应用程序缓存和数据库三者之间的典型交互。在此上下文中，缓存通常有两个用途。第一个是响应缓存，第二个是对象缓存。

缓存可以重用的响应将为 API 节省大量延迟时间。可能是一系列的模板式的计算、API 和数据库调用都变成了 $O(1)$ 复杂度的查找，并且数据传输也更简单。

对象缓存允许 API 问“我最近是否请求了这个？”，在这个例子中它会回应，“好的，我将从缓存而不是数据库中获取响应。”

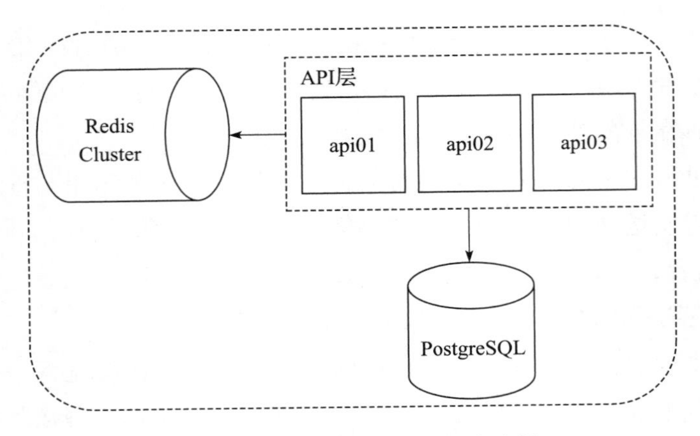


图 19-5　一个拥有缓存层的数据库支撑 API

### 19.4.3　直写缓存

汇总统计数据的过程可能很繁重。此外，如果你有许多应用程序集成在一起，它们通常需要某种形式的并发控制。有几种方法可以实现这一目标。缓存是一种可能的解决方案。

管理同时聚合的应用程序的最简单方法之一是使用 Redis 提供的 `incr/decr` 方法。如果统计数据不是关键业务，因为它们绝对不能消失，那么缓存就是一种聚合它们并从中提供服务不错的选择。

当你确实需要持久层时，数据库通常是个不错的选择。但是，如果接受更新的频率变得太高，你就可能需要考虑对其进行批处理。可以使用基于直写缓存的两种方法来实现这一点。

第一种方法涉及应用程序中的直写缓存。当 taskworker 从队列系统接收消息时，它会将信息保留一阵子。如果它遇到单个记录的多个更新，则会将它们组合在一起。当这些更新成功传递到数据库时，taskworker 会发出信号来表明其已完成更新。

管理直写缓存的第二种方法则关注用户将继续发送与其会话相关的事件直到会话超时的情况。想象一下，taskworker 在收到来自给定用户的第一条消息后，在缓存中为每个用户注册一个用户会话。如果会话已存在，则 taskworker 则可以增加其引用计数。如果 taskworker 已经有一个活动会话（意味着它们已将会话计数增加到了 1），则会话的每个附带的消息都会在到达时简单地写入缓存。这允许你在会话期间的任何时间，跟踪有多少 taskworker 对给定会话具有活动引用。当初始创建会话或增量操作发生时，可以在 taskworker 上启动计时器。进来的新消息会延长计时器的时间。没有消息可用的时候时钟将会耗尽。当给定 taskworker 的时钟耗尽时，它会将会话的引用计数减少。递减其引用计数的最后一个 taskworker，最后从缓存中删除会话并将聚合数据写入数据库。

## 19.5 数据库

可供选择的数据库种类太多了！根据你选择运行的数据库种类，总有一些标准方法可以确保数据的弹性。我们将在这里介绍一部分其中的方法。

### 19.5.1 主副本数据库

许多数据库使用这种方法进行复制。例如 MySQL、PostgreSQL、Redis 和 MongoDB 等。图 19-6 显示了 API 与主副本数据库配置之间的标准交互。

其要点是只有一个节点允许数据库的写入操作。该节点负责根据你的配置，将收到的数据传送到副本，又称辅助节点或从节点。通常，其是通过将写入的二进制日志传送到辅助节点来实现的。这使得两者在大多数情况下是保持同步的。

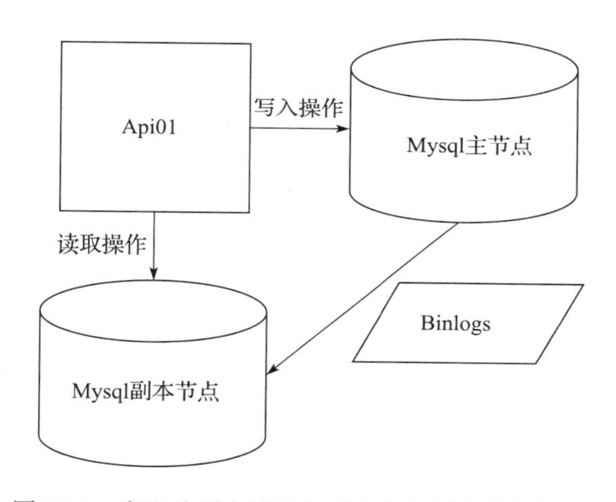


图 19-6 实现从副本读取和对主节点写入数据的 API

副本延迟是与关于主节点和副本节点之间存在延迟的一种现象。将二进制日志从主服务器同步到副本服务器需要花费一些时间，因此在写入应用到主服务器后，副本服务器上的数据不会立即被更新。副本延迟通常以毫秒为单位。

这是一个需要重点考虑的风险点。如果你需要强有力地保证你正在读取的内容是完全最新的，则必须在主节点上执行该操作。但是，在早期阶段进行规模化的常用方式是尽可能从副本数据库中读取数据。这种现象固定了某些读取只可以在某些地方执行。

当然，使用此配置，你的写入将传到一个节点，并尽可能将读取发送到另一个节点。如果你的应用程序读取量较大，则可以继续添加副本节点，而在同步二进制日志方面则几乎没有任何其他风险。但如果其写入操作更加频繁呢？

### 19.5.2　多主结构

在某些情况下，使用多个主节点是有意义的。一种情况是为了提高数据库的写入能力。这里有两种实现方法。第一种是比较标准的方法，使用两个主节点并备份到同一个从节点。每个主服务器都有一个数据分区，但副本节点将拥有所有数据。第二种方法是基于对象的某些特征将应用程序中的对象路由到主服务器。通过这种方法，每个主服务器通常都备份到自己独立的副本（如图 19-7 所示）。

但其通过使数据写入同一副本，简化了从数据库中读取的操作。

在第一种方法中，客户端可以随机选择要写入的主节点，并非常有效地分配对象。这种方法有一些重点要关注的风险点。只要将读取发送到副本节点，就可以很容易地返回完整的结果。但如果读取被发送到任一主节点，则其结果将丢失存储在并行主节点上的那部分数据。第二个重要的风险点涉及如何避免副本上的冲突数据。如果在两个主节点上将密钥设置为自动递增，则发送到副本的两个对象将可以拥有相匹配的主键，这违反了主键的唯一约束。一个简单的解决方案是通过给每个节点 2 的递增量，让它们错开一个单位。

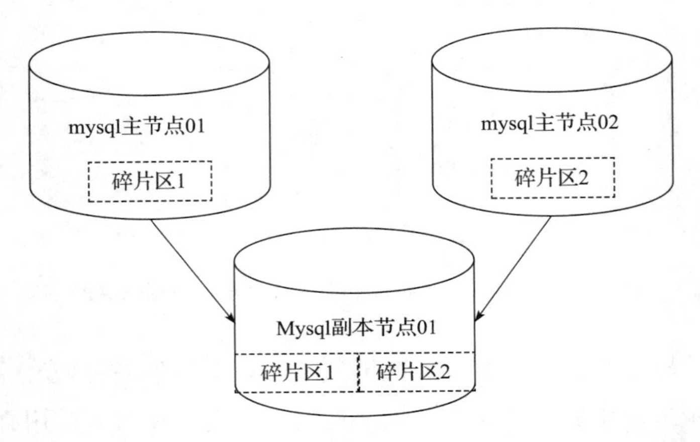


图 19-7　在一个多主配置中两个主节点向同一个副本节点写入

### 19.5.3　A/B 副本

图 19-8 显示了两个主节点都写入单独、自有的副本节点。这是最简单的 A/B 副本的例子。在这种情况下，数据在概念上被划分为单独的不同碎片，然后为每个碎片至少复制一次。

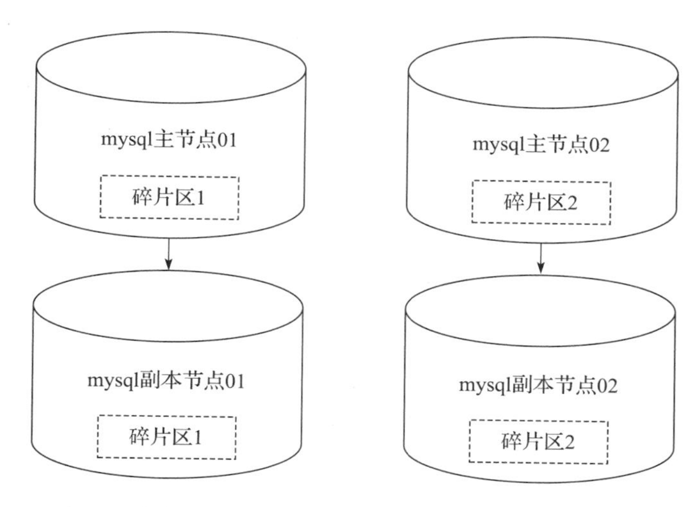


图 19-8　在一个多主配置中两个主节点分别向单独、自有的副本节点写入

这种方法在存储层面很有意义。例如，如果你有一个 100 节点的集群，每个集群都包含数据库的完整记录，就意味着需要的空间非常巨大！通过复制每个碎片两次，可以节省大量空间。许多数据库都采用这种方法来复制数据。例如 Elasticsearch、MongoDB 和 Cassandra。

图 19-9 展示了一种稍微复杂一些的分片方法。Elasticsearch 以这种方式管理其数据。如果一个节点因任何原因消失，它会开始将该节点上的所有分片的丢失副本复制到另一个可用主机。如果两个节点带着共有的副本同时消失，则该数据将会永久丢失。

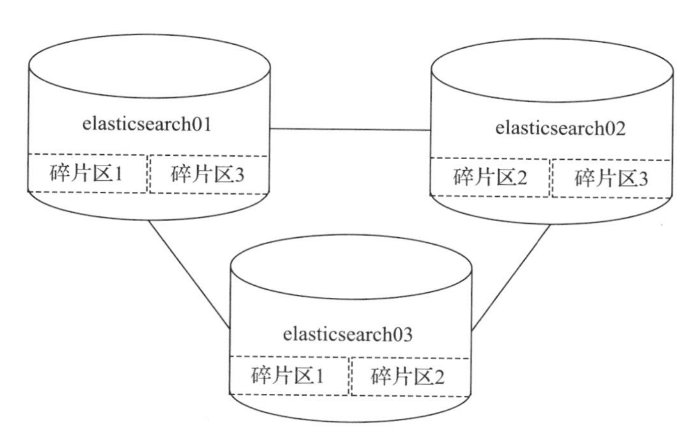


图 19-9　一个基于数据碎片的数据库的更复杂的例子

## 19.6　队列

队列有很多实用的例子。实质上，它们支持异步事件处理。这也激活了并行执

行以及“谁做什么”的管理。在本节中，我们将讨论依赖任务的调度、远程程序的调用和 API 缓冲。

### 19.6.1 任务调度和并行任务

有时需要经常运行任务。当任务是一次性的时候，其很简单。你可以把它作为一个 `crond` 任务来运行。然而，随着基础设施变得越来越复杂，并且随着一次性计划任务变得彼此互相依赖，使用队列变得更加有必要。

为什么你要使用队列而不是一个接一个地同步执行任务？我很高兴你能这样问。有一个例子，可以证明这样做是有其道理的。那就是你的依赖没有分支的情况，如图 19-10 所示。我们从事件 A 开始，A 的结果被发送到程序 B，B 的结果被发送到程序 C。在一个节点上执行此操作与使用队列是一样的，因为它们必须以串行方式执行。

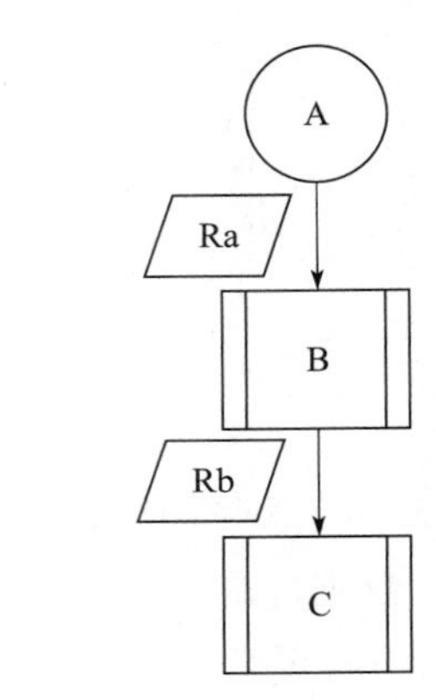


图 19-10　级联计划任务，始于 A，终于 C

当你有多个任务依赖于单个结果时，队列的情况则变得更加清晰。通过让每个依赖进程订阅它所依赖的进程的队列，可以将结果中继到结果以独立进行处理。此外，如果有任务依赖于它们，则可以以相同的方式触发它们。在图 19-11 中，B 和 C 都取决于 A 的结果。D、E 和 F 则取决于 B 的结果，而 G 又取决于 C 的结果。

这种方法的好处是并行化。假设存在四个执行进程，D、E、F 和 G 都可以同时执行。以这种方式分配工作负载可确保尽可能高效地使用计算资源，因为那些不忙的进程正在等待工作分配。

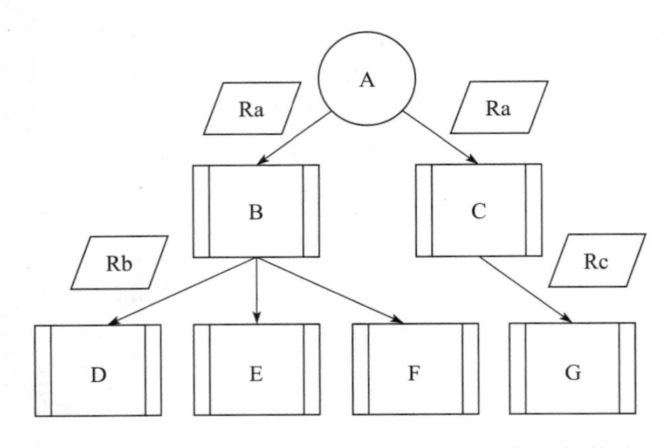


图 19-11　级联计划任务，由一个复杂的任务树构成

### 19.6.2 异步执行

当面向用户的客户端发送请求时，通常它们希望能看到即时的结果。如果还有很多工作要做，那么响应客户端并启动工作以异步执行该工作是有意义的。

一个很好的例子是，当用户注册社交网络，并且你想要在该网络上找到他们的所有朋友并使他们可以与这些朋友进行交互时。在这种情况下，你将发送一个事件，指示应同步联系人，然后允许用户进入下一个对话框。

这可能看起来会如图 19-12 所示。

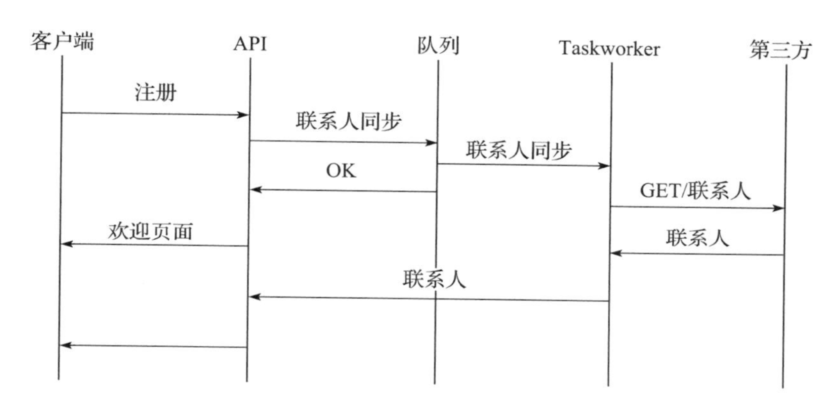


图 19-12 任务在用户的关键路径之外被执行以提供较好的用户体验

换句话说，客户端注册 API 的服务。API 向队列发送消息，指示应该为该用户同步联系人。监听该队列的 taskworker 接收该消息并查询第三方。然后，其会在收到后将这些结果传递给 API，使其可供用户使用。

### 19.6.3 API 缓冲

有时会发现应用程序的突发流量远远超出应用程序的正常流量范围。发生这种情况时，应用程序必须将请求扩展或分隔到可接受的级别。具体地说，如果设计为每秒处理 100 个请求的应用程序在一秒钟内收到 500 个请求，它可能会发现自己被应用程序错误或超时所淹没。从用户的角度来看，五秒延迟的请求并不是致命的。这肯定是一种体验的降级，但也并非完全的失败。

队列提供了一种很好的方法，可以将传入的请求分配到 API 可以处理的速率。如果将写入操作写入水平扩展队列，则可以在 API 可用时插入它们。taskworker 会尽可能快地监听这些写入并执行它们，通过推送或其他服务器客户端协议提醒客户端完成这些写入。

## 19.7 结论

当你了解分布式系统的构建模块时，可能性就变得无穷无尽。你可以将这些组合在一起，形成复杂的配置，以满足各种需求。通过本章讨论的东西，可以实现即时计算、预先缓存、任务调度、并行化以及许多其他应用。

在构建你的架构设计时，在讨论过程中绘制图表并参考这些图表可以获得充满灵感、充满动力的对话。这些图表有很多种，但要记住的最重要的事情是保持一致性。

# 参考文献


[1] M. Herman, S. Rivera, S. Mills, J. Sullivan, P. Guerra, A. Cosmas, D. Farris, E. Kohlwey, P. Yacci, B. Keller, A. Kherlopian, and M. Kim, *The Field Guide to Data Science*. McLean, VA: Booz Allen, Nov. 2013.

[2] M. F. Smith, *Software Prototyping: Adoption, Practice and Management*. New York, NY: McGraw-Hill, Inc., 1991.

[3] Agile Alliance, "12 Principles Behind the Agile Manifesto," Nov. 2015. https://www.agilealliance.org/agile101/12-principles-behind-the-agile-manifesto/

[4] I. Goodfellow, Y. Bengio, and A. Courville, *Deep Learning*. Cambridge, MA: MIT Press, 2016.

[5] R. Kohavi, R. Longbotham, D. Sommerfield, and R. M. Henne, "Controlled Experiments on the Web: Survey and Practical Guide," *Data Min. Knowl. Discov.*, vol. 18, no. 1, pp. 140–181, Feb. 2009.

[6] R. Kohavi and R. Longbotham, "Online Controlled Experiments and A/B Testing," in *Encyclopedia of Machine Learning and Data Mining*, pp. 922–929, Boston, MA: Springer, 2017.

[7] T. Crook, B. Frasca, R. Kohavi, and R. Longbotham, "Seven Pitfalls to Avoid when Running Controlled Experiments on the Web," in *Proceedings of the 15th ACM SIGKDD International Conference on Knowledge Discovery and Data Mining*, KDD '09, (New York, NY), pp. 1105–1114, ACM, 2009.

[8] D. C. Montgomery, *Design and Analysis of Experiments*. New York: John Wiley & Sons, 2006.

[9] S. Newman, *Building Microservices*. Boston, MA: O'Reilly Media, Inc., 1st ed., 2015.

[10] "TimeComplexity," Python Wiki.

[11] L. Breiman, "Random Forests," *Mach. Learn.*, vol. 45, no. 1, pp. 5–32, Oct. 2001.

[12] T. Hastie, R. Tibshirani, and J. Friedman, *The Elements of Statistical Learning: Data Mining, Inference, and Prediction, Second Edition*. Springer Series in Statistics, New York: Springer-Verlag, 2 ed., 2009.

[13] T. P. Minka, "Algorithms for maximum-likelihood logistic regression," *Statistics Tech Report*, abstract, Sept. 19, 2003. http://www.stat.cmu.edu/tr/tr758/tr758.pdf

[14] D. Arthur and S. Vassilvitskii, "How Slow is the K-means Method?" in *Proceedings of the Twenty-second Annual Symposium on Computational Geometry*, SCG '06, (New York, NY), pp. 144–153, ACM, 2006.

[15] Y. Zhang, A. J. Friend, A. L. Traud, M. A. Porter, J. H. Fowler, and P. J. Mucha, "Community structure in Congressional cosponsorship networks," *Physica A: Statistical Mechanics and its Applications*, vol. 387, no. 7, pp. 1705–1712, Mar. 2008.

[16] M. E J Newman, "Analysis of Weighted Networks," *Physical review. E, Statistical, nonlinear, and soft matter physics*, vol. 70, p. 056131, Dec. 2004.

[17] S. Fortunato and M. Barthlemy, "Resolution limit in community detection," *Proceedings of the National Academy of Sciences*, vol. 104, no. 1, pp. 36–41, Jan. 2007.

[18] B. H. Good, Y.-A. de Montjoye, and A. Clauset, "Performance of modularity maximization in practical contexts," *Physical Review E*, vol. 81, no. 4, p. 046106, Apr. 2010.

[19] S. M. Omohundro, "Five Balltree Construction Algorithms," Tech. Rep., 1989.

[20] J. L. Bentley, "Multidimensional Binary Search Trees Used for Associative Searching," *Commun. ACM*, vol. 18, no. 9, pp. 509–517, Sept. 1975.

[21] "1.6. Nearest Neighbors," scikit-learn 0.19.1 documentation.

[22] J. Pearl, *Causality: Models, Reasoning and Inference*. New York, NY: Cambridge University Press, 2nd ed., 2009.

[23] D. J. C. MacKay, *Information Theory, Inference & Learning Algorithms*. New York, NY: Cambridge University Press, 2002.

[24] K. P. Murphy, *Machine Learning: A Probabilistic Perspective*. Cambridge, MA: MIT Press, 2012.

[25] E. J. Elton and M. J. Gruber, "A Practitioner's Guide to Factor Models," *Research Foundation Books*, vol. 1994, no. 4, pp. 1–85, Mar. 1994.

[26] D. Lay, *Linear Algebra and Its Applications*. Hoboken, NJ: Pearson, 3rd ed., 2016.

[27] I. M. Johnstone and A. Y. Lu, "Sparse Principal Components Analysis," *arXiv:0901.4392 [math, stat]*, Jan. 2009. arXiv: 0901.4392.

[28] "sklearn.decomposition.PCA," scikit-learn 0.19.1 documentation.

[29] M. E. Tipping and C. M. Bishop, "Probabilistic Principal Component Analysis," *Journal of the Royal Statistical Society: Series B (Statistical Methodology)*, vol. 61, no. 3, pp. 611–622, Jan. 2002.

[30] J. V. Stone, *Independent Component Analysis: A Tutorial Introduction*. Cambridge, MA: MIT Press, 2004.

[31] A. Hyvarinen, "Fast and Robust Fixed-point Algorithms for Independent Component Analysis," *Trans. Neur. Netw.*, vol. 10, no. 3, pp. 626–634, May 1999.

[32] S. Shwartz, M. Zibulevsky, and Y. Y. Schechner, "ICA Using Kernel Entropy Estimation with NlogN Complexity," in *Independent Component Analysis and Blind Signal Separation*, Lecture Notes in Computer Science, pp. 422–429, Berlin, Heidelberg: Springer, Sept. 2004.

[33] D. M. Blei, A. Y. Ng, and M. I. Jordan, "Latent Dirichlet Allocation," *Journal of Machine Learning Research*, vol. 3, no. Jan, pp. 993–1022, 2003.

[34] R. R. ehu and P. Sojka, "Software Framework for Topic Modelling with Large Corpora," abstract, p. 5. https://radimrehurek.com/gensim/lrec2010_final.pdf

# 推荐阅读

**Python机器学习实践：测试驱动的开发方法**

作者：Matthew Kirk ISBN：978-7-111-58166-6 定价：59.00元

**文本挖掘：基于R语言的整洁工具**

作者：Julia Silge , David Robinson ISBN：978-7-111-58855-9 定价：59.00元

**TensorFlow学习指南：深度学习系统构建详解**

作者：Tom Hope, Yehezkel S. Resheff, Itay Lieder ISBN：978-7-111-60072-5 定价：69.00元

**算法技术手册（原书第2版）**

作者：George T. Heineman等 ISBN：978-7-111-56222-1 定价：89.00元

# 推荐阅读

计算机时代的统计推断
算法、演化和数据科学
COMPUTER AGE STATISTICAL INFERENCE

统计反思
用R和Stan例解贝叶斯方法

文本数据管理与分析
信息检索与文本挖掘的实用导论
TEXT DATA MANAGEMENT AND ANALYSIS

Python机器学习
（原书第2版）
Python Machine Learning
PYTHON MACHINE LEARNING
SECOND EDITION

大数据分析
原理与实践
BIG DATA ANALYSIS
PRINCIPLE AND PRACTICE

大数据管理系统
原理与技术
DATABASE MANAGEMENT SYSTEMS FOR BIG DATA

Deep Learning with Python and PyTorch
Python深度学习
基于PyTorch

Python数据分析
与挖掘实战

Python数据分析
与数据化运营